高等职业教育测绘类新编技能型系列规划教材

测量数据处理及软件应用

主编　郭玉珍　朱恩利

黄 河 水 利 出 版 社
·郑 州·

内 容 提 要

本书为高等职业教育测绘类新编技能型系列规划教材。全书共分 4 篇 17 章,第 1 篇是 GNSS 数据处理,主要介绍了 GNSS 基础知识、GNSS 数据处理格式及转换、静态处理软件等内容;第 2 篇是地面控制网数据处理,主要介绍了传统的地面控制网数据处理及解算软件的应用;第 3 篇是地形地籍图绘制,主要介绍了地形图和地籍图的成图过程;第 4 篇是工程测量软件应用,主要介绍了土方计算、线路测量、ESDPS 软件应用等内容。

本书可作为高等职业院校测绘类专业的教材,也可供相关工程技术专业人员参考使用。

图书在版编目(CIP)数据

测量数据处理及软件应用/郭玉珍,朱恩利主编 .
郑州:黄河水利出版社,2012.8 (2022.8 重印)
高等职业教育测绘类新编技能型系列规划教材
ISBN 978-7-5509-0295-4

Ⅰ.①测… Ⅱ.①郭… ②朱… Ⅲ.①测量-数据处理-应用软件-高等职业教育-教材 Ⅳ.①P207-39

中国版本图书馆 CIP 数据核字(2012)第 130185 号

策划编辑:陶金志 电话:0371-66025273 E-mail:838739632@qq.com

出 版 社:黄河水利出版社 网址:www.yrcp.com
地址:河南省郑州市顺河路黄委会综合楼 14 层 邮政编码:450003
发行单位:黄河水利出版社
发行部电话:0371-66026940、66020550、66028024、66022620(传真)
E-mail:hhslcbs@126.com
承印单位:河南承创印务有限公司
开本:787 mm×1 092 mm 1/16
印张:17
字数:414 千字
版次:2012 年 8 月第 1 版 印次:2022 年 8 月第 3 次印刷

定价:46.00 元

前　言

测量数据处理是测绘工作的一项重要内容和课题。随着计算机的应用，测量数据处理呈现出自动化、规范化等特点，特别是测量数据处理软件对测量数据处理作出巨大贡献。这些软件使得测量工作者可以花费较少的时间代价及时获得测量成果，对提高工作效率、减少劳动强度具有重要意义。

测量数据处理也是高职测绘类专业学生必修的一门功课，他们不仅要掌握 GPS 及常规控制网数据处理，也要掌握数字地形图绘制、工程测量数据处理的理论及其软件操作。目前，尚没有系统介绍测量数据处理的教材，针对这样的现状，我们编写了这本教材。

本教材内容包括 GPS 及常规控制网数据处理、数字地形图绘制、工程测量数据处理的理论及其软件操作方法。为了做到理论和实践相结合，提高学生的理论水平和实际操作能力，本书在每篇的前面介绍了基本的理论，以帮助学生理解软件计算的原理。在教材的编写过程中，为了突出教材的实用性，也为了使学生能提前对工程实际有所了解，特邀请企业一线工程技术人员参与。全书的重点是软件操作，第 1 篇是 GNSS 数据处理，这一部分介绍了常见 GNSS 数据处理软件如华测、南方、中海达、TGO、LGO、COSA－GPS 的操作。第 2 篇是地面控制网数据处理，介绍了常见地面控制网数据处理软件，如清华山维 NASEW、武测 COSA－CODAPS、南方平差易 PA2005。第 3 篇是地形地籍图绘制，介绍了南方 CASS 地形地籍图绘制软件。第 4 篇是工程测量软件应用，介绍了工程测量软件 ESDPS、南方 CASS 等软件在工程测量中的应用。

本书由黄河水利职业技术学院郭玉珍、朱恩利担任主编，由黄河水利职业技术学院李永川、孙清娟、郭修吾、崔新红担任副主编。参加编写的还有黄河水利职业技术学院郝建新、王艳洲及黄河勘测规划设计有限公司测绘信息工程院史学军等。本书编写人员及编写分工如下：第 1 章、第 3 章由郭玉珍编写，第 2 章、第 5 章由陈慧编写，第 4 章由许加东编写，第 6 章、第 7 章和第 11 章由史学军编写，第 8 章由郭修吾编写，第 9 章由朱恩利编写，第 10 章由崔新红编写，第 12 章由王艳洲、郝建新共同编写，第 13 章、第 14 章由李永川编写，第 15 章、第 16 章和第 17 章由孙清娟编写。

本书承蒙黄河水利职业技术学院测绘工程系赵杰主任、纪勇书记、刘广社副书记、何宽副主任，工程测量教研室李聚方主任的关心和指导，在此表示衷心的感谢。

衷心感谢武汉大学测绘学院郭际明教授为本书提供的 COSA－GPS 软件。

作　者

2012 年 4 月

目　录

第 3 篇 地形地籍图绘制

第 4 篇 工程测量软件应用

第 1 篇　GNSS 数据处理

第 1 章　GNSS 基础知识

GNSS 是 Global Navigation Satellite System 的缩写。它有两个译名:全球卫星导航系统和全球导航卫星系统。

早在 20 世纪 90 年代中期,欧盟为了打破美国在卫星定位、导航、授时市场中的垄断地位,获取巨大的市场利益,增加欧洲人的就业机会,一直在致力于一个雄心勃勃的民用全球导航卫星系统计划,称为 Global Navigation Satellite System。该计划分两步实施:第一步是建立一个综合利用美国的 GPS 系统和俄罗斯的 GLONASS 系统的第一代全球导航卫星系统(当时称为 GNSS-1,即后来建成的 EGNOS);第二步是建立一个完全独立于美国的 GPS 系统和俄罗斯的 GLONASS 系统之外的第二代全球导航卫星系统,即正在建设中的 Galileo 卫星导航定位系统。由此可见,GNSS 一经问世,就不是一个单一星座系统,而是一个包括 GPS、GLONASS 等在内的综合星座系统。

众所周知,卫星是在天空中环绕地球运行的,其全球性是不言而喻的。而全球导航是相对于陆基区域性导航而言的,以此体现卫星导航的优越性。

近年来,一些 GPS 接收机制造厂商为提高市场占有率,纷纷推出所谓 GNSS 接收机。如 Trimble 公司于 2006 年推向市场的 Trimble R8 GNSS 接收机,宣称它采用 Trimble R-跟踪技术,能够接收和测量 GPS L_2-C 码与 L_5 信号以及 GLONASS 信号;又如拓普康 GNSS 接收机 GB-1000 和 Hiper 系列接收机具有 40 个并行通用信道,最多可测量 20 颗 GPS 卫星和 GLONASS 卫星的双频信号,测量双频信号时将包括 L_1-C/A 码和载波相位、L_1-P 码和载波相位、L_2-P 码和载波相位。由此可见,目前 GPS 信号接收机制造厂商所谓的 GNSS 接收机,只不过是一种既能够接收 GPS 信号,又能够接收 GLONASS 信号的双系统信号接收机,而不是能够接收所有在轨工作的导航卫星信号的接收机。有学者认为,只有能够接收所有在轨工作的导航卫星信号的接收机,才是真正的 GNSS 接收机。

综上所述,GNSS 的中文译名为全球导航卫星系统,建议称为 GNSS 全球导航卫星系统。它是所有在轨工作的卫星导航定位系统的总称,目前主要包括 GPS 卫星全球定位系统、GLONASS 全球导航卫星系统、北斗卫星导航系统、WAAS 广域增强系统、EGNOS 欧洲静地卫星导航重叠系统、DORIS 星载多普勒无线电定轨定位系统、PRARE 精确距离及其变率测量系统、QZSS 准天顶卫星系统、GAGAN GPS 静地卫星增强系统,以及正在建设的 Galileo 卫星导航定位系统、Compass 卫星导航定位系统和 IRNSS 印度区域导航卫星系统。

在目前GPS系统取得广泛且成功应用的基础上,美国于1999年提出了GPS现代化计划,对GPS进行全面改进。它改进的动力来源于导航战能力严重不足、应用需求不断提高和多个卫星导航系统之间的竞争加剧,其中提升导航战能力是最主要和最根本的出发点。此后,意在全面恢复和提升GLONASS的优先发展计划、建设中的Galileo等,均提出了与GPS现代化计划相似的发展目标。上述改进或建设中的卫星导航系统代表了今后20年卫星导航发展的趋势,它们的主要技术特点包括以下几个方面:

首先,系统性能进一步提升。提升的主要目标包括提高定位授时精度、提升弱信号接收能力、增强完好性等。

其次,导航战能力大幅度增强。1997年,美军针对GPS在使用过程中会受敌方干扰的情况,最早提出了导航战概念,即"在复杂电子环境中,使己方部队有效地利用卫星导航系统,同时阻止对方使用该系统"。美军的这一理论是在单一的GPS导航系统背景下提出的,在多系统并存的背景下,导航战的概念和理论体系也在不断深化。

最后,在国家一体化定位导航授时(PNT)体系结构的框架下发展卫星导航系统。为解决目前导航手段众多但缺乏PNT体系结构指导的问题,美国国防部和运输部于2006年联合发起了一项国家PNT体系结构研究。该项研究的目的是制定一个全面的国家层面的PNT体系结构,到2025年前后为美国提供更加有效和高效的PNT能力,并为现存的各种导航系统和服务探索一条渐进的发展道路。

这一研究体现出美国已开始从高于卫星导航系统的角度综合考虑所有可能的PNT手段,并从整体优化的角度规划美国的国家PNT体系结构。这是卫星导航发展到一定阶段的必然要求,将对卫星导航系统的发展产生积极的作用。

GNSS由空间段、控制段和用户段三部分组成。

(1)空间段。

为了提供连续的全球定位服务能力,每个GNSS的星座必须包含足够数量的卫星,以确保在每个站点可同时观测至少4颗卫星。

卫星星座的选择必须遵循多种优化原则。设计中主要考虑的因素有用户定位精度、卫星可用性、服务范围和卫星的几何构形等,并且要考虑卫星的大小和质量,这与运载工具的载荷限制、配置、维护和动力供给的成本等有关。卫星轨道决定了扰动效应的大小,而扰动又影响到轨道维护方案。卫星按轨道高度可分为低轨卫星、中轨卫星和地球静止轨道卫星。卫星轨道高度还影响着信号发射功率的选择。以中轨卫星为例,面向地球的有效发射功率约为25 W。由于传播过程的损耗,可使信号功率减弱到约为1×10^{-16} W。另一个设计参数是卫星失效的可能性,它会导致卫星性能降低,甚至需要用新的卫星或备用卫星进行星座重构。

GNSS卫星基本上装载有原子钟、无线电收发器、微处理器和各种操控系统的辅助设备。用户接收每颗卫星的信号,测定到卫星的伪距。卫星上还包括用于供电的太阳能电池板和用于轨道调整与稳定控制的推进系统。卫星具有各种识别体系,如发射序列号、轨道位置号、系统特定的名称、国际标识号等。

(2)控制段。控制段也称为地面段,负责操控整个系统。它的任务包括系统的配置和维护,跟踪卫星用于确定和预报卫星轨道及卫星时钟参数,监测辅助数据(如电离层参数),以及上行数据命令等。控制段还负责可能的数据加密,并防止系统被非授权用户使用。控制段通常由一个主控站、若干监测站及地面天线组成。主控站控制并协调所有操作,监测站形成跟踪网络,地面天线则是连接卫星的通信链路。

(3)用户段。用户段可以按照用户类别、接收机类型及各种信息服务来分类。

用户类别可分为军用用户和民用用户,也可分为授权用户和非授权用户。民用用户和非授权用户不能使用 GNSS 的所有信号或全部服务。

1.1 GPS 系统

1973 年 12 月,美国国防部批准陆、海、空三军联合研制第二代卫星导航系统——全球定位系统(GPS)。该系统是以卫星为基础的无线电导航系统,全称为卫星测时测距导航/全球定位系统(Navigation Satellite Timing and Ranging/Global Positioning System)。该系统具有全能性(陆地、海洋、航空、航天),全球性,全天候,连续性,实时性地导航、定位和定时等多种功能,能为各类静止或高速运动的用户迅速提供精密的瞬间三维空间坐标、速度矢量和精确授时等多种服务。全球卫星定位系统经历了方案论证(1974 ~ 1978 年)、系统论证(1979 ~ 1987 年)和试验生产(1988 ~ 1993 年)三个阶段,其中在前两个阶段发射了 11 颗 Block Ⅰ型 GPS 试验卫星(设计使用寿命为 5 年);试验生产阶段发射了 28 颗 Block Ⅱ型和 Block Ⅱ A 型 GPS 工作卫星(第二代卫星的设计使用寿命为 7.5 年);第三代改善型 GPS 卫星 Block Ⅱ R 和 Block Ⅲ型 GPS 工作卫星从 20 世纪 90 年代末开始发射,计划发射 20 颗,以逐步取代第二代 GPS 工作卫星,改善全球定位系统。总投资 300 亿美元。

GPS 卫星星座由分布在 6 个独立轨道的 24 颗 GPS 卫星组成(其中包括 3 颗备用卫星),平均每个轨道上分布 4 颗卫星,各轨道升交点的赤经相差 60°,卫星轨道倾角为 55°,卫星运行周期 T = 11 h 58 min(恒星时 12 h),卫星高度约为 20 200 km。

卫星通过天顶附近时可观测时间为 5 h,在地球表面任何地方任何时刻高度角为 15°以上的可观测卫星至少有 4 颗,平均有 6 颗,最多达 11 颗。

1.1.1 GPS 的组成

GPS 的整个系统由空间部分、地面控制部分和用户部分组成。

GPS 的空间部分由 24 颗 GPS 工作卫星组成,这些 GPS 工作卫星共同组成了 GPS 卫星星座,其中 21 颗为可用于导航的卫星,3 颗为活动的备用卫星。这 24 颗卫星分布在 6 个倾角为 55°的轨道上绕地球运行。卫星的运行周期约为 12 恒星时。每颗 GPS 工作卫星都发出用于导航定位的信号。GPS 用户正是利用这些信号来进行工作的。

GPS 的控制部分由分布在全球的由若干个跟踪站组成的监控系统所构成,根据其作用的不同,这些跟踪站又被分为主控站、监控站和注入站。主控站有 1 个,位于美国克罗拉多州(Colorado)的法尔孔(Falcon)空军基地,它的作用是根据各监控站对 GPS 的观测数据,计算出卫星的星历和卫星钟的改正参数等,并将这些数据通过注入站注入到卫星中去;同时,它还对卫星进行控制,向卫星发布指令,当工作卫星出现故障时,调度备用卫星,替代失效的工作卫星工作;另外,主控站也具有监控站的功能。监控站有 5 个,除主控站外,其他 4 个分别位于夏威夷(Hawaii)、阿松森群岛(Ascencion)、迭哥伽西亚(Diego Garcia)、卡瓦加兰(Kwajalein),监控站的作用是接收卫星信号,监测卫星的工作状态。注入站有 3 个,它们分别位于阿松森群岛(Ascencion)、迭哥伽西亚(Diego Garcia)、卡瓦加兰(Kwajalein),注入站的作用是将主控站计算出的卫星星历和卫星钟的改正数等注入到卫星中去。

GPS 的用户部分由 GPS 接收机、数据处理软件及相应的用户设备(如计算机气象仪器等)组成。它的作用是接收 GPS 卫星所发出的信号,利用这些信号进行导航定位等工作。以上这三个部分共同组成了一个完整的 GPS 系统。

1.1.2 GPS 的信号

GPS 卫星上配有 4 台频率相当稳定(量时精度为 10 ~ 13 s)的原子钟(2 台铯钟、2 台铷钟),由此产生一个频率为 10.23 MHz 的基准钟频信号。

GPS 卫星发射两种频率的载波信号,即频率为 1 575.42 MHz 的 L_1 载波和频率为 1 227.60 HMz 的 L_2 载波,它们的频率分别是基本频率 10.23 MHz 的 154 倍和 120 倍,它们的波长分别为 19.03 cm 和 24.42 cm。在 L_1 和 L_2 上又分别调制着多种信号。

C/A 码又称为粗捕获码,它被调制在 L_1 载波上,是 1 MHz 的伪随机噪声码(PRN 码),其码长为 1 023 位(周期为 1 ms)。由于每颗卫星的 C/A 码都不一样,因此我们经常用它们的 PRN 号来区分它们。C/A 码是普通用户用以测定测站到卫星间的距离的一种主要的信号。

P 码又称为精码,它被调制在 L_1 载波和 L_2 载波上,是 10 MHz 的伪随机噪声码,其周期为 7 d。在实施 AS 时,P 码与 W 码进行模二相加生成保密的 Y 码,此时一般用户无法利用 P 码来进行导航定位。

导航信息被调制在 L_1 载波上,其信号频率为 50 Hz,包含有 GPS 卫星的轨道参数、卫星钟改正数和其他一些系统参数。用户一般需要利用此导航信息来计算某一时刻 GPS 卫星在地球轨道上的位置,导航信息也被称为广播星历。

SPS(Standard Positioning Service)和 PPS(Precision Positioning Service)是 GPS 系统针对不同用户提供的两种不同类型的服务,SPS 是标准定位服务,PPS 是精密定位服务。这两种不同类型的服务分别由两种不同的子系统提供,标准定位服务由标准定位子系统提供,精密定位服务则由精密定位子系统提供。

SPS 主要面向全世界的民用用户。PPS 主要面向美国及其盟国的军事部门以及民用的特许用户。在 GPS 定位中,经常采用下列观测值中的一种或几种进行数据处理,以确定出待定点的坐标或待定点之间的基线向量,如 L_1 载波相位观测值、L_2 载波相位观测值(半波或全波)、调制在 L_1 载波上的 C/A 码伪距、调制在 L_1 载波上的 P 码伪距、调制在 L_2 载波上的 P 码伪距、L_1 载波上的多普勒频移、L_2 载波上的多普勒频移。

实际上,在进行 GPS 定位时,除大量使用上面的观测值进行数据处理外,还经常使用由上面的观测值通过某些组合而形成的一些特殊观测值,如宽巷观测值(Wide-Lane)、窄巷观测值(Narrow-Lane)、消除电离层延迟的观测值(Ion-Free)等来进行数据处理。

1.1.3 GPS 坐标系统与时间系统

1.1.3.1 WGS-84 坐标系统

自 20 世纪 60 年代以来,美国国防部制图局(DMA)为建立全球统一坐标系统,利用了大量的卫星观测资料以及全球地面天文、大地和重力测量资料,先后建成了世界大地坐标系

（World Geodetic System，简称 WGS）WGS－60、WGS－66 和 WGS－72，并于 1984 年开始，经过多年修正和完善，发展了一种新的、更为精确的世界大地坐标系，称为美国国防部 1984 年世界大地坐标系，简称为 WGS－84 坐标系统。

WGS－84 坐标系统于 1985 年开始使用，1986 年生产出第一批相对于地心坐标系的地图、航测图和大地成果。由于 GPS 导航定位全面采用了 WGS－84 坐标系统，用户可以获得更高精度的地心坐标，也可以通过转换，获得较高精度的参心大地坐标系坐标。

WGS－84 坐标系统的几何定义是：坐标系的原点是地球的质心，Z 轴指向 BIH1984.0 定义的协议地球极（CTP）方向，X 轴指向 BIH1984.0 的零度子午面和 CTP 赤道的交点，Y 轴和 Z 轴、X 轴构成右手坐标系。

WGS－84 椭球采用国际大地测量与地球物理联合会第 17 届大会大地测量常数推荐值，采用的 4 个基本参数是：

长半轴：$a = 6\ 378\ 137$ m；

地球引力常数（含大气层）：$GM = 3\ 986\ 005 \times 10^{8}\ \mathrm{m^3/s^2}$；

正常化二阶带球谐系数：$\overline{C}_{2.0} = -484.166\ 85 \times 10^{-6}$；

地球自转角速度：$\omega = 7\ 292\ 115 \times 10^{-11}$ rad/s。

利用以上 4 个基本参数，可计算出其他的几何常数和物理常数，如：

短半轴：$b = 6\ 356\ 752.314\ 2$ m；

扁率：$\alpha = 1/298.257\ 223\ 563$；

第一偏心率平方：$e^2 = 0.006\ 694\ 379\ 990\ 13$；

第二偏心率平方：$e'^2 = 0.006\ 739\ 496\ 742\ 227$；

椭球正常重力位：$U_0 = 62\ 636\ 860.849\ 7\ \mathrm{m^2/s^2}$；

赤道正常重力：$\gamma_0 = 9.970\ 326\ 771\ 4\ \mathrm{m/s^2}$。

当 GPS 定位确定了测站点的大地高 H 后，可按下式求出该点的正高 h：

$$h = H - N \tag{1-1}$$

式中　N——该点的 WGS－84 大地水准面差距，它可以根据 WGS－84 地球重力场模型 WGS－84EGM 的一套球谐系数，利用球谐函数展开式计算得出，其均方根差为 ±(2～6)m。

自 1987 年 1 月 10 日之后，GPS 卫星星历均采用 WGS－84 坐标系统，因此 GPS 网的测站坐标均属于 WGS－84 坐标系统，若要求得 GPS 测站点在参心坐标系中的坐标，就必须进行坐标系的转换。

1.1.3.2　**GPS 时（GPST）**

GPS 时间系统的钟组包括主控站、监控站和卫星上所有的原子钟。通过主控站内部的时间比对和远程时间比对得到这些钟的比对数据，用适当的原子时算法得到一个纸面时间尺度。以 UTC（USNO）作为参考基准，对该纸面时间尺度作频率驾驭，得到 GPS 时。

GPS 时的起始历元为 1980 年 1 月 6 日 0 时（UTC），此时 TAI － UTC = 19 s。GPS 时不作闰秒调整，在任何时候都在整数秒上与 TAI 相差 19 s，即 TAI － GPS Time ≈ 19 s，它与 UTC 的差为 GPS Time － UTC ≈DTAI － 19 s。

USNO 拥有近百台高精度原子钟，它保持的地方时 UTC（USNO）与 UTC 的差异小于

15 ns。USNO用高精度时间传递技术进行 GPS 时与 UTC(USNO)的时间比对,并把比对结果传送到 GPS 地面主控站,在那里通过计算确定预报 GPS 时与 UTC(USNO)之差的计算公式中的 2 个系数,并把这些系数上传给卫星,通过卫星导航电文发送给用户。用户接收机可以根据接收到的卫星钟时间信号和导航电文中的这些系数、卫星钟差以及各项时延改正参数而估计接收机的钟与 UTC(USNO)之差,从而以优于 ±1 μs(模 1 s)的准确度将接收机钟同步到 UTC。

1.1.4 GPS 定位原理

GPS 卫星在运行时,不断向地面发射卫星信号,地面 GPS 接收机接收到卫星信息(星历、距离及相位),利用几何原理求出接收机坐标,来完成导航定位及各种测量作业。

GPS 卫星播发的信号包含载波信号、测距码、数据码等多种分量,它能满足多用户系统的导航、高精度定位的需要。GPS 卫星信号所包含的载波、测距码(包含 P 码、C/A 码)、数据码(导航电文,或称 D 码)都是在同一个基准频率 $f_0 = 10.23$ MHz 的控制下产生的。

GPS 卫星信号取无线电波中 L 波段的两种不同频率的电磁波作为载波,它们的频率和波长分别为:

L_1 载波:$f_1 = 154f_0 = 1\ 575.42$ MHz,$\lambda_1 = 19.03$ cm;

L_2 载波:$f_2 = 120f_0 = 1\ 227.60$ MHz,$\lambda_1 = 24.42$ cm。

在 L_1 载波上调制有 C/A 码、P 码数据码,在 L_2 载波上只调制有 P 码和数据码。

GPS 卫星所采用的两种测距码,即 C/A 码和 P 码(或 Y 码)均属于伪随机码(PRN),这种二进制的数码序列不仅具有良好的自相关特性,而且是一种结构确定、可以复制的周期性序列。

使用速度乘以传播时间等于距离,从而可以得到卫星到 GPS 接收机的距离。

就无线电导航定位来说,设想在地面上有三个无线电信号发射台,其坐标为已知,用户接收机在某一时刻采用无线电测距的方法分别测得了接收机至三个发射台的距离 d_1、d_2、d_3,只需以三个发射台为球心,以 d_1、d_2、d_3 为半径作出三个定位球面,即可交会出用户接收机的空间位置。

将无线电信号发射台从地面点搬到卫星上,组成一个卫星导航定位系统,应用无线电测距交会的原理便可由三个以上地面已知点(控制站)交会出卫星的位置,反之,利用三个以上卫星的已知空间位置又可交会出地面未知点(用户接收机)的位置,如图 1-1 所示。这就是 GPS 卫星定位的基本原理。

1.1.5 GPS 定位方法

GPS 定位的方法是多种多样的,用户可以根据不同的用途采用不同的定位方法。GPS 定位方法可依据不同的分类标准进行分类。

(1)根据定位所采用的观测值分为伪距定位和载波相位定位。

伪距定位所采用的观测值为 GPS 伪距观测值,所采用的伪距观测值既可以是 C/A 码伪距,也可以是 P 码伪距。伪距定位的优点是数据处理简单,对定位条件的要求低,不存在整周模糊度的问题,可以非常容易地实现实时定位;其缺点是观测值精度低,C/A 码伪距观测值的精度一般为 3 m,而 P 码伪距观测值的精度在 30 cm 左右,从而导致定位成果精度低,

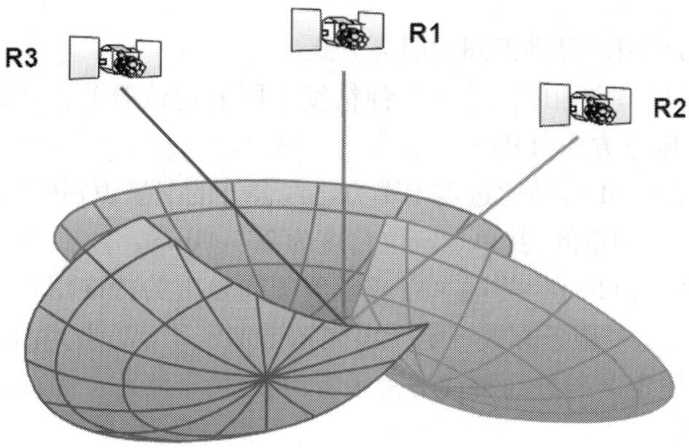

图 1-1　GPS 定位原理

另外,若采用精度较高的 P 码伪距观测值,还存在 AS 的问题。

载波相位定位所采用的观测值为 GPS 的载波相位观测值,即 L_1、L_2 或它们的某种线性组合。载波相位定位的优点是观测值的精度高,一般优于 2 mm;其缺点是数据处理过程复杂,存在整周模糊度的问题。

(2)根据定位的模式分为绝对定位和相对定位。

绝对定位又称为单点定位,这是一种采用一台接收机进行定位的模式,它所确定的是接收机天线的绝对坐标。这种定位模式的特点是作业方式简单,可以单机作业。绝对定位一般用于导航和精度要求不高的应用中。

相对定位又称为差分定位,这种定位模式采用两台以上的接收机,同时对一组相同的卫星进行观测,以确定接收机天线间的相互位置关系。

(3)根据获取定位结果的时间分为实时定位和非实时定位。

实时定位是根据接收机观测到的数据,实时地解算出接收机天线所在的位置。

非实时定位又称后处理定位,它是通过对接收机接收到的数据进行后处理以进行定位的方法。

(4)根据定位时接收机的运动状态分为动态定位和静态定位。

所谓动态定位,就是在进行 GPS 定位时,认为接收机的天线在整个观测过程中的位置是变化的。也就是说,在数据处理时,将接收机天线的位置作为一个随时间的改变而改变的量。动态定位又分为 Kinematic 和 Dynamic 两类。

所谓静态定位,就是在进行 GPS 定位时,认为接收机的天线在整个观测过程中的位置是保持不变的。也就是说,在数据处理时,将接收机天线的位置作为一个不随时间的改变而改变的量。在测量中,静态定位一般用于高精度的测量定位,其具体观测模式是多台接收机在不同的测站上进行静止同步观测,时间由几分钟、几小时甚至数十小时不等。

1.1.6　GPS 使用政策

由于 GPS 定位技术与美国的国防现代化发展密切相关,因而美国从自身的安全利益出发,限制非特许用户利用 GPS 定位精度。GPS 系统除在设计方面采取了许多保密性措施外,还对 GPS 用户实施 SA (Selective Availability)与 A-S(Anti-Spoofing)限制性政策,具体做法有以下几个方面：

(1)对不同的 GPS 用户提供不同的服务方式。

GPS 系统在信号设计方面就区分了两种精度不同的定位服务方式，即标准定位服务方式(SPS)和精密定位服务方式(PPS)。

标准定位服务方式(SPS)是通过美国军方已经公开的卫星识别码(C/A 码)解调广播星历的导航电文进行定位测量的，其单点定位精度为 20 ~ 40 m。

精密定位服务方式(PPS)是美国军方或者美国同盟国的特许用户使用的，其单点定位精度为 2 ~ 4 m。使用这种服务方式一定要事先知道加密码(W 码)和精码(P 码)的编码结构，否则便无法解调锁定 P 码进而解读精密星历，实施精密测距。因此，W 码与 P 码对于非特许用户是绝对保密的。

(2)选择性可用 SA 政策——对 SPS 服务实施干扰。

δ 过程——将钟频信号加入高频抖动使 C/A 码波长不稳定。

ε 过程——将广播星历的卫星轨道参数加入人为误差，降低定位精度。

在 SA 政策的影响下，SPS 服务的垂直定位精度降为 ±150 m，水平定位精度降为 ±100 m。科学家利用 GPS 差分技术，可以明显削弱 SA 政策导致的系统性误差的影响。但对于使用精密定位服务(PPS)的特许用户，则可以通过密匙自动消除 SA 影响。

SA 政策 1991 年 7 月 1 日实施，因为影响美国的商业利益，所以于 2000 年 5 月 2 日取消了 SA 政策。

(3)反电子欺骗技术(A-S)——对 P 码实施加密。

尽管 P 码的码长是一个非常惊人的天文数字(码长为 2.35 ×1 014 bit)，至今无法破译，但是美国军方还是担心一旦 P 码被破译，战时敌方会利用 P 码调制一个错误的导航信息，诱骗特许用户的 GPS 接收机错锁信号——导致错误导航。为了防止这种电子欺骗，美国军方将在必要时引入机密码(W 码)，并通过 P 码与 W 码的模二相加转换为 Y 码，即对 P 码实施加密保护。

因为 W 码对非特许用户是严格保密的，所以非特许用户将无法应用破密的 P 码进行精密定位和实施上述电子欺骗。

1.1.7 GPS 控制网精度指标与数据处理

GPS 控制网技术设计的主要依据是 GPS 测量规范或规程和测量任务书或合同书。目前，GPS 设计依据的规范(规程)有：

(1)国家质量监督检验检疫总局发布的国家标准《全球定位系统(GPS)测量规范》(GB/T 18314—2009)；

(2)中华人民共和国住房和城乡建设部发布的行业标准《卫星定位城市测量技术规范》(CJJ/T 73—2010)；

(3)各部门根据本部门 GPS 工作的实际情况制定的其他 GPS 测量规程或细则。

1.1.7.1 GPS 测量精度标准

本书以《卫星定位城市测量技术规范》(CJJ/T 73—2010)的规定为主。

GPS 网的精度要求主要取决于网的用途和定位技术所能达到的精度。精度指标通常是以相邻点间弦长的标准差来表示的，即

$$\sigma = \sqrt{a^2 + (bd \times 10^{-6})^2} \tag{1-2}$$

式中　σ——标准差,mm;

a——固定误差,mm;

b——比例误差系数;

d——相邻点间的距离,mm。

城市 CORS 系统按照系统规划、设计建设,一个城市只应建设一个 CORS 系统。CORS 网的主要技术要求应符合表 1-1 的规定。

表 1-1　《卫星定位城市测量技术规范》(CJJ/T 73—2010)规定的 GORS 网的主要技术要求

平均边长(km)	固定误差 a(mm)	比例误差系数 b(mm/km)	最弱边相对中误差
40	≤5	≤1	1/800 000

城市 GNSS 控制网的布设应遵循从整体到局部、分级布网的原则。城市首级 GNSS 网应一次全面布设,加密 GNSS 网可逐级布网、越级布网或布设同级全面网。GNSS 网按相邻站点的平均距离和精度应划分为二、三、四等网和一、二级网。GNSS 网相邻点间基线长度精度应按式(1-2)计算。

GNSS 网的主要技术要求应符合表 1-2 的规定。二、三、四等网相邻点最小边长不宜小于平均边长的 1/2,最大边长不宜超过平均边长的 2 倍。一、二级网最大边长可在平均边长的基础上放宽 1 倍,当边长小于 200 m 时,边长中误差应小于 ± 2 cm。

表 1-2　《卫星定位城市测量技术规范》(CJJ/T 73—2010)规定的 GNSS 网的主要技术要求

等级	平均边长(km)	固定误差 a(mm)	比例误差系数 $b(1\times10^{-6})$	最弱边相对中误差
二等	9	≤5	≤2	1/120 000
三等	5	≤5	≤2	1/80 000
四等	2	≤10	≤5	1/45 000
一级	1	≤10	≤5	1/20 000
二级	<1	≤10	≤5	1/10 000

GNSS 测量各等级作业的基本技术要求应符合表 1-3 的规定。

表 1-3　GNSS 测量各等级作业的基本技术要求

项目	级别					
	观测方法	二等	三等	四等	一级	二级
卫星高度截止角(°)	静态	≥10	≥15	≥15	≥15	≥15
有效观测同类卫星数	静态	≥4	≥4	≥4	≥4	≥4
平均重复设站数	静态	≥2.0	≥2.0	≥1.6	≥1.6	≥1.6
时段长度(min)	静态	≥90	≥60	≥45	≥45	≥45
数据采样间隔(s)	静态	10 ~ 30	10 ~ 30	10 ~ 30	10 ~ 30	10 ~ 30
PDOP 值	静态	<6	<6	<6	<6	<6

1.1.7.2 数据处理

城市二等 GNSS 网基线解算和平差宜采用高精度解算软件,其他等级控制网可采用商业软件。目前,国际上广泛使用的高精度解算软件有美国麻省理工学院(MIT)和加州大学圣地亚哥分校 Scripps 海洋研究所(SIO)研制的 GAMIT/GLOBK 软件、美国喷气推进实验室(JPL)研制的 GIPSY/OASIS 软件及瑞士 BERNE 大学研制的 Bernese 软件。

1. 数据预处理

数据预处理应符合下列规定:

(1)城市二等 GNSS 网应采用卫星精密星历解算基线,其他等级控制网可采用卫星广播星历解算基线。

(2)当使用不同型号的接收机共同作业时,应将观测数据转换成标准格式后,再进行统一的基线解算。常采用的标准数据为 RINEX 格式。

(3)基线解算可采用多基线解或单基线解,每个同步观测图形应选定一个起算点。起算点应按 CORS 站、已知点坐标和单点定位结果的先后顺序选择。

(4)观测值应加入对流层延迟修正。对流层延迟修正模型中的气象元素可采用标准气象元素。

(5)基线解算宜采用双差固定解。

(6)处理结果中应包括相对定位坐标及其方差阵、基线及其方差阵 - 协方差阵平差所需的元素。

2. 数据检验

数据检验应符合下列规定:

(1)在基线解算时,如果观测值的改正数大于某一个阈值,则认为该观测值含有粗差,必须将其删除。被删除观测值的数量与观测值的总数的比值,就是数据剔除率。数据剔除率从某一方向反映了 GPS 原始观测值的质量,数据剔除率越高,说明观测值的质量越差。规范规定,同一时段观测值的数据剔除率不宜大于 20%。

(2)复测基线的长度较差应满足下式的要求:

$$ds \leqslant 2\sqrt{2}\sigma \tag{1-3}$$

式中 ds——复测基线的长度较差。

(3)采用同一种数学模型解算的基线,网中任何一个三边构成的同步环闭合差应满足下列公式的要求:

$$W_x \leqslant \frac{\sqrt{3}}{5}\sigma,\quad W_y \leqslant \frac{\sqrt{3}}{5}\sigma,\quad W_z \leqslant \frac{\sqrt{3}}{5}\sigma \tag{1-4}$$

$$W_s = \sqrt{W_x^2 + W_y^2 + W_z^2} \tag{1-5}$$

式中 W_x、W_y、W_z——环坐标分量闭合差;

W_s——环闭合差。

(4)GNSS 网外业基线预处理结果,异步环或附合线路坐标闭合差应满足下列公式的要求:

$$W_x \leqslant 2\sqrt{n}\sigma,\quad W_y \leqslant 2\sqrt{n}\sigma,\quad W_z \leqslant 2\sqrt{n}\sigma,\quad W_s \leqslant 2\sqrt{3n}\sigma \tag{1-6}$$

式中 n——闭合环边数。

数据检验中，当重复基线、同步环、异步环或附合路线中的基线超限时，应舍弃基线后重新构成异步环，所含异步环基线数应符合表1-4的规定，且闭合差应符合数据检验中的规定，否则应进行重测。舍弃和重测的基线应分析，并应记录在数据检验报告中。

表1-4　异步环或附合线路边线的规定

等级	二等	三等	四等	一级	二级
异步环或附合线路边线(条)	≤6	≤8	≤10	≤10	≤10

同步环坐标分量以及全长相对闭合差的规定如表1-5所示。软件中采用环线全长相对闭合差为指标。

表1-5　同步环坐标分量以及全长相对闭合差的规定　　(单位：1×10^{-6})

限差类型	二等	三等	四等	一级	二级
坐标分量相对闭合差	2.0	3.0	6.0	9.0	9.0
环线全长相对闭合差	3.0	5.0	10.0	15.0	15.0

注：一般在GPS商业处理软件中通常用ppm表示1×10^{-6}。

3. 数据处理

数据处理应符合下列规定。

1) 无约束平差

(1) 基线向量检核符合要求后，应以三维基线向量及其相应方差——协方差阵作为观测信息，并按基线解算时确定的一个点的地心系三维坐标作为起算依据，进行GNSS网的无约束平差。

(2) 无约束平差应提供各点在地心系下的三维坐标、各基线向量、改正数和精度信息。

(3) 约束平差中，基线分量的改正数绝对值应满足下列公式的要求：

$$V_{\Delta x}\leqslant 3\sigma,\quad V_{\Delta y}\leqslant 3\sigma,\quad V_{\Delta z}\leqslant 3\sigma \tag{1-7}$$

式中　$V_{\Delta x}$、$V_{\Delta y}$、$V_{\Delta z}$——基线分量的改正数绝对值。

2) 约束平差

(1) 可选择国家坐标系或城市坐标系，对通过无约束平差后的观测值进行三维约束平差或二维约束平差。平差中，可对已知点坐标、已知距离和已知方位进行强制约束或加权约束。

(2) 约束平差中，基线分量的改正数与经过剔除粗差后的无约束平差结果的同一基线相应改正较差应满足下列公式的要求：

$$\mathrm{d}V_{\Delta x}\leqslant 2\sigma,\quad \mathrm{d}V_{\Delta y}\leqslant 2\sigma,\quad \mathrm{d}V_{\Delta z}\leqslant 2\sigma \tag{1-8}$$

式中　$\mathrm{d}V_{\Delta x}$、$\mathrm{d}V_{\Delta y}$、$\mathrm{d}V_{\Delta z}$——同一基线约束平差基线分量的改正数与无约束平差基线分量的改正数的较差。

(3) 当平差软件不能输出基线向量改正数时，应进行不少于2个已知点的部分约束平差，通过平差获得未参加约束已知点的平差坐标，其点位变化相对于约束点的边长相对中误差不应低于表1-2中规定的上一等级控制网中最弱边的相对中误差。

方位角应取位至0.1″，坐标与边长应取位至mm。

测量成果输出应包括相应坐标中的三维坐标或二维坐标，基线向量改正数、基线边长、方位角、转换参数及其精度等信息。

1.2 GLONASS 全球卫星导航系统

GLONASS 全球卫星导航系统的起步晚于 GPS 9 年，在广泛使用 GPS 的同时，苏联在全面总结 CICADA 第一代卫星导航系统优缺点的基础上，吸取了美国 GPS 系统的成功经验，从 1982 年 10 月 12 日开始，逐步建立了第二代卫星导航系统——GLONASS 全球卫星导航系统（Global Orbiting Navigation Satellite System）。到 1996 年的 13 年时间内历经周折，期间虽然遭遇了苏联的解体，由俄罗斯接替，1995 年初只有 16 颗 GLONASS 卫星在轨工作，1995 年进行了三次成功发射，将 9 颗卫星送入轨道，完成了 24 颗工作卫星加 1 颗备用卫星的布局。1995 年俄罗斯耗资 30 多亿美元完成组网，2001 ~ 2011 年投入 47 亿美元。

1.2.1 GLONASS 全球卫星导航系统组成

1.2.1.1 空间段

GLONASS 全球卫星导航系统计划在 1995 年 12 月 14 日建成由 24 颗卫星组成的 GLONASS 工作卫星星座，其中 21 颗卫星为工作卫星，3 颗为在轨备用卫星，它们均匀地分布在 3 个轨道平面内，平均每个轨道上分布 8 颗卫星，各轨道升交点的赤经相差 120°，轨道偏心率为 0.01，卫星轨道倾角为 64.8°，卫星运行周期 11 h 15 min（恒星时 11.28 h），卫星高度约为 19 100 km。

卫星设计的使用寿命为 4.5 年，直至 1995 年卫星星座布成，经过数据加载、调整和检验，已于 1996 年 1 月 18 日整个系统正式运转。星座每天至少能提供 15 h 的二维定位覆盖，而三维覆盖至少可达 8 h。GLONASS 卫星见图 1-2。

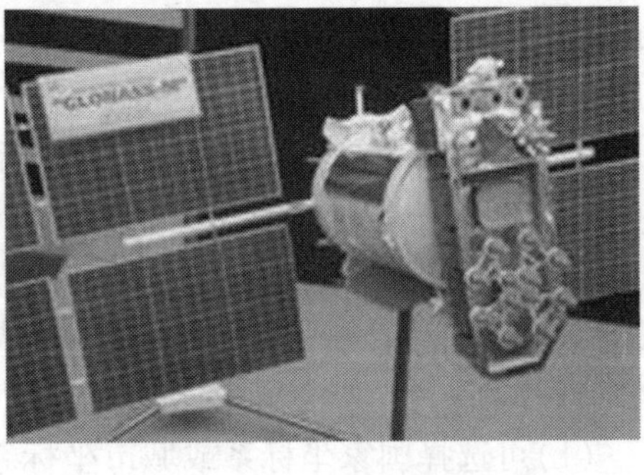

图 1-2 GLONASS 卫星

GLONASS 卫星有六种类型：BlockⅠ、BlockⅡA、BlockⅡB、BlockⅡ以及正在研制中的下一代改进型卫星 GLONASS - MⅠ和 GLONASS - MⅡ。每颗 GLONASS 卫星都在 L 波段上发射两个载波信号 L_1 和 L_2，民用码仅调制在 L_1 上，而军用码在 L_1 和 L_2 双频上，GLONASS 采用频分多址（FDMA）区分卫星信号。

GLONASS 卫星由质子号运载火箭一箭三星发射入轨，卫星采用三轴稳定体制，整体质量为 1 400 kg，设计轨道寿命 5 年。所有 GLONASS 卫星均使用精密铯钟作为其频率基准。第一颗 GLONASS 卫星于 1982 年 10 月 12 日发射升空。截止目前，共发射了 80 余颗 GLONASS 卫星，2000 年 10 月 13 日发射了 3 颗卫星。截至 2001 年 1 月 10 日尚有 10 颗 GLONASS卫星正在运行。

进入 GLONASS 系统现代化阶段。俄罗斯太空部队打算开始进行新一代 GLONASS - M 计划的飞行试验，M 表示改进，也意味着现代化。2003 年 12 月发射了第一颗 GLONASS - M 卫星。新型 GLONASS - M 卫星除将有更长的设计寿命（从现行的 3 年提高到 7 ~ 8 年）外，还将具有更好的信号特性。改进型卫星 GLONASS - MⅠ的质量约为 1 480 kg 。这种新型卫星改进了卫星上的原子钟,提高了频率稳定度和系统的精度,更为重要的是,它的工作寿命可以达到5年以上,这对确保GLONASS空间星座维持21~24颗工作卫星发射信号至关重要。1995年按计划对GLONASS-MⅠ进行了全面的地面测试,在1996年第三季度首次进行这种卫星的发射。这次发射携带两颗BlockⅡV卫星和一颗GLONASS-MⅠ卫星。以后MⅠ卫星作为替补卫星,一直用到2000年。俄罗斯正准备研制一种工作寿命可达7年的更大(其质量约达2 000 kg)和功能更强的GLONASS-MⅡ型卫星。除了对星上子系统作重要改进外,还将增加星间数据通信和监视能力,因而可自主运行长达60 d。MⅡ卫星还将发射第二个民用频率,以便消除电离层对民用定位精度的影响。俄罗斯还计划要在将来转变到低质量(MASS)第三代GLONASS-K卫星,确保卫星工作寿命在10年以上。

1.2.1.2 控制段

控制系统的主要控制操作任务包括:跟踪卫星,以便确定和预报卫星轨道与卫星钟差;卫星时间同步及控制GLONASS时间与UTC之间的时间偏差。控制段还要进行很多非控制操作活动,如组织和发射活动。控制段又分控制中心、中央同步器(系统时钟)及遥测、跟踪和控制站。

系统控制中心是一个军方复杂系统,由俄罗斯空军控制,位于莫斯科西南大约70 km的克拉斯诺兹纳缅克太空中心。GLONASS系统所有的功能和操控由系统控制中心计划与协调。中央同步器位于莫斯科市区的Schelkovo,主要负责提供GLONASS的系统时间。中央同步器的信号需要传到相伴控制中心。最重要的是进行两类观测,其一就是通过雷达技术测量时间同步器到卫星的距离,距离测量精度达到几米;其二是将卫星发送的导航信号和精度为10^{-13}的标准频率所产生的参考时间与参考相伴进行比较。从这两类观测值中,计算并预估卫星时钟和相位偏差,预估值需要每天至少1次上行到卫星。

4个遥测、跟踪和控制站位于俄罗斯境内,分别是对彼得堡市、莫斯科市的Schelkovo、西伯利亚的Yenisseysh和远东的Komsomolskna-Amure。还有5个激光测距站,这些遥测、跟踪和控制站分布在Komsomolskna-Amure(唯一在俄罗斯境内的激光测距站)、哈萨克的Balkhash、乌克兰的Evpatoria、乌兹别克斯坦的Kitab和乌克兰的Ternopol。这些站的任务就是跟踪和监测卫星并通过上行链路向卫星提供相关信息。

1.2.2 GLONASS坐标系统与时间系统

1.2.2.1 GLONASS坐标系统

GLONASS恒星导航系统的定位原理与美国的GPS系统相似。但是两者坐标系统不同,GLONASS采用的是PZ-90坐标系,GLONASS卫星导航系统在1993年以前采用苏联的1985年地心坐标系,简称SGS-85,1993年后改用PZ-90坐标系。PZ-90属于地心地固坐标系,有时也称为PZ-90。GLONASS ICD-1998定义PZ-90坐标系坐标原点位于地球质心;Z轴指向IERS推荐的协议地极原点,即1900~1905年的平均北极;X轴指向地球赤道与BIH定义的零子午线交点;Y轴满足右手坐标系。PZ-90坐标系与国际地球参考框架ITRF一致。PZ-90椭球参数见表1-6。

1.2.2.2 GLONASS时间系统

GLONASS系统通过一组氢原子钟构成的GLONASS中央同步器来维持时间系统。GLONASS时间系统与UTC时间联系紧密,但有1个3 h的常数偏移,即莫斯科时间和格林尼治时差。这种联系隐含了 GLONASS 时间的跳秒。除常数偏差外，由于采用不同时钟维持时间尺度，GLONASS 时间和 UTC 时间之间的偏差应该小于 1 ms。导航电文通过发布参数 T_c 来解决这种时间差异。因此，UTC 时间可以由 GLONASS 时间计算得到：

表 1-6 PZ－90 椭球参数

参数和数值	说明
$a = 6\ 378\ 136$ m	椭球长半轴
$\alpha = 1/298.257\ 839\ 303$	椭球扁率
$\omega_e = 7\ 292\ 115 \times 10^{-11}$ rad/s	地球自转角速度
$\mu = 3\ 986\ 004.4 \times 10^8\ m^3/s^2$	地心引力参数

$$UTC = GLONASS\text{时} + T_c - 3\ h$$

由于跳秒，GLONASS 时间改正必须与 UTC 改正相一致，UTC 的改正是由设在巴黎的国际时间局进行的。用户可以通过通报和通知提前获得既定的改正数信息。

1.2.3 GLONASS 卫星信号

GLONASS 作为军民两用的系统，一方面为军方用户提供高精度的信号，另一方面为民用用户免费提供标准精度信号。为了区分 GPS 信号，使用 G 表示载波信号，具体情况见表 1-7。

表 1-7 GLONASS 信号

G_1	载波频率＝1 602.000 MHz
G_2	载波频率＝1 246.000 MHz
G_3	载波频率＝1 204.704 MHz
C/A	标准精度信号
P	高精度信号

自从 1996 年实现完全运行状态后，GLONASS 卫星在 G_1 和 G_2 两个频率上连续发射标准精度信号 C/A 码和高精度信号 P 码。C/A 码调制在 G_1 上，而 P 码调制在 G_1 和 G_2 上。同时附加的信息也被放在原先保留的导航信息字节上。

现代化后的 GLONASS－K 卫星将提供第三个载波频率 G_3，还包括第三个民用测距码（C/A_2）和军用测距码（P_2）。第三个频率的使用将提高可靠性和精度，特别适合与生命安全相关的应用。

载波频率和各种计时过程都直接来自原子频标。通过将频率减少一个相对量 -4.36×10^{-10} 来补偿相对论效应的影响。G_1 波长为 18.7 cm，G_2 波长为 24.1 cm，G_3 波长为 24.9 cm。

1.2.4 GLONASS 使用政策

早在 1991 年俄罗斯联邦政府就首先宣称：GLONASS 系统可供国防和民间使用，不带任何限制、不引入“选择可用性（SA）”机制，也不计划对用户收费，该系统将在完全布满星座后遵照以公布的性能运行至少 15 年。

俄罗斯空间部队的合作科学信息中心作为 GLONASS 系统状态信息的用户接口，正式向用户公布 GLONASS 系统咨询通告。

1995 年 3 月 7 日，俄罗斯联邦政府签署了一项“有关 GLONASS 面向民用的行动指导”的法令，确认了由民间用户早期启用 GLONASS 系统的可能性。

俄罗斯联邦政府对 GLONASS 系统的使用政策，使得美国的 GPS 定位仪的生产商对美国政府实施的 SA 政策大为不满，考虑到美国的商业利益，美国政府不得不于 2000 年 5 月 2 日取消了 SA 政策。

1.3 伽利略(Galileo)卫星导航系统

1994 年，欧盟已开始对伽利略系统(GNSS)方案实施论证。2000 年，欧盟已向世界无线电委员会申请并获准建立伽利略系统的 *L* 频段的频率资源。2002 年 3 月，欧盟 15 国交通部长一致同意伽利略系统的建设。

2005 年 12 月 28 日，首颗伽利略试验卫星 GIOVE - A 发射成功，标志着伽利略系统建设的里程碑。2008 年 4 月 23 日，欧洲议会通过了伽利略全球卫星导航系统的最终部署方案，这标志着为期 6 年的伽利略计划基础设施建设阶段正式启动。2008 年 4 月 27 日，伽利略系统的第二颗试验卫星 GIOVE - B 升空。2008 年 7 月 1 日，欧盟委员会正式启动了项目采购工作，这标志着伽利略计划已经进入了全面部署的阶段。欧盟委员会 2010 年 1 月 7 日发布，伽利略卫星导航系统将从 2014 年起投入运营。2011 年 10 月，欧洲伽利略定位系统的其中 2 颗卫星(Soyuz rocket)在法属圭亚那太空中心由俄罗斯联盟号运载火箭搭载升空。伽利略系统由欧盟各政府和私营企业共同投资 36 亿欧元。

2003 年 9 月 18 日，欧盟和中国草签了中国参与伽利略计划的协议。2004 年 10 月 9 日，双方又签署了此项目的技术合作协议，因而引发美国媒体发出美国可能击毁伽利略卫星的报道。可见，此项目不但具有极高的经济价值，也具有很深的政治和军事战略意义。参与伽利略计划是迄今(2010 年 1 月)为止中国与欧洲最大的合作计划。2004 年 7 月，以色列与欧盟签订协议，成为伽利略计划的合作伙伴。2005 年 6 月 3 日，欧盟与乌克兰草签了一份协议，让乌克兰加入伽利略计划。9 月 7 日，印度也与欧盟签约，加入伽利略计划，参与建设基于欧洲地球同步卫星导航增强服务系统(EGNOS)的区域增强系统。2006 年 9 月 9 日，韩国同欧盟签订了有关韩国参与伽利略计划的协定。12 月 12 日，欧盟与摩洛哥签署了伽利略计划的合作协议。

1.3.1 伽利略系统组成

伽利略系统由空间段、地面段、用户三部分组成。空间段由分布在 3 个轨道上的 30 颗中等高度轨道卫星(MEO)构成，每个轨道面上有 10 颗卫星，9 颗正常工作，1 颗运行备用；轨道面倾角为 56°。卫星的公转周期为 14 h 4 min 45 s，轨道高度为 23 616 km。

伽利略全工作卫星大小为 2.7 m×1.2 m×1.1 m，质量为 730 kg，太阳能帆板陈列打开后总长度为 17.5 m，卫星设计使用寿命为 12 年。伽利略卫星达到寿命后，将会被重置到其他轨道销毁。

地面段包括全球地面控制段、全球地面任务段、全球域网、导航管理中心、地面支持设施、地面管理机构。用户端主要是指用户接收机及其等同产品，伽利略系统考虑将与GPS、GLONASS的导航信号一起组成复合型卫星导航系统，因此用户接收机将是多用途、兼容性接收机。

伽利略系统的地面系统部分主要由2个位于欧洲的伽利略控制中心（GCC）和20个分布全球的伽利略敏感器站（GSS）组成，另外还有用于进行控制中心与卫星之间数据交换的分布全球的5个S波段上行站和10个C波段上行站。

2009年11月19日，在法属圭亚那航天中心（CSG）的库鲁地面站正式落成。库鲁地面站由法国航天研究中心（CNES）负责建造，包括一个监控伽利略计划的卫星星座的遥测、跟踪和指挥（TT&C）站，一个接收系统卫星发出的信号的感应站（GSS）以及两个向卫星传输导航指令的传输站（ULS）。

1.3.2 伽利略坐标系统与时间系统

1.3.2.1 伽利略坐标系统

伽利略坐标系统采用地心直角坐标框架，定义为伽利略地面参考框架（GTRF）。GTRF将与国际地球参考框架（ITRF）相固连，ITRF由国际地球自转服务（IERS）建立与维持。

1.3.2.2 伽利略时间系统

伽利略时间系统（GST）是一个连续的原子时系统，它与国际原子时（TAI）有一个标称常数偏差（也即整数秒）。与协调世界时（UTC）相比，由于跳秒的插入，模除1 s后小数秒是可变的。

GST由全体原子频标（AFS）维持，工作的氢脉冲时钟将作为主控钟。伽利略系统将使用由外部时间服务提供的改正参数，使GST转化为TAI。因此，外部时间服务提供商将提供与国际度量衡局的接口，UTC时间由BIPM维护。规定任何一年间隔内的95%时间内，GST与TAI模除1 s后的偏差值小于50 ns。

1.3.3 伽利略信号

伽利略信号的设计考虑了各种影响因素，其中包括信号的捕获和跟踪特性、与其他GNSS信号的互操作性、抗干扰能力和多路径效应的消除。欧洲联盟（Eu）和欧洲空间局（ESA）设立一个信号任务小组，其职责是分析和定义最优伽利略信号，同时维持与其他GNSS系统的互操作性。

载波频率E_{5a}与GPS系统的L_5载波频率一致，因此E_{5a}和L_5是同义词。伽利略系统分配的频率为E_1频段，其中包括了GPS系统的L_1频段和相邻的1 559.052～1 563.144 MHz及1 587.696～1 591.788 MHz频段。这个频段以前命名为E_1段和E_2段，后来用$E_2-L_1-E_1$术语表示这个完整频段。

载波频率和所有的时间处理都是以频率$f_0=10.23$ MHz为基础的，该频率直接从嵌入的AFS变换得到。为了补偿相对论效应，可把基础频率降低一个数值。导航信号的载波频率在表中列出，这些频段的使用严格遵守各个国家和国际协议。E_1和E_5的巨大频率差异将有利于计算电离层改正。利用E_{5a}和E_{5b}之间的频率差可获得波长为9.8 m的组合频率，特别适合于整周模糊度求解，相关参数见表1-8。

表 1-8　伽利略频段

链路	因数($\times f_0$)	频率	波长
E_1	154	1 575.420	19.0
E_6	125	1 278.750	23.4
E_5	116.5	1 191.795	25.2
E_{5a}	115	1 176.450	25.5
E_{5b}	118	1 207.140	24.8

1.3.4　伽利略系统服务

欧洲选择面向服务的方法设计伽利略系统。在定义阶段,根据用户的需求可分为不同的服务等级:①它只依靠伽利略系统信号的伽利略卫星自主服务。这种服务将在全球范围内提供服务并独立于其他系统。②通过本地增强或辅助信息而增强的伽利略卫星自主服务,可概括为伽利略系统本地辅助服务。③欧洲地球同步卫星导航覆盖服务系统(EGNOS)服务,重点是伽利略和未来 EGNOS 演化系统的组合应用,以提供最大的完备性。④组合服务,描述了伽利略系统与其他 GNSS 系统或其他导航系统的组合应用。导航服务的性能需求在表 1-9中列出。服务的可用性表示在全球任何地方,当服务满足精度、完备性和连续性等信息指标时,系统设计寿命的平均时间百分比。因为总考虑到最坏的情况,服务的可用性一直被认为是各个系统性能定义的关键参数。

表 1-9　伽利略服务的性能需求

卫星自主服务		公开服务	商业服务	生命安全服务	公共安全管理服务
覆盖		全球	全球	全球	全球
精度	单频	15 m/24 m(H);35 m(V)			15 m/24 m(H);35 m(V)
	双频	4 m(H);8 m(V)		4 m(H);8 m(V)	6.5 m(H);12 m(V)
授时精度(95%)		30 ns	30 ns	30 ns	30 ns
完备性	报警或预警门限			12 m(H);20 m(V)	12 m(H);20 m(V)
	预警时间			6 s	10 s
	完备性风险			$3.5\times10^{-7}/150$ s	$3.5\times10^{-7}/150$ s
连续性风险				$1\times10^{-5}/15$ s	$1\times10^{-5}/15$ s
服务可用性		99.5%	99.5%	99.5%	99.5%
访问控制		自由访问	测距码 导航电文	导航电文中的 完备性信息	测距码 导航电文
确认和服务保证			可能提供 服务保证	确认和服务保证	信任授权和服务保证

注:精度水平方向(H)为95%,垂直方向(V)为95%;单频精度取决于使用频率的不同;电离层采用双频改正或者NeQuick 模型。

1.4 北斗卫星导航系统

北斗卫星导航系统(BeiDou(COMPASS)Navigation Satellite System)是中国自行研制开发的区域性有源三维卫星定位与通信系统(CNSS),是继美国的全球定位系统(GPS)、俄罗斯的GLONASS之后第三个成熟的卫星导航系统,如图1-3所示,可在全球范围内全天候、全天时为各类用户提供高精度、高可靠的定位、导航、授时服务,并兼具短消息通信能力。第八颗和第九颗北斗卫星于2011年被长征三号甲运载火箭送入太空预定转移轨道。

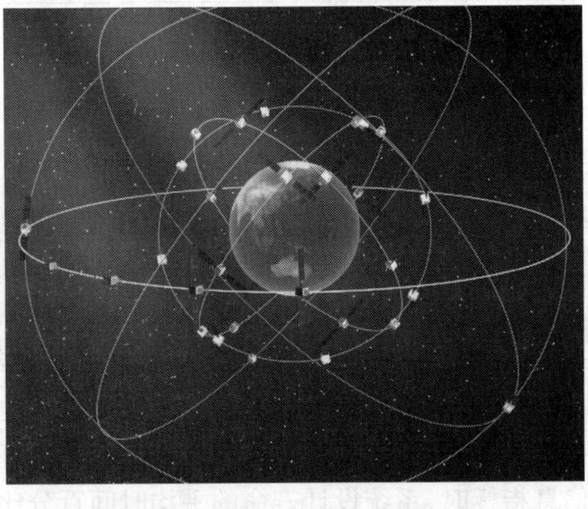

图1-3 北斗卫星导航定位系统

北斗卫星导航系统由空间端、地面端和用户端三部分组成。空间端包括5颗静止轨道卫星和30颗非静止轨道卫星。地面端包括主控站、注入站和监测站等若干个地面站。用户端由北斗用户终端以及与美国GPS、俄罗斯格洛纳斯(GLONASS)、欧洲伽利略(Galileo)等其他卫星导航系统兼容的终端组成。

北斗卫星导航系统以应用推广和产业发展为根本目标,致力于向全球用户提供高质量的定位、导航和授时服务,包括开放服务和授权服务两种方式。开放服务是向全球免费提供定位、测速和授时服务,定位精度10 m,测速精度0.2 m/s,授时精度10 ns。授权服务是为有高精度、高可靠卫星导航需求的用户提供定位、测速、授时和通信服务以及系统完好性信息。

北斗卫星导航系统的建设与发展,不仅要建成系统,更要用好系统,强调质量、安全、应用、效益,遵循以下建设原则:

(1)开放性。北斗卫星导航系统的建设、发展和应用将对全世界开放,为全球用户提供高质量的免费服务,积极与世界各国开展广泛而深入的交流与合作,促进各卫星导航系统间的兼容与互操作,推动卫星导航技术与产业的发展。

(2)自主性。中国将自主建设和运行北斗卫星导航系统,北斗卫星导航系统可自主向全球用户提供服务,特别是向亚太地区用户提供高质量的服务。

(3)兼容性。在全球卫星导航系统国际委员会(ICG)和国际电信联盟(ITU)框架下,使北斗卫星导航系统与世界各卫星导航系统实现兼容与互操作,向使用兼容接收机的用户提供更好的服务。兼容性体现在各系统的导航信号频率之间互不形成干扰。各系统间通过共享的坐标系统和时间系统的转换参数可实现住处的相互利用。利用任意一个系统和其他若干系统的原始观测数据都可实现实时导航定位。

(4)渐进性。根据中国的技术和经济发展情况,将积极稳妥地推进北斗卫星导航系统的建设与发展,不断完善服务质量,向用户提供长期的持续服务,提升系统性能,确保从前一建设阶段到下一建设阶段的平稳、无缝过渡。

系统总体发展计划分为三个建设阶段:

第一阶段从1994年开始,到2000年建成了北斗卫星导航试验系统,提供区域主动定位服务。有3颗地球静止轨道卫星,能提供二维定位、WADGPS和短消息通信服务。

第二阶段从2004年开始,计划到2012年可提供区域被动定位服务,覆盖亚太大部分地区。卫星包括5颗地球静止轨道卫星、5颗倾斜地球同步轨道卫星和4颗中高度圆轨道卫星,能提供三维定位,对GPS和北斗系统自身的增强及短消息通信功能。

第三阶段到2020年左右,提供全球被动定位服务。同样能提供三维定位,对GPS和北斗系统自身的增强及短消息通信功能。

1.4.1 系统组成

北斗卫星导航系统由空间星座、地面控制和用户终端三大部分组成。空间星座部分由5颗地球静止轨道(GEO)卫星和30颗非地球静止轨道(Non-GEO)卫星组成。GEO卫星分别定点于东经58.75°、80°、110.5°、140°和160°。Non-GEO卫星由27颗中圆地球轨道(MEO)卫星和3颗倾斜地球同步轨道(IGSO)卫星组成。其中,MEO卫星轨道高度为21 500 km,轨道倾角为55°,均匀分布在3个轨道面上;IGSO卫星轨道高度为36 000 km,均匀分布在3个倾斜同步轨道面上,轨道倾角为55°,3颗IGSO卫星星下点轨迹重合,交叉点经度为东经118°,相位差120°。北斗卫星发射及使用情况见表1-10。

表1-10　北斗卫星发射及使用情况

系统世代	卫星	日期(年-月-日)	轨道	使用状况
北斗一号	北斗-1A	2000-10-31	36 086×36 256 km 废弃卫星轨道	停止工作
	北斗-1B	2000-12-21	35 883×36 264 km 废弃卫星轨道	停止工作
	北斗-1C	2003-05-25	地球静止轨道 110.5°E	正常
	北斗-1D	2007-02-03	35 844×36 365 km 废弃卫星轨道	失效
北斗二号	北斗-M1	2007-04-14	中地球轨道 21 500 km	正常,测试星
	北斗-G2	2009-04-15	35 594×36 036 km 漂移	失效
	北斗-G1	2010-01-17	地球静止轨道 140°E	正常
	北斗-G3	2010-06-02	地球静止轨道 84°E	正常
	北斗-I1	2010-08-01	倾斜地球同步轨道 倾角55°	正常
	北斗-G4	2010-11-01	地球静止轨道 160°E	正常
	北斗-I2	2010-I2-18	倾斜地球同步轨道 倾角55°	正常
	北斗-I3	2011-04-10	倾斜地球同步轨道 倾角55°	正常
	北斗-I4	2011-07-27	倾斜地球同步轨道 倾角55°	正常
	北斗-I5	2011-12-02	倾斜地球同步轨道 倾角55°	正常
	北斗-G5	2012-02-25	地球静止轨道 58.5°E	正常
	北斗-M	2012-04-30	中地球轨道 21 500 km	

2012 年,按照北斗系统组网发射计划,还将发射 6 颗组网卫星,进一步扩大系统服务区域和提高服务性能,形成覆盖亚太大部分地区的服务能力。卫星运行轨道见图 1-4 和图 1-5。

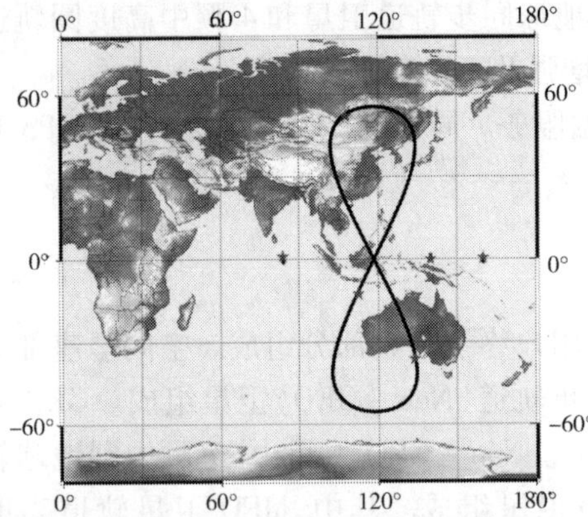

图 1-4　2011 年 6 月卫星运行轨道

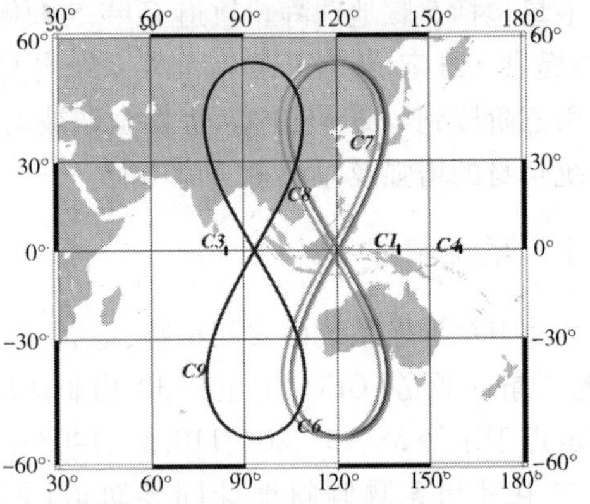

图 1-5　2011 年 9 月卫星运行轨道

地面段包括主控站、注入站和监测站等若干个地面站。

主控站的主要任务是收集各个监测站段观测数据,进行数据处理,生成卫星导航电文和差分完好性信息,完成任务规划与调度,实现系统运行管理与控制等。

注入站的主要任务是在主控站的统一调度下,完成卫星导航电文、差分完好性信息注入和有效载荷段控制管理。

监测站接收导航卫星信号,发送给主控站,实现对卫星段跟踪、监测,为卫星轨道确定和时间同步提供观测资料。

用户段包括北斗系统用户终端以及与其他卫星导航系统兼容的终端。系统采用卫星无线电测定(RDSS)与卫星无线电导航(RNSS)集成体制,既能像 GPS、GLONASS、Galileo 系统一样,为用户提供卫星无线电导航服务,又具有位置报告以及短报文通信功能。

1.4.2　北斗卫星导航系统时间(BDT)

1.4.2.1　北斗坐标系统

北斗卫星导航系统的坐标框架采用中国 2000 大地坐标系统(CGCS2000)。CGCS2000 与国际地球参考框架 ITRF 的一致性约为 5 cm,对于大多数应用来说,可以不考虑 CGCS2000 和 ITRF 的坐标转换。

CGCS2000 大地坐标系的定义如下:原点位于地球质心,Z 轴指向国际地球自转服务组织(IERS)定义的参考极(IRP)方向,X 轴为 IERS 定义的参考子午面(IRM)与通过原点且同 Z 轴正交的赤道面的交线,Y 轴与 Z、X 轴构成右手直角坐标系。CGCS2000 原点也用做 CGCS2000 椭球的几何中心,Z 轴用做该旋转椭球的旋转轴。

CGCS2000 参考椭球定义的基本常数为:

长半轴:$a = 6\ 378\ 137.0$ m;

地球(包含大气层)引力常数:$GM = 398\ 600.4418 \times 10^9\ \mathrm{m^3/s^2}$;

扁率:$\alpha = 1/298.257\ 222\ 101$;

地球自转角速度:$\omega = 7.292\ 115\ 0 \times 10^{-5}$ rad/s。

1.4.2.2 北斗时间系统

北斗导航卫星系统与 GPS 或 GLONASS 的主要不同点在于:北斗卫星导航试验系统上没有星载钟,卫星主要起转发中心站和用户信号的作用。北斗卫星导航试验系统的地面系统包括中心站和监测站。BDT 的时间系统与 GPS 时一样无闰秒,其起始历元为 2001 年 1 月 1 日 0 时(UTC),即 BDT - UTC ≈ (TAI - UTC) - 32 s。北斗卫星导航试验系统通过设在中国科学院国家授时中心(NTSC)的标校站作 BDT 与 UTC(NTSC)的时间比对,从而将 BDT 溯源到 UTC(NTSC)。

1.4.3 北斗卫星导航系统信号

B_1 频点信号由 I、Q 两个支路的"测距码 + 导航电文"正交调制在载波上构成。B_1 频点信号表达式如下:

$$S^j = A_C C^j(t) D_C^j \cos(2\pi ft + \varphi_C^j) + A_P P^j(t) D_P^j(t) \sin(2\pi ft + \varphi_P^j)$$

式中 j——卫星编号;

A_C——调制于 B_1 频点载波 I 支路的测距码振幅;

A_P——调制于 B_1 频点载波 Q 支路的测距码振幅;

C——I 支路测距码;

P——Q 支路测距码;

D_C——I 支路测距码上调制的数据码;

D_P——Q 支路测距码上调制的数据码;

f——B_1 频点载波频率;

φ_C——B_1 频点载波 I 支路的初相;

φ_P——B_1 频点载波 Q 支路的初相。

北斗载波频段共有 3 个,B_1: 1 559.052 ~ 1 591.788 MHz,B_2: 1 166.22 ~ 1 217.37 MHz,B_3: 1 250.618 ~ 1 286.423 MHz。北斗系统第二阶段与第三阶段信号具体情况如表 1-11 和表 1-12 所示。

表 1-11 北斗系统第二阶段信号

信号	中心频点(MHz)	码速率(cps)	带宽(MHz)	调制方式	服务类型
B_1(I)	1 561.098	2.046	4.092	QPSK	开放
B_1(Q)		2.046			授权
B_2(I)	1 207.14	2.046	24	QPSK	开放
B_2(Q)		10.23			授权
B_3	1 268.52	10.23	24	QPSK	授权

1.4.4 北斗系统应用

北斗卫星导航系统在交通运输、海洋渔业、水文监测、气象测报、森林防火、通信系统、电力调度、救灾减灾和国家安全等诸多领域得到了广泛应用,产生了显著的社会效益和经济效益。

表 1-12　北斗系统第二阶段信号

<table>
<tr><th>信号</th><th>中心频点(MHz)</th><th>码速率(cps)</th><th>数据/符号速率(bps/sps)</th><th>调制方式</th><th>服务类型</th></tr>
<tr><td>B_1-C_D</td><td rowspan="4">1 575.42</td><td rowspan="2">1.023</td><td>50/100</td><td rowspan="2">MBOC(6,1,1/11)</td><td rowspan="2">开放</td></tr>
<tr><td>B_1-C_P</td><td>No</td></tr>
<tr><td rowspan="2">B_1-A</td><td rowspan="2">2.046</td><td>50/100</td><td rowspan="2">BOC(14,2)</td><td rowspan="2">授权</td></tr>
<tr><td>No</td></tr>
<tr><td>B_2a_D</td><td rowspan="4">1 191.795</td><td rowspan="4">10.23</td><td>25/50</td><td rowspan="4">AltBOC(15,10)</td><td rowspan="4">开放</td></tr>
<tr><td>B_2a_P</td><td>No</td></tr>
<tr><td>B_2b_0</td><td>50/100</td></tr>
<tr><td>B_2a_P</td><td>No</td></tr>
<tr><td>B_3</td><td rowspan="3">1 268.52</td><td>10.23</td><td>500 bps</td><td>QPSK(10)</td><td>授权</td></tr>
<tr><td>B_3-A_D</td><td rowspan="2">2.557 5</td><td>50/100</td><td rowspan="2">BOC(15,2.5)</td><td rowspan="2">授权</td></tr>
<tr><td>B_3-A_P</td><td>No</td></tr>
</table>

(1)在海洋渔业方面,基于北斗卫星导航试验系统的海洋渔业综合信息服务平台,为渔业管理部门提供了船位监控、紧急救援、信息发布、渔船出入港管理等服务。

(2)在水文监测方面,基于北斗卫星导航试验系统的水文监测系统,实现了多山地域水文测报信息的实时传输,提高了灾情预报的准确性,为制订防洪抗旱调度方案提供了重要的保障。

(3)在气象测报方面,成功研制了一系列气象测报型北斗终端设备,形成了实用可行的系统应用解决方案,解决了中国气象局和各地气象中心气象站的数字报文自动传输问题。

(4)在森林防火方面,北斗卫星导航试验系统成功应用于森林防火系统,其定位与短报文通信具有较好的实际应用效果。

(5)在通信系统方面,成功开展了北斗双向授时应用示范,突破了光纤拉远等关键技术,研制出了一体化卫星授时系统。

(6)在电力调度方面,成功开展了基于北斗卫星导航试验系统的电力时间同步应用示范,为电力事故分析、电力预警系统、保护系统等高精度时间应用创造了条件。

(7)在救灾减灾方面,基于北斗卫星导航试验系统的导航定位、短报文通信以及位置报告功能,提供全国范围的实时救灾指挥调度、应急通信、灾情信息快速上报与共享等服务,显著提高了灾害应急救援的快速反应能力和决策能力。

第 2 章　数据转换

全球导航卫星系统数据处理时所采用的观测数据来自野外观测的 GNSS 接收机。由于卫星系统和接收机的型号不同,以及不同的接收机生产商设计的数据格式各不相同,为了方便后续的数据处理,国际上设计了一种与接收机无关的 RINEX(Receiver Independent Exchange Forma)格式。本章主要介绍 RINEX 数据文件格式及其他 GNSS 观测数据与该格式如何进行转换。

2.1　RINEX 数据格式

1989 年,瑞士伯尔尼大学天文研究所为用于 EUREF 计划,提出了 RINEX 格式草案。1989 年 3 月,在美国新墨西哥州举行的第五届国际卫星定位大地测量学术讨论会上,成立了 GPS 交换格式的专题研究机构,讨论了各种数据交换格式的差异。经过讨论决定,形成了 RINEX (版本 1.0)数据交换格式。RINEX 是一种在数据处理中普遍采用的标准数据格式。该格式采用文本文件形式存储数据,数据记录格式与接收机的制造厂商和具体型号无关。

通常的 RINEX 文件包括四种类型的 ASCII 码文件,它保证了不同计算机系统之间很容易地进行数据交换。这四种类型的文件分别是观测数据(Observation data,简写 OBS),为接收机记录的伪距、相位观测值;导航数据(Navavigation data,简写 NAV),记录卫星实时发布的广播星历;气象数据(Meterological data,简写 MET),记录气象仪器观测的温度、压力、湿度状况;GLONASS 导航文件,由于 GLONASS 导航数据与 GPS 导航数据之间存在差异,因此专门定义了 GLONASS 导航数据文件格式。每个文件都由一个字头块(HEADER SECTION)和一个包含实际数据的主体部分(DATA SECTION)组成。

2.1.1　RINEX 文件名

RINEX 为纯 ASCII 码文本文件,其文件名的命名方式为 ssssdddf. yyt。各字母含义见表 2-1。

表 2-1　RINEX 文件名及各字母含义

<table>
<tr><th>字母</th><th colspan="2">含义</th><th>备注</th></tr>
<tr><td>ssss</td><td colspan="2">以 4 个字母表示的测站名</td><td></td></tr>
<tr><td>ddd</td><td colspan="2">第一个观测历元的年积日</td><td>(如 1 月 1 日为 001)</td></tr>
<tr><td>f</td><td colspan="2">一天内文件的序号数</td><td></td></tr>
<tr><td>yy</td><td colspan="2">以两位数表示的年份</td><td>80 ~ 99 表示 1980 ~ 1999 年
00 ~ 76 表示 2000 ~ 2076 年</td></tr>
<tr><td rowspan="4">t</td><td rowspan="4">文件类型</td><td>O 为观测数据文件</td><td rowspan="4"></td></tr>
<tr><td>N 为导航数据文件</td></tr>
<tr><td>M 为地面气象数据文件</td></tr>
<tr><td>G 为 GLONASS 导航数据文件</td></tr>
</table>

在 RINEX2.0 以后版本中不仅包含 GPS 观测数据，还包含有 GLONASS 或其他卫星系统的观测数据，因此定义“snn”来区分不同卫星系统的卫星，其中 s 表示卫星系统标识符，G 或空白表示 GPS，R 表示 GLONASS，T 表示 Transit，M 表示 Mixed GPS/GLONASS；nn：对于 GPS 系统，表示伪随机噪声码，对于 GLONASS 系统，表示历书号，对于 Transit 系统，表示 2 位的运载卫星号。

2.1.2　观测数据文件

2.1.2.1　观测数据文件头部分

观测数据文件的头部分说明见表 2-2。

表 2-2　观测数据文件的头部分说明

头记录标识(61 ~ 80 列)	说明	格式
RINEX VERSION /TYPE	-格式版本(2) -文件类型(“O”观测数据) -卫星系统：空格或“G”：GPS “R”：GLONASS “T”：Transit “M”：GPS/GLONASS	I6，14X， A1，19X， A1，19X
PGM / RUN BY / DATE	- 生成当前文件的程序名称 -生成当前文件的机构名称 -文件生成时间	A20， A20， A20
* COMMENT	注释行	A60
MARKER NAME	天线标记点(测站)名称	A60
* MARKER NUMBER	天线标记点(测站)编号	A20
OBSERVER / AGENCY	观测者姓名/机构	A20，A40
REC #/ TYPE / VERS	接收机编号、型号和版本 (版本：如接收机内置软件的版本)	3A20
ANT# / TYPE	天线编号和类型	2A20
APPROX POSITION XYZ	标记点(测站)的近似坐标(WGS－84)	3F14.4
ANTENNA：Δ*H*/E/N	- 天线高 *H*：天线相对于标记点的高度 -天线中心相对于标记点向东偏 E 天线中心相对于标记点向北偏 N (均以米(m)为单位)	3F14.4
WAVELENGTH FACT L1/2	- L_1 和 L_2 的波长因子 1：整周模糊度 2：半周模糊度（平方型） L_2 的波长因子为 0 时：单频接收机 -观测数据文件中的卫星数，对观测数据文件中的卫星，波长因子有效 0 或空格：对所有不包含在观测数据文件中的卫星，采用默认波长因子 PRNs(卫星编号)列表必要时重复记录	2I6， I6， 7(3X，A1，I2)

续表 2-2

头记录标识(61～80 列)	说明	格式
# / TYPES OF OBSERV	－存储在文件中的不同观测类型的数量 －观测类型 如果超过 9 种观测类型:采用续行处理 在本标准中定义了以下观测类型: L_1、L_2:L_1 和 L_2 的相位观测值 C_1:L_1 的 C/A 码伪距观测值 P_1、P_2:L_1、L_2 的 P 码伪距观测值 D_1、D_2:L_1、L_2 的多普勒频率 T_1、T_2:Transit 卫星在 150 MHz(T_1)和 400 MHz (T_2)频段上的积分多普勒观测值 在 AS 下,观测值被转换为“L_2”或“P_2”,并用失锁指示标识的第二位进行标示 单位: 相位:整周 伪距观测量:米(m) 多普勒:赫兹(Hz) 积分多普勒观测值:周 本记录中观测类型的顺序必须与观测记录中观测值的顺序相对应	I6, 9(4X,A2) 6X,9(4X,A2)
* INTERVAL	观测间隔(s)	16
TIME OF FIRST OBS	－第一条观测记录的时间:	5I6,F12.6,
TIME OF FIRST OBS	－时间系统:GPS (GPS 时间系统) GLO (GLONASS 时间系统) 混合 GPS/GLONASS 文件必须给出时间系统 缺省值:纯 GPS 文件,时间系统为 GPS 纯 GLONASS 文件,时间系统为 GLO	6X,A3
* TIME OF LAST OBS	－ 最后观测记录的时间: 年(4 位数字),月,日,时,分,秒 －时间系统:GPS (GPS 时间系统) GLO (GLONASS 时间系统) 混合 GPS/GLONASS 文件必须给出时间系统 缺省值:纯 GPS 文件,时间系统为 GPS 纯 GLONASS 文件,时间系统为 GLO	5I6,F12.6, 6X,A3
* LEAP SECONDS	自 1980 年 1 月 6 日以来的跳秒数 在混合 GPS/GLONASS 文件中,推荐给出此数值	16
* # OF SATELLITES	卫星数(这些卫星的观测值记录在本文件中)	16

续表 2-2

头记录标识(61 ~ 80 列)	说明	格式
* PRN / # OF OBS	PRN (卫星编号),在"# / TYPES OF OBSERV"记录中给出的每一种观测类型的观测值数量。如果超过 9 种观测类型,采用续行方式解决。在观测数据文件中出现的每一个卫星都将重复这条记录	3X,A1,I2,9I6 6X,9I6
END OF HEADER	头部分的最后一条记录	60X

注:标有" * "的记录是可选的。

2.1.2.2 观测数据文件数据记录部分

观测数据文件的数据记录部分说明见表 2-3。

表 2-3 观测数据文件的数据记录部分说明

观测记录	说明	格式
EPOCH/SAT or EVENT FLAG EPOCH/SAT or EVENT FLAG	- 历元: 年(2 位数字),月,日,时,分,秒 - 历元标志 0: 正常 1: 当前历元与前一历元间电源故障 >1: 事件标志 - 当前历元中的卫星数 - 当前历元中的 PRNs (卫星编号) 列表 - 接收机钟差(秒,可选项) 如果超过 12 颗卫星,则做续行处理 如果有事件标志记录 (历元标志大于 1):则 - 事件标志: 2:开始移动天线 3:安置在新点位 (上一动态定位数据结束)(接下来至少有 MARKER NAME 记录) 4:紧接着是头部分的记录 5:外部事件(该历元具有某种重要意义,事件与观测记录时间标记处于同一时间系统下) 6:周跳记录,接着为探测到的和修复后的周跳值(采用与观测值记录相同的格式;利用周跳替代观测值;LLI 和信号强度为空) -"卫星数"此时指紧跟着的记录数(事件标志为 2 和 5 时,卫星数应为 0)	5I3,F11.7, I3 I3, 12(A1,I2), F12.9 32X, 12(A1,I2)

续表 2-3

观测记录	说明	格式
OBSERVATIONS	- 观测值 - LLI - 信号强度 对每一个观测类型的观测值都将在记录中予以重复(顺序与头部分中所给定的顺序相同) 如果超过了 5 种观测类型 (80 char),则在下一个记录中继续 重复记录在 EPOCH/SAT 记录中给出的每一颗卫星的上述数据观测值: 相位:以周(cycle)为单位 码:以米(m)为单位 缺失的观测值用 0.0 或空格表示 失锁指示标识(LLI),其值域为 0 ~ 7 0 或空格:正常或未知 Bit 0 置位:先前与当前观测值之间失锁,可能发生周跳 Bit 1 置位:采用在"WAVELENGTH FACT L1/L2"记录中定义的该卫星的另一个波长因子,仅对当前历元有效 Bit 2 置位:AS 下的观测值(可能受到增强的噪声影响)Bits 0 和 1 仅对相位有效。 信号强度设计为 1 ~ 9 个级别: 1:信号强度最小 5:从此级别开始信噪比良好 9:信号强度最大 0 或空格:未知,不考虑	m(F14.3,I1,I1)

2.1.3 GPS 导航数据文件

GPS 导航电文在导航电文中包含卫星轨道根数、卫星钟参数等。卫星星历取自卫星广播导航电文,它是卫星位置计算的基础数据。

卫星广播导航电文每小时更新一次,所以每一次观测只要不超过 1 h 只需记录一组广播导航电文。

2.1.3.1 导航电文内容说明

导航电文中的参数说明见表 2-4。

2.1.3.2 导航数据文件头部分

导航数据文件头部分说明见表 2-5。

表 2-4　导航电文中的参数说明

参数	说明	单位
Toc	卫星钟参考时刻	s
A0	钟差	s
A1	钟漂	s/s
A2	钟漂率	s/s^2
IODC	时钟数据龄期	s
Toe*	星历参考时刻	s
A	卫星轨道长半轴	m
E	卫星轨道扁率	无量纲
i_0	TOE 时刻的卫星轨道倾角	rad
Ω	升交点赤经	rad
Ω_0	TOE 时刻的卫星轨道升交点赤经	rad
ω	近地点幅角	rad
M_0	TOE 时刻的卫星轨道平近点角	rad
Δn	平近地点角速度改正值	rad/s
$\dot{\Omega}$	升交点赤经变化率	rad/s
$\dot{I}$	轨道倾角修正量	rad/s
C_{us}, C_{uc}	升交点距的正弦和余弦振动改正系数	rad
C_{is}, C_{ic}	轨道倾角正弦和余弦振动改正系数	rad
C_{rs}, C_{rc}	轨道半轴正弦和余弦振动改正系数	m
IODE	星历数据龄期	s
T_{GD}	单频接收机信号延迟改正参数	s
WN	GPS 周数	无量纲

注： * 从星期日午夜零时开始。

表 2-5　导航数据文件头部分说明

头记录标识(61～80 列)	说明	格式
RINEX VERSION / TYPE	－格式版本 (2) －文件类型（“N”导航数据）	I6,14X, A1,19X
PGM / RUN BY / DATE	－生成当前文件的程序名称 －生成当前文件的机构名称 －文件生成时间	A20, A20, A20
* COMMENT	注释行	A60
* IONα	历书中的电离层参数 A0～A3(子帧 4 的第 18 页)	2X,4D12.4
* IONβ	历书中的电离层参数 B0～B3	2X, 4D12.4
* ΔUTC:A0,A1,T,W	计算 UTC 时间的历书参数(子帧 4 的第 18 页) A0,A1:多项式系数 T:UTC 数据的参考时间 W:UTC 参考周数	3X,2D19.12, 2I9
* LEA PSECONDS	跳秒	I6
END OF HEADER	头部分的最后一条记录	60X

注： 标有“ * ”的记录为可选项。

2.1.3.3 导航数据文件的数据记录

导航数据文件的数据记录说明见表 2-6。

表 2-6 导航数据文件数据记录说明

观测记录	说明	格式
PRN / EPOCH / SV CLK	- PRN(卫星编号) - 历元： 年(2 位数字),月,日,时,分,秒 - 卫星时钟偏差,s - 卫星时钟漂移,s/s - 卫星时钟漂移率,s/s^2	I2, 5I3, F5.1, 3D19.12
BROADCAST ORBIT - 1	- IODE - C_{rs},m - Δn,rad/s - M_0,rad	3X,4D19.12
BROADCAST ORBIT - 2	- C_{uc},rad - e - C_{us},rad - $\sqrt{A}$,sqrt(m)	3X,4D19.12
BROADCAST ORBIT - 3	- T_{oe},GPS 周积秒 - C_{ic},rad - Ω,rad - C_{is},rad	3X,4D19.12
BROADCAST ORBIT - 4	- i_0,rad - C_{rc},m - ω,rad - $\dot{\Omega}$,rad/s	3X,4D19.12
BROADCAST ORBIT - 5	- $\dot{I}$,rad/s - L_2 上的编码 - GPS 周数(伴随 TOE) - L_2 P 码标志	3X,4D19.12
BROADCAST ORBIT - 6	- 卫星轨道精度,m - 卫星健康状况 (仅 MSB) - T_{GD},s - IODC	3X,4D19.12
BROADCAST ORBIT - 7	- 电文传输时间 (GPS 周积秒,例如在 HOW 中从 Z 计数获得) - 备用 - 备用 - 备用	3X,4D19.12

2.1.4 气象数据文件

2.1.4.1 气象数据文件头部分

气象数据文件头部分说明见表2-7。

表2-7 气象数据文件头部分说明

头记录标识(61～80列)	说明	格式
RINEX VERSION / TYPE	- 格式版本(2) - 文件类型("M"气象数据)	I6,14X, A1,39X
PGM / RUN BY / DATE	- 生成当前文件的程序名称 - 生成当前文件的机构名称 - 文件生成时间	A20, A20, A20
* COMMENT	注释行	A60
MARKER NAME	测站名(应与相应的观测数据文件中的测站名相同)	A60
* MARKER NUMBER	测站编号 (应与相应的观测数据文件中的测站编号相同)	A20
# / TYPES OF OBSERV	- 存储在文件中的不同观测类型的数量 - 观测类型,RINEX版本2中定义了以下的气象观测类型:	I6, 9(4X,A2)
# / TYPES OF OBSERV	PR:大气压,kPa TD:大气干分量温度,℃ HR:相对湿度,% ZW:湿分量天顶延迟,mm 此记录中观测类型的顺序必须与数据记录中观测值的顺序一致,如果观测类型多于9种,则按照[6X,9(4X,A2)]的格式续行处理	
MET SENSOR MOD/TYPE	气象传感器描述 - 模式(厂商) - 传感器类型 - 精度(与观测值单位相同) - 观测类型 对于#/TYPES OF OBSERV记录中的每一观测类型都将重复本条记录	A20, A20,6X, F7.1,4X, A2,1X
MET SENSOR POS XYZH	气象传感器的近似坐标 - 地心坐标(X,Y,Z),如果未知,X、Y、Z为0(ITRF或WGS-84) - 椭球高H,H应相对于ITRF或WGS-84坐标系统 - 观测类型 气压计必须给出本条记录,建议其他传感器也给出本记录	3F14.4, 1F14.4, 1X,A2,1X
END OF HEADER	头部分的最后一条记录	60X

注:标有"*"的记录为可选项。

2.1.4.2 气象数据文件数据部分

气象数据文件的数据部分说明见表 2-8。

表 2-8 气象数据文件的数据部分说明

观测记录	说明	格式
EPOCH / MET	- 历元（与观测数据文件中的时间系统一致） 年（2 位数字），月，日，时，分，秒 - 气象数据的顺序必须与头部分中给定的数据类型的顺序相同。超过 8 个气象数据类型时，续行处理	6I3, mF7.1, 4X,10F7.1,3X

2.1.5 RINEX 数据文件示例

2.1.5.1 观测数据文件示例

观测数据文件示例见表 2-9。

表 2-9 观测数据文件示例

```
----|---1|0---|---2|0---|---3|0---|---4|0---|---5|0---|---6|0---|---7|0---|---8|
     2              OBSERVATION DATA     M (MIXED)           RINEX VERSION / TYPE
BLANK OR G = GPS,   R = GLONASS,   T = TRANSIT,   M = MIXED  COMMENT
XXRINEXO V9.9       AIUB                 22-APR-93 12:43     PGM / RUN BY / DATE
EXAMPLE OF A MIXED RINEX FILE                                COMMENT
A 9080                                                       MARKER NAME
9080.1.34                                                    MARKER NUMBER
BILL SMITH          ABC INSTITUTE                            OBSERVER / AGENCY
X1234A123           XX                   ZZZ                 REC # / TYPE / VERS
234                 YY                                       ANT # / TYPE
  4375274.       587466.       4589095.                      APPROX POSITION XYZ
         .9030          .0000          .0000                 ANTENNA: DELTA H/E/N
     1     1                                                 WAVELENGTH FACT L1/2
     1     2     6   G14   G15   G16   G17   G18   G19       WAVELENGTH FACT L1/2
     4    P1    L1    L2    P2                               # / TYPES OF OBSERV
    18                                                       INTERVAL
  1990     3    24    13    10    36.000000                  TIME OF FIRST OBS
                                                             END OF HEADER
 90  3 24 13 10 36.0000000  0  3G12G 9G 6                               -.123456789
  23629347.915          .300 8         -.353    23629364.158
  20891534.648         -.120 9         -.358    20891541.292
  20607600.189         -.430 9          .394    20607605.848
 90  3 24 13 10 50.0000000  4  4
     1     2     2   G 9   G12                               WAVELENGTH FACT L1/2
```

续表 2-9

```
 *** WAVELENGTH FACTOR CHANGED FOR 2 SATELLITES ***            COMMENT
     NOW 8 SATELLITES HAVE WL FACT 1 AND 2!                    COMMENT
                                                               COMMENT
90  3 24 13 10 54.0000000  0  5G12G 9G 6R21R22                          -.123456789
 23619095.450      -53875.632 8    -41981.375    23619112.008
 20886075.667      -28688.027 9    -22354.535    20886082.101
 20611072.689       18247.789 9     14219.770    20611078.410
 21345678.576       12345.567 5
 22123456.789       23456.789 5
90  3 24 13 11  0.0000000  2
                                4  1
         *** FROM NOW ON KINEMATIC DATA! ***                   COMMENT
90  3 24 13 11 48.0000000  0  4G16G12G 9G 6                             -.123456789
      21110991.756        16119.980 7     12560.510    21110998.441
      23588424.398      -215050.557 6   -167571.734    23588439.570
      20869878.790      -113803.187 8    -88677.926    20869884.938
      20621643.727        73797.462 7     57505.177    20621649.276
                                3  4
  A 9080                                                      MARKER NAME
  9080.1.34                                                   MARKER NUMBER
   .9030          .0000          .0000                        ANTENNA: DELTA H/E/N
-- THIS IS THE START OF A NEW SITE   CYCLE SLIPS THAT HAVE BEEN APPLIED TO   COMMENT
              THE OBSERVATIONS                                COMMENT
90  3 24 13 14 48.0000000  0  4G16G12G 9G 6
      21128884.159       110143.144 7     85825.18545  21128890.7764
      23487131.045      -318463.297 7   -248152.72824  23487146.149
      20817844.743      -387242.571 6   -301747.22925  20817851.322
      20658519.895       267583.67817    208507.26234  20658525.869
                                4  4
      ***   SATELLITE G 9   THIS EPOCH ON WLFACT 1 (L2)    COMMENT
      *** G 6 LOST LOCK AND THIS EPOCH ON WLFACT 2 (L2)    COMMENT
          (OPPOSITE TO PREVIOUS SETTINGS)                  COMMENT

----|---1|0---|---2|0---|---3|0---|---4|0---|---5|0---|---6|0---|---7|0---|---8|
```

2.1.5.2 导航数据文件示例

导航数据文件示例见表 2-10。

表 2-10　导航数据文件示例

```
----|---1|0---|---2|0---|---3|0---|---4|0---|---5|0---|---6|0---|---7|0---|---8|
     2              N: GPS NAV DATA                         RINEX VERSION / TYPE
XXRINEXN V2.0       AIUB                12-SEP-90 15:22     PGM / RUN BY / DATE
EXAMPLE OF VERSION 2 FORMAT                                 COMMENT
     .1676D-07   .2235D-07  -.1192D-06  -.1192D-06          ION ALPHA
     .1208D+06   .1310D+06  -.1310D+06  -.1966D+06          ION BETA
     .133179128170D-06  .107469588780D-12   552960      39 DELTA-UTC: A0,A1,T,W
     6                                                      LEAP SECONDS
                                                            END OF HEADER
 6 90  8  2 17 51 44.0 -.839701388031D-03 -.165982783074D-10  .000000000000D+00
     .910000000000D+02  .934062500000D+02  .116040547840D-08  .162092304801D+00
     .484101474285D-05  .626740418375D-02  .652112066746D-05  .515365489006D+04
    .409904000000D+06 -.242143869400D-07  .329237003460D+00 -.596046447754D-07
     .111541663136D+01  .326593750000D+03  .206958726335D+01 -.638312302555D-08
     .307155651409D-09  .000000000000D+00  .551000000000D+03  .000000000000D+00
     .307155651409D-09  .000000000000D+00  .551000000000D+03  .000000000000D+00
     .000000000000D+00  .000000000000D+00  .000000000000D+00  .910000000000D+02
     .406800000000D+06
13 90  8  2 19  0  0.0  .490025617182D-03  .204636307899D-11  .000000000000D+00
     .133000000000D+03 -.963125000000D+02  .146970407622D-08  .292961152146D+01
    -.498816370964D-05  .200239347760D-02  .928156077862D-05  .515328476143D+04
     .414000000000D+06 -.279396772385D-07  .243031939942D+01 -.558793544769D-07
     .110192796930D+01  .271187500000D+03 -.232757915425D+01 -.619632953057D-08
    -.785747015231D-11  .000000000000D+00  .551000000000D+03  .000000000000D+00
     .000000000000D+00  .000000000000D+00  .000000000000D+00  .389000000000D+03
     .410400000000D+06

----|---1|0---|---2|0---|---3|0---|---4|0---|---5|0---|---6|0---|---7|0---|---8|
```

2.1.5.3 气象数据文件示例

气象数据文件示例见表 2-11。

表 2-11　气象数据文件示例

```
----|---1|0---|---2|0---|---3|0---|---4|0---|---5|0---|---6|0---|---7|0---|---8|

     2              METEOROLOGICAL DATA                     RINEX VERSION / TYPE
XXRINEXM V9.9       AIUB                3-APR-96 00:10      PGM / RUN BY / DATE
EXAMPLE OF A MET DATA FILE                                  COMMENT
A 9080                                                      MARKER NAME
     3    PR    TD    HR                                    # / TYPES OF OBSERV
PAROSCIENTIFIC      740-16B                       0.2    PR SENSOR MOD/TYPE/ACC
HAENNI                                            0.1    TD SENSOR MOD/TYPE/ACC
ROTRONIC            I-240W                        5.0    HR SENSOR MOD/TYPE/ACC
        0.0           0.0           0.0     1234.5678    PR SENSOR POS XYZ/H
                                                            END OF HEADER
 96  4  1  0  0 15  987.1   10.6   89.5
 96  4  1  0  0 30  987.2   10.9   90.0
 96  4  1  0  0 45  987.1   11.6   89.0
```

2.2　华测 GPS 接收机数据转换

华测 GPS 接收机导入计算机，默认的格式为 HCN 格式，使用华测静态数据专业软件 Compass 安装完成后运行 HcRinex。

2.2.1　参数设置

在数据转换前要进行参数设置，参数设置内容包括天线配置文件、导出格式选择、GPS 周数设置和导出路径，如图 2-1 所示。

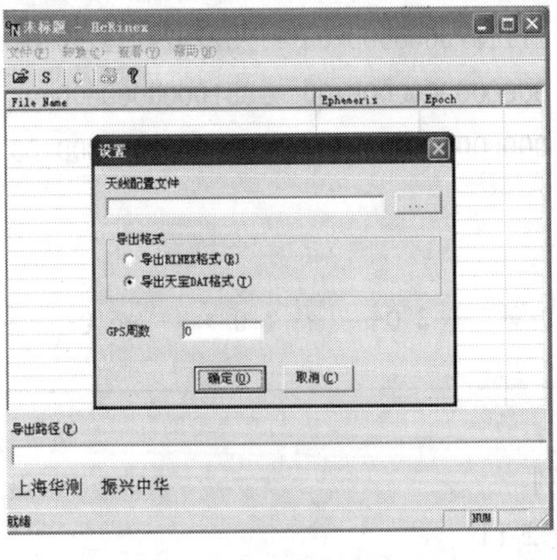

图 2-1　数据转换参数设置

可以在 http://www.rvdi.com/freebies/gpscalendar.html 网页上查询 2004～2014 年的每

一天的 GPS Week，具体内容可参见第 3 章。

2.2.2 转换文件

将 HCN 格式数据导入到软件内。点击“转换”命令，则可以将 HCN 数据转换为 RINEX 格式数据，并保存在事先设置好的导出路径下，如图 2-2 所示。

图 2-2 转换文件

2.3 中海达 GPS 接收机数据转换

将外业采集的数据导入到计算机，保存为 ZHD 格式，将 ZHD 格式数据导入到中海达数据处理软件，如图 2-3 所示。

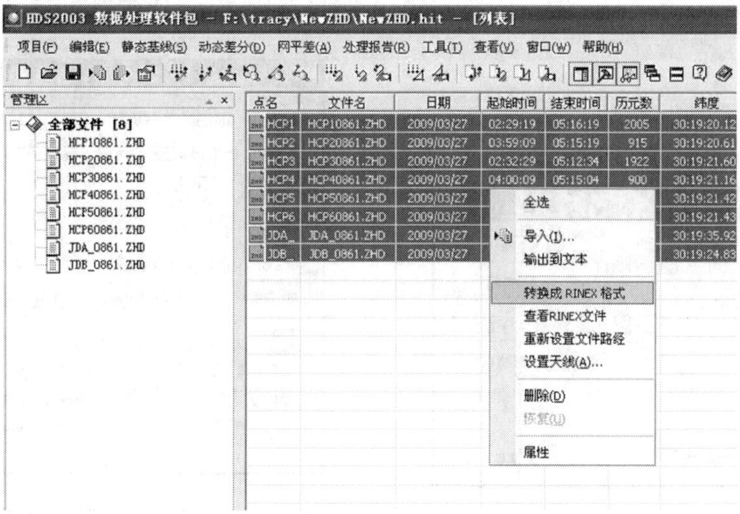

图 2-3 中海达格式数据转换为 RINEX 格式数据

右键单击需要转换的观测点，在弹出菜单上单击“转换成 RINEX 格式”，则软件将 ZHD 格式数据转换为 RINEX 格式数据，并自动保存在工程项目文件夹下的 Rinex 文件下，如图 2-4 所示。

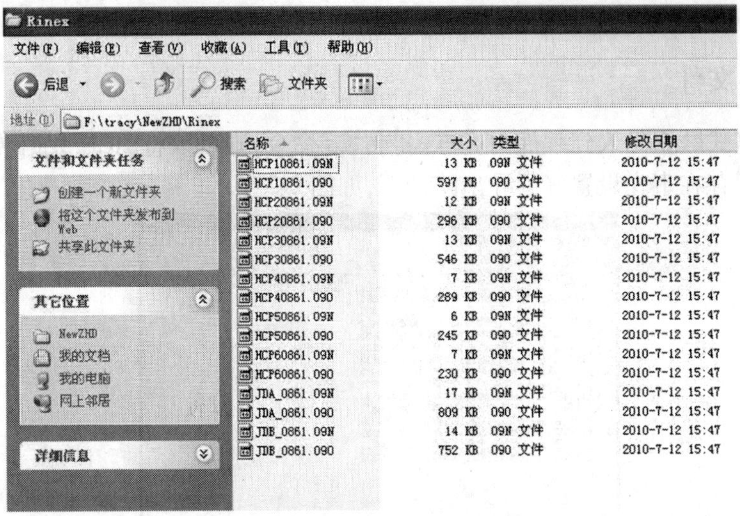

图 2-4 格式数据转换的结果

2.4 Trimble GPS 接收机数据转换

Trimble GPS 接收机上直接下载的静态数据为. dat 文件,可以使用 TGO 自带的 Convert to RINEX 功能软件将. dat 文件转换为 RINEX 格式数据文件。

如图 2-5 所示,在输入的 . dat 文件框内点击“浏览” 按钮,选择待转换的. dat 文件。在输出文件框下选择转换后的 RINEX 数据存放的位置。

完成 RINEX 格式转换文件后,点击“确定”按钮,显示“配置”对话框。“配置”对话框中的选择项提供了 RINEX 转换过程中必须完成输出文件、天线、标题信息三类控制信息,如图 2-6 所示。

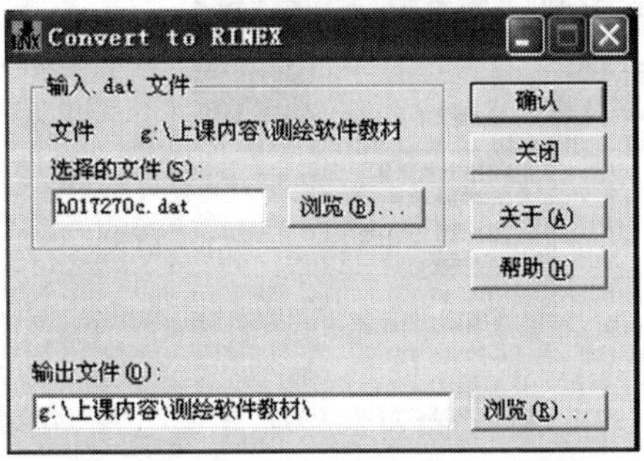

图 2-5 “RINEX 转换”对话框

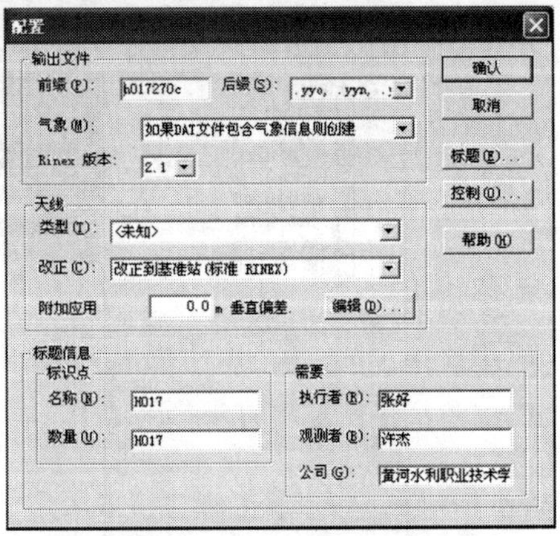

图 2-6 “配置”对话框

(1)输出文件。

①前缀与输出的 RINEX 文件前缀是相同的(观测值,星历数据和气象数据)。

②后缀类型可以是. yyo、. yyn 或. yym(此处的 yy 表示年份的最后两位数, o、n 和 m 用

于区分文件类型)或. obs,. nav,或. met. 以? yyo, . yyn, and . yym 形式的后缀最常用。

③气象共有三种控制生成 RINEX 气象文件(MET)的选择项。

(2)天线。指定在 RINEX 观测文件中被记录的天线类型。

(3)标题信息。首次运行 RINEX 格式转换功能,在以下的标题信息中必须指定详细内容,包括执行者、观测者、机构名称。

2.5 南方 GPS 接收机数据转换

南方 GPS 静态处理软件"工具"菜单下有"SthtoRinex"功能,可以实现南方 GPS 接收机采集的静态数据 *. STH 文件转换成标准的 Rinex 格式,以便各种型号 GPS 混合解算,如图 2-7 所示。

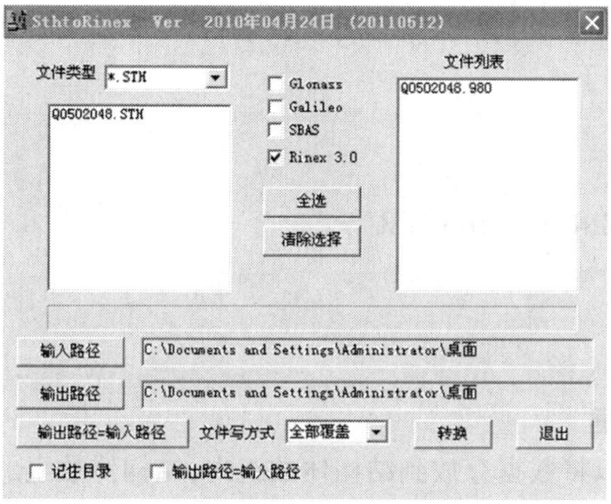

图 2-7 南方静态数据转换软件

点击"输入路径"选择要转换的 *. STH 文件,然后点击"输出路径",将数据格式转换成 Rinex 格式保存到设置目录下。

2.6 使用 MATLAB 读取 GPS 数据

MATLAB 代表 MATrix + LABoratory,它是由美国新墨西哥大学 Cleve Mloer 博士构思开发的。最初采用 FORTRAN 语言编写,20 世纪 80 年代后出现的 MATLAB 第二版,全部采用 C 语言编写。

MATLAB 是一种高性能的技术计算语言。它具有强大的数值计算和工程运算功能、符号计算功能、强大的科学数据可视化能力。目前,MATLAB 可以进行数学计算、算法开发、数据采集;建模、仿真、原型;数据分析、开发和可视化;科学和工程图形应用程序的开发,包括图形用户界面的创建。利用 MATLAB 处理 GNSS 数据简单易行,结果精确,程度可移植性好,可以大大提高计算效率。

2.6.1 读取导航数据文件

使用 MATLAB 读取导航数据文件的步骤是先打开数据文件,然后开始读取文件内的数据。一般情况下,当读取指定的字符串("END OF HEADER")时,开始读取有效数据,即星历数据。读取星历数据可存储在数组中,以便数据计算使用。数据读取完毕后关闭数据文件。

2.6.1.1 打开导航数据文件

打开所要读取的文件使用的函数是 fopen,例如,打开一个存储在"g:/matlab/GH04097I.11N"路径下的文件,具体代码如下:

```
fid = fopen('g:/matlab/GH04097I.11N');
if fid = = -1;
  error('Cannot open this file!')
end
```

2.6.1.2 获取星历数据开始位置

读取文件,利用 findstr 及判断语句逐行查找字符串"END OF HEADER"获取星历数据开始位置。具体代码如下:

```
while 1
    f = fgetl(fid);
    if findstr(f,'END OF HEADER'),
    break;
    end
end
```

2.6.1.3 读取星历数据

在 MATLAB 中可以将数据存放到结构体数组内,结构体数组的创建可以采用 struct 函数,具体代码如下:

```
EphPar = struct('satID',NaN,'year',NaN,'month',NaN,'day',NaN,'hour',NaN,
'minute',NaN,'second',NaN,'clockbias',NaN,'clockdrift',NaN,'clockdriftrate'
NaN,'IODE',NaN,'Crs',NaN,'Delta_n',NaN,'M0',NaN,'Cuc',NaN,'e',NaN,
Cus',NaN,'sqrt_A',NaN,'TOE',NaN,'Cic',NaN,'OMEGA',NaN,'Cis',NaN,'i0',
NaN,'Crc',NaN,'omega',NaN,'IDOT',NaN,'code_12',NaN,'gps_week',NaN,'12_p_
data',NaN,'sv_accuracy',NaN,'sv_health',NaN,'TGD',NaN,'IODC',NaN,'trans_time_
message',NaN,'spare1',NaN,'spare2',NaN,'spare3',NaN)
```

读取星历参数存放在 EphPar 数组内,变量命名要求简洁,便于理解。具体代码如下:

```
i =1;
while 1
f = fgetl(fid);% 读取一行数据
if f = = -1,
break,
end
EphPar(i).satID = str2num(f(1:2)); % 读取卫星号
EphPar(i).year = str2num(f(4:5));% 读取年份
EphPar(i).month = str2num(f(7:8));% 读取月
```

```
EphPar(i).day = str2num(f(10:11));% 读取日
EphPar(i).hour = str2num(f(13:14));% 读取小时
EphPar(i).minute = str2num(f(16:17));% 读取分钟
EphPar(i).second = str2num(f(18:21));% 读取秒
EphPar(i).clockbias  =  str2num(f(23:41)); % 卫星时钟偏差
EphPar(i).clockdrift  =  str2num(f(42:60));% 卫星时钟漂移
EphPar(i).clockdriftrate =  str2num(f(61:79));% 卫星时漂移率
f = fgetl(fid); % 读取一行数据
EphPar(i).IODE  =  str2num(f(4:22));
EphPar(i).Crs  =  str2num(f(23:41));
EphPar(i).Delta_n  =  str2num(f(42:60));
EphPar(i).M0  =  str2num(f(61:79));
f = fgetl(fid); % 读取一行数据
EphPar(i).Cuc  =  str2num(f(4:22));
EphPar(i).e  =  str2num(f(23:41));
EphPar(i).Cus  =  str2num(f(42:60));
EphPar(i).sqrt_A  =  str2num(f(61:79));
f = fgetl(fid); % 读取一行数据
EphPar(i).TOE  =  str2num(f(4:22));
EphPar(i).Cic =  str2num(f(23:41));
EphPar(i).OMEGA  =  str2num(f(42:60));
EphPar(i).CIS  =  str2num(f(61:79));
f = fgetl(fid); % 读取一行数据
EphPar(i).i0 =  str2num(f(4:22));
EphPar(i).Crc  =  str2num(f(23:41));
EphPar(i).omega  =  str2num(f(42:60));
EphPar(i).OMEGA_DOT =  str2num(f(61:79));
f = fgetl(fid); % 读取一行数据
EphPar(i).IDOT  =  str2num(f(4:22));
EphPar(i).code_l2 =  str2num(f(23:41));
EphPar(i).gps_week  =  str2num(f(42:60));
EphPar(i).l2_p_data  =  str2num(f(61:79));
f = fgetl(fid); % 读取一行数据
sv_accuracy =  str2num(f(4:22));
sv_health  =  str2num(f(23:41));
TGD =  str2num(f(42:60));
IODC  =  str2num(f(61:79));
f = fgetl(fid); % 读取一行数据
EphPar(i).trans_time_message  =  str2num(f(4:22)); % 电文传输时间,GPS 周积秒
```

```
EphPar(i).spare1 = str2num(f(23:41));
EphPar(i).spare2 = str2num(f(42:60));
EphPar(i).spare3 = str2num(f(61:79));
i = i + 1;
end
```

4 关闭文件 fid2 = fclose(fid)。

2.6.2 读取观测数据文件

使用 MATLAB 读取观测数据文件的步骤与读取导航数据文件基本相同，都是先打开数据文件，然后开始读取文件内的数据。一般情况下，观测数据头文件部分要记录观测点的概略坐标。头文件与数据记录部分同样是以字符串（“END OF HEADER”）为分隔的。读取星历数据可存储在数组中。数据读取完毕后关闭数据文件。

2.6.2.1 打开导航数据文件

打开所要读取的文件使用的函数是 fopen，例如，打开一个存储在“g:/matlab/GH04097I.11O”路径下的文件，具体代码如下：

```
fid = fopen('g:/matlab/GH04097I.11O');
if fid = = -1;
    error('Cannot open this file!')
end
```

2.6.2.2 读取数据文件的头部分

```
while 1
f = fgetl(fid);% 读取第一行数据
if (findstr(f,'RINEX VERSION /TYPE')~ =0)% 查找版本、类型
version = str(f(6:9)); % 读取 Rinex 文件版本
type = str(f(41:42);% 读取 Rinex 文件类型
end
if (findstr(f,'MARKER NAME')~ =0)% 读取点名
pointname = str2num(f(1:4));% 获取点名
end
if (findstr(f,'REC / TYPE / VERS')~ =0)
recive = str(f(1:4));% 读取接收机编号
rectype = str(f(21:33));% 读取接收机型号
recvers = srt(f(41:44))% 读取接收机版本
end
if (findstr(f,'APPROX POSITION XYZ')~ =0)
ax = str2num(f(1:14));% 读取接收机所在位置的近似 X 坐标(WGS-84)
ay = str2num(f(17:28));% 读取接收机所在位置的近似 Y 坐标(WGS-84)
az = str2num(f(31:42));% 读取接收机所在位置的近似 Z 坐标(WGS-84)
end
```

```
if (findstr(f,' ANTENNA:ΔH/E/N ') ~ =0)
dh = str2num(f(9:14)) ;% 天线高
E = str2num(f(23:28)) ;% 天线中心相对于标记点向东偏 E
N = str2num(f(37:42)) ;% 天线中心相对于标记点向北偏 N
end
if (findstr(f,' WAVELENGTH FACT L1/2') ~ =0)
factL1 = str2num(f(6)) ;% 读取 L1 波长因子
factL2 = str2num(f(12)) ;% 读取 L2 波长因子
end
if (findstr(f,'/ TYPES OF OBSERV ') ~ =0)
obstypenum = str2num(f(6));读取存储文件中的不同观测类型的数量
for i = 1:obstypenum% 使编号对应为 0 - L1;1 - L2;2 - C1;3 - P1;4 - P2;5 - D1;6 - D2
        i = 11 + (i - 1) * 6;
        if (f(i:i + 1) = = 'L1')
          type(i) =0;
        else if (f(i:i + 1) = = 'L2')
            type(i) =1;
        else if (f(i:i + 1) = = 'C1')
            type(i) =2;
        else if (f(i:i + 1) = = 'P1')
            type(i) =3;
        else if (f(i:i + 1) = = 'P2')
            type(i) =4;
        else if (f(i:i + 1) = = 'D1')% 多普勒频率
            type(i) =5;
        else if (f(i:i + 1) = = 'D2')
            type(i) =6;
      end
    end
end
if (findstr(f,' * INTERVAL ') ~ =0)
interval = str2num(f(5:10));% 观测间隔
end
if (findstr(f,' TIME OF FIRST OBS ') ~ =0)
fyear = str2num(f(3:6)); % 开始观测时间
fmon = str2num(f(11:12));
fday = str2num(f(17:18));
fhour = str2num(f(23:24));
fmin = str2num(f(29:30));
```

```
fsec = str2num( f(34:42) ) ;
end
if (findstr(f,' TIME OF LAST OBS ') ~ =0)
lyear = str2num( f(3:6) ) ; % 最后观测时间
lmon = str2num( f(11:12) ) ;
lday = str2num( f(17:18) ) ;
lhour = str2num( f(23:24) ) ;
lmin = str2num( f(29:30) ) ;
lsec = str2num( f(34:42) ) ;
end
if (findstr(f,' END OF HEADER ') ~ =0)
break;
end
```

2.6.2.3 **读取数据记录部分**

```
Obsnum = 1;% 定义观测历元数
while 1
f = f get l(fid) ;
if f = = -1, break ,end
time1(1) = str2num( f(2:3) ) ;% 年
time1(2) = str2num( f(5:6) ) ; % 月
time1(3) = str2num( f(8:9) ) ; % 日
time1(4) = str2num( f(11:12) ) ; % 小时
time1(5) = str2num( f(14:15) ) ; % 分
time1(6) = str2num( f(17:26) ) ; % 秒
Obstyps( obsnum). time = gpstime( time1 ) ;
Flag = str2num( f(29) ) ;% 历元标志
if Flag! =0,
break,
end
satnum = str2num( f(31:32) ; % 观测卫星数
for i = 1: Obstyps (obsnum). satnum
        j = 31 + i * 3;
        Obstyps (Obsnum). satpn(i) = str2num( f(j:j + 1) ) ;
for i = 1: Obstyps (Obsnum). satnum
    f = fgets( fid) ;
    f1 = fgets( fid) ;
    if isspace( f(1:14) )
        Obstyps( Obsnum). dataL1(i) =0;
    else
```

```
            Obstyps(Obsnum).dataL1(i) = str2num(f(1:14));
        end
        if isspace(f(17:30))
              Obstyps(Obsnum).dataL2(i) =0;
        else
            Obstyps(Obsnum).dataL2(i) = str2num(f(17:30));
        end
        if isspace(f(33:46))
            Obstyps(Obsnum).dataC1(i) =0;
          else
            Obstyps(Obsnum).dataC1(i) = str2num(f(33:46));
        end
        if isspace(f(49:62))
            Obstyps(Obsnum).dataP1(i) =0;
        else
            Obstyps(Obsnum).dataP1(i) = str2num(f(49:62));
        end
        if isspace(f(65:78))
            Obstyps(Obsnum).dataP2(i) =0;
        else
            Obstyps(Obsnum).dataP2(i) = str2num(f(65:78));
        end
        if isspace(f(1:14))
          Obstyps(Obsnum).dataD1(i) =0;
        else
            Obstyps(Obsnum).dataD1(i) = str2num(f1(1:14));
        end
        if isspace(line1(17:30))
            Obstyps(Obsnum).dataD2(i) =0;
        else
            Obstyps(Obsnum).dataD2(i) = str2num(f1(17:30));
        end
    end
```

2.6.2.4 关闭文件

关闭文件 fid2 = fclose(fid)。

第 3 章　卫星定位数学模型及 MATLAB 实现方法

3.1　GPS 时间和星期推算

3.1.1　卫星定位系统的时间表示方法

(1)通用时间表示方法:年、月、日、时、分、秒。

(2)儒略日(Julian Day):是指从 -4712 年 1 月 1 日(即公元前 4713 年 1 月 1 日)正午开始的天数,由 J. J. Scaliger 在 1583 年提出。它的特点是连续,利于数学表达,但是不直观。

(3)新儒略日(Modified Julian Day,MJD):从儒略日中减去 2 400 000.5 d 得到,给出的是从 1858 年 11 月 17 日子夜开始的天数。其特点是数值比儒略日小。

(4)年积日(Day Of Year,DOY):从当年 1 月 1 日开始的天数。

(5)GPS 时(GPS Time):以 1980 年 1 月 6 日子夜为起点,用周数和周内秒数来表示,为 GPS 系统内部计时法。

(6)GPS 周(GPS Week)是 GPS 系统内部所采用的时间系统。时间零点是 1980 年 1 月 5 日夜晚与 1980 年 1 月 6 日凌晨之间 0 点。最大时间单位是周(一周:604 800 s)。每1 024 周(即 7 168 d)为一循环周期。第一个 GPS 周循环点为 1999 年 8 月 22 日 0 时 0 分 0 秒。即从这一刻起,周数重新从 0 开始算起。星期记数规则是:Sunday 为 0,Monday 为 1,依此类推,依次记做 0 ~ 6,GPS 周记数(GPS Week Number)为"GPS 周星期记数"。

表示方法:从 1980 年 1 月 6 日 0 时开始起算的周数加上周内时间的秒数(从每周周六/周日之夜开始起算的秒数,例如:1980 年 1 月 6 日 0 时 0 分 0 秒的 GPS 周:第 0 周,第 0 秒。2004 年 5 月 1 日 10 时 5 分 15 秒的 GPS 周:第 1 268 周,第 554 715 秒,GPS 周记数(GPS Week Number)为 12 686 周,第 554 715 秒。

3.1.2　世界时转换成 GPS 时

MATLAB 支持函数定义,所以时间转换可以定义成函数来完成。下面代码定义的时间转换函数名为 getgpstime。函数的参数为年、月、日、小时、分、秒。时间函数返回的参数有 GPS 周、GPS 周内日期、GPS 秒、年积日、GPS 日。具体代码如下所示:

```
function gps = getgpstime(t)
year = t(1);month = t(2);day = t(3);
hour = t(4);minute = t(5);second = t(6)
   year = year + 2000;% 年只有两位。
   totalday = 360; %1981 年 1 月 6 日以后 1981 年有 360 d。
   dimth = [31 28 31 30 31 30 31 31 30 31 30 31];% 每一个月有多少天。
   if month = = 1
```

```
            yday = day;
        else
            yday = 0;
        for i = 1:month - 1
            yday = yday + dimth(i);
        if month = = 2
          if mod(year,4) = = 0&mod(year,100) ~ = 0|mod(year,400) = = 0 %判定是否
是闰年
            dyay = dyay + 1;
             end
          end
        end
    end
    yday = yday + day; %年积日
    for i = 1982:year - 1
        totalday = totalday + 365;
        if mod(year,4) = = 0&mod(year,100) ~ = 0|mod(year,400) = = 0 %判定是否是闰年
              totalday = totalday + 1;
        end
    end
    totalday = totalday + yday;%加上当年的年积日。获取从 1981 年 1 月 6 日以来的 GPS 天数。
    weeknumber = fix(totalday/7);% GPS 周
    weekrest = totalday - weeknumber * 7;% GPS 周内日期
    gpssecond = hour * 3600 + minute * 60 + second + weekrest * 86400; % GPS 秒
    gps = [ weeknumber weekrest gpssecond  · ay totalday]; % 本函数返回参数
```

图 3-1 在 http://www.rvdi.com/freebies/gpscalendar.html 网页上查询 2012 年 5 月 27 日

图 3-1 GNSS 星期查询

星期日这一天,年积日是148,GPS 周是1 690,GPS 周星期记数是16 900,也即第1 690 星期的第0天。

3.2 测算 GPS 卫星位置

3.2.1 卫星坐标计算公式

卫星运行的平均角速度和观测时刻卫星的平均角速度:

$$n_0 = \sqrt{GM/a^3} \tag{3-1}$$

$$n = n_0 + \Delta n \tag{3-2}$$

导航电文提供的轨道参数是相应于参考时刻 t_{0e} 时的数值,为了求得观测时刻 t 的参数,需求出此时刻相对于参考时刻 t_{0e} 的时间差:

$$t_k = t - t_{0e} \tag{3-3}$$

在 GPS 时间系统中,时间是从一周的开始(星期日子夜)连续以秒计算的,所以计算归化时间 t_k 时应顾及一个星期(604 800 s)的开始或结束,亦即当 $t_k > 302\ 400$ s 时,t_k 应减去604 800 s。当 $t_k < -302\ 400$ s 时,t_k 应加上604 800 s。

计算观测瞬间的卫星平近点角 M_k。因为导航电文中已经给出参考时刻 t_{0e} 的平近点角 M_0,所以

$$M_k = M_0 + nt_k \tag{3-4}$$

根据导航电文中给出的偏心率 e 和上面计算的平近点角 M_k,计算偏近点角 E_k。

$$E_k = M_k + e\sin E_k \tag{3-5}$$

上述开普勒方程仍按前述的迭代法计算,即先令 $E_k = M_k$,代入式(3-5)。通常只需两次迭代计算即可求得偏近点角 E_k。然后计算出真近点角 V_k:

$$V_k = \arctan\frac{\sqrt{1-e^2}\sin E_k}{\cos E_k - e} \tag{3-6}$$

根据计算出的真近点角 V_k 和导航电文提供的近地点角距 ω,按下式计算升交距角:

$$u_0 = V_k + \omega \tag{3-7}$$

在卫星导航电文中,给出了6个卫星轨道摄动的修正参数。根据这些参数,计算出轨道参数的修正量:

$$\left.\begin{aligned} &\text{升交距角修正量} \quad \delta_u = C_{us}\sin 2u_0 + C_{uc}\cos 2u_0 \\ &\text{地心距离修正量} \quad \delta_r = C_{rs}\sin 2u_0 + C_{rc}\cos 2u_0 \\ &\text{轨道倾角修正量} \quad \delta_i = C_{is}\sin 2u_0 + C_{ic}\cos 2u_0 \end{aligned}\right\} \tag{3-8}$$

经过摄动改正的升交距角、卫星的地心距离、轨道倾角则为

$$\left.\begin{aligned} u_k &= u_0 + \delta_u \\ r_k &= a(1 - e\cos E_k) + \delta_r \\ i_k &= i_0 + \delta_i + \dot{i}t_k \end{aligned}\right\} \tag{3-9}$$

计算卫星的轨道平面直角坐标:

$$\left.\begin{aligned} x_k &= r_k\cos u_k \\ y_k &= r_k\sin u_k \end{aligned}\right\} \tag{3-10}$$

为了计算卫星在地心空间直角坐标系中的位置，必须知道卫星升交点在观测时刻 t 的精度 Ω_k。假若观测时刻 t 的升交点赤经为 Ω（升交点与春分点所对应的地心夹角），观测时刻 t 时的春分点格林尼治恒星时为 $GAST$，此时的升交点经度应为

$$\Omega_k = \Omega - GAST \tag{3-11}$$

如果参考时刻 t_{0e} 的升交点赤经为 Ω_{0e}，其变率为 $\dot{\Omega}$，则观测时刻 ρ 时的升交点赤经为

$$\Omega = \Omega_{0e} + \dot{\Omega}(t - t_0) \tag{3-12}$$

$GAST$ 将随地球自转而不断增加，其增值速率即为地球自转的速率 ω_e。设一个星期开始（星期日子夜）时刻的格林尼治恒星时为 $GAST(t_0)$，则

$$GAST = GAST(t_0) + \omega_e t \tag{3-13}$$

式中　ω_e——$7.292\ 115\ 67 \times 10^{-5}$ rad/s。

导航电文给我们提供的不是 t_{0e} 时的升交点赤经 Ω_{0e}，而是始于格林尼治起始子午线到升交点的准经度 Ω_0，它们之间的关系是

$$\Omega_{0e} = GAST(t_0) + \Omega_0 \tag{3-14}$$

升交点的经度为

$$\Omega_k = \Omega_0 + (\dot{\Omega} - \omega_e)(t - t_0) - \omega_e t \tag{3-15}$$

由式(3-9)可求出卫星在其轨道平面直角坐标系中的坐标，在该坐标系统中卫星的空间位置可表示为

$$\left.\begin{aligned} x_k &= r_k \cos u_k \\ y_k &= r_k \sin u_k \\ z_k &= 0 \end{aligned}\right\} \tag{3-16}$$

此时 z 轴过地心指向轨道平面的垂直方向。

这样，轨道直角坐标系(x,y,z)与地心直角坐标系(X,Y,Z)具有相同的原点，其差别仅是坐标轴的定向不同。为了使两坐标系取得一致，可将坐标系(x,y,z)作如下旋转：①绕 x 轴方向顺转角度 i_k，使轨道平面与赤道平面重合，z 轴与 Z 轴相重合；②绕 z 轴顺转角度 Ω_k，使 x、y 轴与 X、Y 轴同时重合。

这一过程用旋转矩阵表示如下：

$$\begin{pmatrix} X_k \\ Y_k \\ Z_k \end{pmatrix} = R_3(-\Omega_k) R_1(-i_k) \begin{pmatrix} x_k \\ y_k \\ z_k \end{pmatrix} = \begin{pmatrix} \cos\Omega_k & -\sin\Omega_k \cos i_k & \sin\Omega_k \sin i_k \\ \sin\Omega_k & \cos\Omega_k \cos i_k & -\cos\Omega_k \sin i_k \\ 0 & \sin i_k & \cos i_k \end{pmatrix} \begin{pmatrix} x_k \\ y_k \\ z_k \end{pmatrix}$$

$$= \begin{pmatrix} \cos\Omega_k x_k - \sin\Omega_k \cos i_k y_k \\ \sin\Omega_k x_k + \cos\Omega_k \cos i_k y_k \\ \sin i_k y_k \end{pmatrix} \tag{3-17}$$

3.2.2　使用 MATLAB 软件实现卫星位置计算

```
a = 26562000;% 卫星到质心的距离
GM = 3.986005 * 10^14;% 地球引力常数
T = 2 * pi * a^(3/2)/GM^0.5; % 卫星运行周期
h = fix(T/3600); % 小时
```

```
m = fix((T/3600 - h) * 60);% 分
s = ((T/3600 - h) * 60 - m) * 6;% 秒
Y = h + m/100 + s/1000;
n0 = 2 * pi/T
n = n0 + dn
if tk > 302400
tk = tk - 604800;
end
if tk < -302400
    tk = tk + 604800;
end
Mk = M0 + n * tk
Ek = Mk;
for i = 1:2
    Ek = Mk + e * sin(Ek);
end
Vk = atan(((1 - e * e)^0.5) * sin(Ek)/(cos(Ek) - e))% 真近点角
u0 = Vk + omig; % 升交距角
detu = Cus * sin(2 * u0) + Cuc * cos(2 * u0)% 升交距角修正量
detr = Crs * sin(2 * u0) + Crc * cos(2 * u0)% 地心距离修正量
deti = Cis * sin(2 * u0) + Cic * cos(2 * u0) % 轨道倾角修正量
uk = u0 + detu
rk = a * (1 - e * cos(Ek)) + detr
ik = i0 + deti + I * tk
xk = rk * cos(uk)
yk = rk * sin(uk)
zk = 0;
GAST = GAST + omige * t;
Omigoe = GAST + omigo
t = 0;
Omigk = Omig0 + (Omig - Omige) * tk - Omige * toe
R = [cos(Omigk)  - sin(Omigk) * cos(ik)  sin(Omigk) * sin(ik); sin(Omigk) cos
(Omigk) * cos(ik) - cos(Omigk) * sin(ik); 0 sin(ik) cos(ik)];
x = [xk ;yk; zk];
X = R * x
```

利用表 3-1 列出的 4 颗卫星的星历，计算由星历计算观测时刻 $t = 129\ 600$ s 卫星的坐标，结果如表 3-2 所示。

表 3-1　GPS 卫星广播星历及伪距观测值

参数	PRN06	PRN10	PRN16	PRN21
t_{0e}	$1.295\,840\times10^{5}$	$1.296\,0\times10^{5}$	1.296×10^{5}	$1.295\,840\times10^{5}$
$\sqrt{a}(\mathrm{m}^{1/2})$	$5.153\,618\times10^{3}$	$5.153\,730\times10^{3}$	$5.153\,541\times10^{3}$	$5.153\,681\times10^{3}$
e	$5.747\,278\times10^{-3}$	$7.258\,582\times10^{-3}$	$3.506\,405\times10^{-3}$	$1.179\,106\times10^{-3}$
$M_0(\mathrm{rad})$	$-2.941\,505\times10^{0}$	$4.044\,839\times10^{-1}$	$1.808\,249\times10^{0}$	$3.122\,437\times10^{0}$
$\omega(\mathrm{rad})$	$-1.770\,83\times10^{0}$	$4.344\,642\times10^{-1}$	$-7.600\,810\times10^{-1}$	$-2.904\,128\times10^{0}$
$i_0(\mathrm{rad})$	$9.332\,837\times10^{-1}$	$9.713\,110\times10^{-1}$	$9.624\,682\times10^{-1}$	$9.416\,507\times10^{-1}$
$l_0(\mathrm{rad})$	$2.123\,898\times10^{0}$	$-2.006\,987\times10^{0}$	$1.122\,991\times10^{0}$	$-3.042\,819\times10^{0}$
$\Delta n(\mathrm{rad/s})$	$5.243\,075\times10^{-9}$	$4.442\,685\times10^{-9}$	$4.937\,348\times10^{-9}$	$4.445\,542\times10^{-9}$
$\dot{i}(\mathrm{rad})$	$-6.853\,856\times10^{-10}$	$2.521\,533\times10^{-10}$	$2.367\,955\times10^{-10}$	$-4.035\,882\times10^{-11}$
$\Omega_0(\mathrm{rad})$	$-8.116\,052\times10^{-9}$	$-8.495\,353\times10^{-9}$	$8.054\,621\times10^{-9}$	$-7.757\,823\times10^{-9}$
$C_{uc}(\mathrm{m})$	$-1.184\,642\times10^{-6}$	$4.714\,354\,0\times10^{-6}$	$9.499\,490\,0\times10^{-7}$	$6.897\,374\times10^{-6}$
$C_{us}(\mathrm{m})$	$7.672\,235\times10^{-6}$	$-1.825\,392\times10^{-7}$	$5.437\,061\times10^{-6}$	$1.069\,344\times10^{-5}$
$C_{rc}(\mathrm{m})$	$2.146\,562\times10^{2}$	$3.868\,750\times10^{2}$	$2.709\,062\times10^{2}$	$1.630\,625\times10^{2}$
$C_{rs}(\mathrm{m})$	$-2.140\,625\times10^{1}$	$8.978\,125\times10^{1}$	$1.515\,625\times10^{1}$	$1.329\,375\times10^{2}$
$C_{ic}(\mathrm{m})$	$2.980\,232\times10^{-8}$	$3.725\,290\times10^{-9}$	$6.332\,993\times10^{-8}$	$-1.080\,334\times10^{-7}$
$C_{is}(\mathrm{m})$	$-1.117\,587\times10^{-8}$	$8.940\,696\times10^{-8}$	$-2.421\,438\times10^{-8}$	$-8.009\,374\times10^{-8}$
R	20 509 078.908	23 568 574.070	23 733 776.587	22 106 790.995

表 3-2　卫星在 WGS－84 下坐标

坐标	PRN06	PRN10	PRN16	PRN21
X(m)	13 736 749.019 741 0	－2 156 464.014 125 8	5 780 040.699 204 6	25 628 198.247 448 7
Y(m)	8 001 485.736 346 1	20 642 907.597 937 9	－17 694 953.976 795 6	5 308 035.315 301 0
Z(m)	21 462 886.878 401 6	16 289 053.550 591 1	18 974 539.869 286 9	4 706 566.250 645 7

3.3　单点定位

根据前面讲到的 GNSS 定位原理，要想获取接收机位置坐标，未知数有 X、Y、Z，但是由于 GPS 接收机上都安装原子钟是不现实的，解决这一问题的办法，就是把接收机的钟差 v_{t_b} 也当做一个未知数来处理，为此就要求至少要同时测定四颗卫星的伪距，以便同时解出 4 个未知数：X、Y、Z、v_{t_b}。伪距定位法的数学模型为：

$$[(x_i-X)^2+(y_i-Y)^2+(z_i-Z)^2]^{\frac{1}{2}}-cv_{t_b}$$

$$= \tilde{\rho}_i + (\delta\rho_i)_{\text{ion}} + (\delta\rho_i)_{\text{trop}} - v_{t_{a_i}} \quad (i = 1,2,3,4,\cdots) \tag{3-18}$$

式中各符号的脚注 i 表示观测的 4 颗(或以上)卫星的序号;第 i 颗卫星发射信号瞬间的钟差 $v_{t_{a_i}}$ 可以根据卫星导航电文中的时钟改正参数计算出来。

当式(3-18)的个数大于 4 时,可用最小二乘法求解测站坐标和接收机时钟改正数的最或是值。

为了方便起见,我们先讨论只观测 4 颗卫星情况下的伪距定位计算。

在式(3-18)中,若令

$$\rho_i' = \tilde{\rho}_i + (\delta\rho_i)_{\text{ion}} + (\delta\rho_i)_{\text{trop}} - v_{t_{a_i}} \tag{3-19}$$

再令 $cv_{t_b} = B$, 有

$$\rho_i' = [(x_i - X)^2 + (y_i - Y)^2 + (z_i - Z)^2]^{\frac{1}{2}} - B \tag{3-20}$$

假设测站的初始坐标向量及其改正数向量分别为

$$\begin{aligned} X_0 &= (X_0 \quad Y_0 \quad Z_0 \quad B_0)^{\mathrm{T}} \\ \mathrm{d}X &= (\mathrm{d}X \quad \mathrm{d}Y \quad \mathrm{d}Z \quad \mathrm{d}B)^{\mathrm{T}} \end{aligned} \tag{3-21}$$

同时考虑到测站至卫星 i 的方向余弦:

$$\left.\begin{aligned} \left(\frac{\partial\rho_i'}{\partial X}\right)_0 &= -\frac{1}{\rho_{i0}}(x_i - X_0) = -l_i \\ \left(\frac{\partial\rho_i'}{\partial Y}\right)_0 &= -\frac{1}{\rho_{i0}}(y_i - Y_0) = -m_i \\ \left(\frac{\partial\rho_i'}{\partial Z}\right)_0 &= -\frac{1}{\rho_{i0}}(z_i - Z_0) = -n_i \\ \left(\frac{\partial\rho_i'}{\partial B}\right)_0 &= -1 \end{aligned}\right\} \tag{3-22}$$

式中 $\rho_{i0} = [(x_i - X_0)^2 + (y_i - Y_0)^2 + (z_i - Z_0)^2]^{\frac{1}{2}}$。

于是式(3-22)的线性化形式可以写为:

$$\begin{pmatrix} \rho_1' \\ \rho_2' \\ \rho_3' \\ \rho_4' \end{pmatrix} = \begin{pmatrix} \rho_{10}' \\ \rho_{20}' \\ \rho_{30}' \\ \rho_{40}' \end{pmatrix} - \begin{pmatrix} l_1 & m_1 & n_1 & 1 \\ l_2 & m_2 & n_2 & 1 \\ l_3 & m_3 & n_3 & 1 \\ l_4 & m_4 & n_4 & 1 \end{pmatrix} \begin{pmatrix} \mathrm{d}X \\ \mathrm{d}Y \\ \mathrm{d}Z \\ \mathrm{d}B \end{pmatrix} \tag{3-23}$$

或者写为:

$$A\mathrm{d}X + L = 0 \tag{3-24}$$

式中 $A = \begin{pmatrix} l_1 & m_1 & n_1 & 1 \\ l_2 & m_2 & n_2 & 1 \\ l_3 & m_3 & n_3 & 1 \\ l_4 & m_4 & n_4 & 1 \end{pmatrix}$;

$L = (L_1 \quad L_2 \quad L_3 \quad L_4)^{\mathrm{T}}$;

$L_i = \rho_i' - \rho_{i0}'$。

则可得坐标改正数的向量解

$$dX = -A^{-1}L \tag{3-25}$$

上述公式是仅针对观察4颗卫星情况下的求解。此时没有多余观测量,未知数的解算是唯一的。当同步观测的卫星数多于4个,例如为 n 个时,则需要通过最小二乘法求解。此时可将式写成误差方程式的形式

$$V_u = A_u dX + L_u \tag{3-26}$$

式中 $V_u = (v_1 \quad v_2 \quad \cdots \quad v_n)^T$;

$$A_u = \begin{pmatrix} l_1 & m_1 & n_1 & 1 \\ l_2 & m_2 & n_2 & 1 \\ \vdots & \vdots & \vdots & \vdots \\ l_n & m_n & n_n & 1 \end{pmatrix};$$

$L_u = (L_1 \quad L_2 \quad \cdots \quad L_n)^T$。

根据最小二乘原理求解得:

$$dX = -(A_u^T A_u)^{-1}(A_u^T L_u) \tag{3-27}$$

测站未知数中误差:

$$m_x = \sigma_0 \sqrt{q_{ii}} \tag{3-28}$$

式中 σ_0——伪距测量中误差;

q_{ii}——权系数阵 Q_x 中的主对角线元素,按下式计算

$$Q_x = (A_u^T A_u)^{-1} \tag{3-29}$$

式(3-28)适合于计算机进行迭代计算,即给出测站坐标初始值,进行第一次迭代计算,利用所求改正数修正坐标初始值,继续进行迭代计算。因迭代过程收敛较快,一般迭代2~3次便可获得满意结果。

下面介绍使用MATLAB进行单点定位的函数。函数名定义为sinpos,输入参数有两个,一个是卫星坐标,这里以4颗卫星为例,另外一个参数是卫星至接收机的伪距值。函数返回三个参数值,第一个参数是解的数量;第二个参数是接收机位置坐标,单位为米(m);第三个参数是用户接收机钟差改正数。

```
function [snum,rec,recbias] = sinpos(sv,rou)
[nrow,ncol] = size(sv);
if (nrow ~= 4) | (ncol ~= 3)
  error('Error ');
end
[nrow,ncol] = size(rou);
if (nrow ~= 4) | (ncol ~= 1)
  error('Error 2 ');
end
for k = 1:4
  tempa = sv(k,1:3);
```

```
  alpha(k) = 0.5 * ( tempa * tempa' - rou(k) * rou(k) );
end
b = [ones(4,1) alpha'];
a = [sv rou];
x = a\b;
snum = 0;
c0 = x(1:3,1)' * x(1:3,1) - x(4,1) * x(4,1);
c1 = x(1:3,1)' * x(1:3,2) - x(4,1) * x(4,2) - 1.;
c2 = x(1:3,2)' * x(1:3,2) - x(4,2) * x(4,2);
tem P = c1 * c1 - c0 * c2;
if tem P < 0.
  return
end
temp = sqrt(temp);
lambda1 = ( - c1 + temp) / c0;
rec1 = lambda1 * x(1:3,1) + x(1:3,2);
recbias1 = - lambda1 * x(4,1) - x(4,2);
temp1 = rec1 - sv(1,1:3)';
distance1 = sqrt(temp1' * temp1) - rou(1);
if abs(distance1) < 100.
  snum = snum + 1;
  rec = rec1;
  recbias = recbias1;
end

lambda2 = ( - c1 - temp) / c0;
rec2 = lambda2 * x(1:3,1) + x(1:3,2);
recbias2 = - lambda2 * x(4,1) - x(4,2);
temp2 = rec2 - sv(1,1:3)';
distance2 = sqrt(temp2' * temp2) - rou(1);
if abs(distance2) < 100.
  snum = snum + 1;
  if snum = = 1
    rec = rec2;
    recbias = recbias2;
  elseif snum = = 2
    rec = [rec1 rec2];
```

```
    recbias = [recbias1 recbias2];
  end
end
if snum == 0
  rec = zeros(3,1);
  recbias = 0.;
end
```

3.4 几何图形强度

GPS 定位的精度除取决于等效距离误差 σ_0 外，还取决于空间后方交会的几何图形强度。

在系数阵 Q_x 中，若顾及各权系数元素，该式又可写为：

$$Q_x = \begin{pmatrix} q_{11} & q_{12} & q_{13} & q_{14} \\ q_{21} & q_{22} & q_{23} & q_{24} \\ q_{31} & q_{32} & q_{33} & q_{34} \\ q_{41} & q_{42} & q_{43} & q_{44} \end{pmatrix} \tag{3-30}$$

显然，GPS 星座与测站所构成的几何图形不同，权系数的数值亦不同，此时即使相同精度的观测值所求得的点位精度也不会相同。为此，需要研究卫星星座几何图形与定位精度的关系。通常用图形强度因子 *DOP*(Dilution Of Precision)来表示几何图形强度，其定义是：

$$m_x = DOP \cdot \sigma_0 \tag{3-31}$$

式中 σ_0——等效距离的标准差；

m_x——某定位元素的标准差；

DOP——权系数阵中主对角线元素的函数。

图形强度因子是一个直接影响定位精度但又独立于观测值和其他误差之外的一个量；其值恒大于 1，最大值可达 10，其大小随时间和测站位置变化而变化。在 GPS 测量中，希望 *DOP* 值越小越好。

在实际工作中，常根据不同的要求采用不同的评价模型和相应的图形强度因子。

(1)平面位置图形强度因子 *HDOP*(Horizontal *DOP*)及其相应的平面位置精度：

$$\left.\begin{aligned} HDOP &= \sqrt{q_{11} + q_{22}} \\ m_H &= HDOP \cdot \sigma_0 \end{aligned}\right\} \tag{3-32}$$

(2)高程图形强度因子 *VDOP*(Vertical *DOP*)及其相应的高程精度：

$$\left.\begin{aligned} VDOP &= \sqrt{q_{33}} \\ m_V &= VDOP \cdot \sigma_0 \end{aligned}\right\} \tag{3-33}$$

(3)空间位置的图形强度因子 *PDOP*(Position *DOP*)及其相应的三维定位精度：

$$\left.\begin{aligned} PDOP &= \sqrt{q_{11} + q_{22} + q_{33}} \\ m_P &= PDOP \cdot \sigma_0 \end{aligned}\right\} \tag{3-34}$$

(4)接收机钟差图形强度因子 *TDOP*(Time *DOP*)及其钟差精度:

$$\left.\begin{aligned} TDOP &= \sqrt{q_{44}} \\ m_T &= TDOP \cdot \sigma_0 \end{aligned}\right\} \tag{3-35}$$

(5)几何图形强度因子 *GDOP*(Geometric *DOP*)及其三维坐标和时间误差的综合影响:

$$\left.\begin{aligned} GDOP &= \sqrt{q_{11} + q_{22} + q_{33} + q_{44}} \\ m_G &= GDOP \cdot \sigma_0 \end{aligned}\right\} \tag{3-36}$$

分析表明,如果由测站与 4 颗卫星构成一个六面体,图形强度因子 *GDOP* 与该六面体体积成反比。如图 3-2 所示,意味着所测卫星在空间分布越大,六面体的体积越大,*GDOP* 值越小,图形越坚强,定位精度越高。

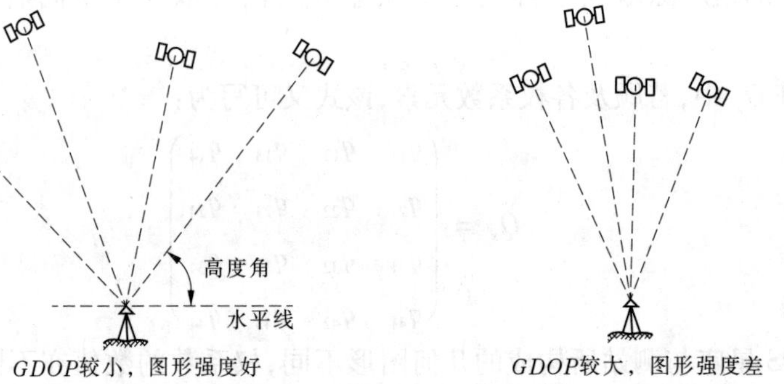

图 3-2 卫星的分布与 *GDOP*

使用 MATLAB 计算图形强度代码如下:

```
function gdops = dop(g)
[nrow,ncol] = size(g);
unitvec = ones(nrow,1);
h = [g unitvec];                    % form the matrix H
hinv = inv(h);
gdop = hinv * hinv';
gdops(1) = sqrt(gdop(1,1) + gdop(2,2) + gdop(3,3) + gdop(4,4));  % GDOP
mg = gdops(1) * zwc; % zwc 是伪距测量中误差,mg 为几何图形强度精度
gdops(2) = sqrt(gdop(1,1) + gdop(2,2) + gdop(3,3));              % PDOP
mp = gdops(2) * zwc; % 三维定位精度
gdops(3) = sqrt(gdop(1,1) + gdop(2,2));                          % HDOP
mh = gdops(3) * zwc; % 平面位置精度
gdops(4) = sqrt(gdop(3,3));                                      % VDOP
mv = gdops(4) * zwc; % 高程精度
gdops(5) = sqrt(gdop(4,4));                                      % TDOP
mt = gdops(5) * zwc; % 钟差精度
```

3.5 坐标系统转换

GPS 定位系统采用的是 WGS－84 大地坐标系,属于协议地心坐标系,而实用的测量成果属于某一国家坐标系或地方坐标系,为参心坐标系。由于两者的原点位置与坐标轴的指向不同,存在着平移和旋转的关系,因此必须解决 GPS 定位成果的坐标转换问题。

3.5.1 空间直角坐标与大地坐标的转换

地球上某一点的三维空间位置可用空间直角坐标(x,y,z)表示,也可用大地坐标(B,L,H)表示。在同一坐标系中,两者之间的转换公式如下。

(1)由大地坐标(B,L,H)转变为空间直角坐标(x,y,z)。

$$\left.\begin{aligned} x &= (N+H)\cos B\cos L \\ y &= (N+H)\cos B\sin L \\ z &= [N(1-e^2)+H]\sin B \end{aligned}\right\} \tag{3-37}$$

式中 N——该点的卯酉圈曲率半径,其大小为:

$$N = \frac{a}{\sqrt{1-e^2\sin^2 B}} \tag{3-38}$$

式中 a——椭球长半轴;

e——第一偏心率,$e=\sqrt{\dfrac{a^2-b^2}{a^2}}$,$b$ 为椭球短半轴。

(2)由空间直角坐标(x,y,z)转换为大地坐标(B,L,H)。

$$\left.\begin{aligned} B &= \arctan\left[\frac{1}{\sqrt{x^2+y^2}}\left(Z+\frac{ce^2\tan B}{\sqrt{1+e'^2+\tan B}}\right)\right] \\ L &= \arctan(y/x) \\ H &= \frac{\sqrt{x^2+y^2}}{\cos B}-N \end{aligned}\right\} \tag{3-39}$$

式中 $c=a^2/b$;

$e'^2=\dfrac{e^2}{1-e^2}$。

显然,求 B 时应用迭代法较好,为减少迭代次数,按下述方法求得 B 的初值 B_0,则只需迭代两次即可满足精度要求。

$$\left.\begin{aligned} B_0 &= \varphi+\Delta B \\ \varphi &= \arcsin(z/R) \\ R &= \sqrt{x^2+y^2+z^2} \\ \Delta B &= A\sin 2\varphi(1+2A\cos 2\varphi) \\ A &= ae^2/(2R\sqrt{1-e^2\sin^2\varphi}) \end{aligned}\right\} \tag{3-40}$$

3.5.2 坐标转换代码

3.5.2.1 度分秒与弧度相互转换

(1)度分秒转换为弧度值。

```
function rad = dmstorad(deg,min,sec)
pi180 = pi / 180.;% matlab 软件对 π 进行定义使用 pi 表示
temp = abs(deg);
rad = pi180 * (temp + min / 60. + sec / 3600.);
if deg < 0.
  rad = - rad;
end
```

(2)弧度值转换为度分秒。

```
function [deg,min,sec] = radtodms(rad)
temp = 180. * abs(rad) / pi;
deg = fix(temp);
temp = 60. * (temp - deg);
min = fix(temp);
sec = 60. * (temp - min);
if rad < 0.
  deg = - deg;
end
```

3.5.2.2 大地坐标与直角坐标相互转换

(1)大地坐标转换为直角坐标。

```
function x = zj2dd(dadi) %大地坐标转换成直角坐标
a =6378137;%定义椭球参数
b =6356752.3141;
fai = dadi(1);
fai = fai * pi/180;
lamda = dadi(2);
lamda = lamda * pi/180;
h = dadi(3);
N = a^2/sqrt(a^2 * cos(fai) * cos(fai) + b * b * sin(fai) * sin(fai));
X = (N + h) * cos(fai) * cos(lamda);
Y = (N + h) * cos(fai) * sin(lamda);
Z = (b * b * N/a/a + h) * sin(fai);
x = [X Y Z];
```

(2)直角坐标转换为大地坐标。

直角坐标转换为大地坐标可以有两种方法:一种是近似方法,另一种是迭代方法。首先介绍近似方法。

```
function XyztoLBHj(X)
a =6378137;
b =6356752.3141;
X(1) =4210520.621;
X(2) =1128205.6;
X(3) =4643227.496;
p = (X(1)^2 + X(2)^2)^0.5
theta = atan(X(3) * a/(p * b));
e2 = (a^2 - b^2)/a^2
ep2 = (a^2 - b^2)/b^2 ;
fai = atan((X(3) + ep2 * b * sin(theta)^3)/(p - ep2^2 * a * cos(theta)^3));
lamda = atan(X(2)/X(1));
N = a/sqrt(1 - e2 * sin(fai) * sin(fai))
fai = fai * 180/pi;
fai = fix(fai) + 1;
h = p/cos(fai * pi/180) - N;
dadi(1) = fai;
dadi(2) = lamda * 180/pi;
dadi(3) = h
```

下面的程序是使用迭代的方法转换直角坐标到大地坐标。

```
Function XyztoLBHd (X,Y,Z)
p = (X^2 + Y^2)^0.5 ;
e2 = (a * a - b * b)/a * a ;
fai0 = atan(Z/(p * (1 - e2))) ;
N0 = a * a/(a * a * cos(fai0)^0.5 + b * b * sin(fai0)^0.5)^0.5;
h = p/cos(fai0) - N0 ;
fai = atan(Z/(p * (1 - e2 * N0/(N0 + h))));
while ( abs(fai - fai0) >0.000000001)
fai0 = fai;
N0 = a * a/(a * a * cos(fai0)^0.5 + b * b * sin(fai0)^0.5)^0.5;
h = p/cos(fai0) - N0 ;
fai = atan(Z/(p * (1 - e2 * N0/(N0 + h))));
end
lamda = atan(Y/X);
dadi(1) = fai;
dadi(2) = lamda;
dadi(3) = h ;
```

第 4 章　TGO 软件

TGO(Trimble Geomatics Office)可以使多种测量技术获得的数据一体化,包括 GPS(RTK 和后处理)、常规/光学仪器 (包括伺服系统和遥控设备)、水准仪和激光仪。广泛的质量控制工具可以快速并且高效地完成从野外到室内,再从室内回到野外的无缝数据传输任务。

使用 TGO 可以进行 GPS 基线处理(如果安装了 WAVE 基线处理模块)、测量网络平差(如果安装了网络平差模块)、GPS 和常规的地形测量数据处理、数据的质量保证和质量控制(QA/QC)、道路设计数据导入和导出、测量数据导入和导出、数字地面模型和等高线生成、数据转化和投影、GIS 数据获取和导出、要素代码、项目报告、测量项目管理等。

TGO 静态数据处理流程如图 4-1 所示。

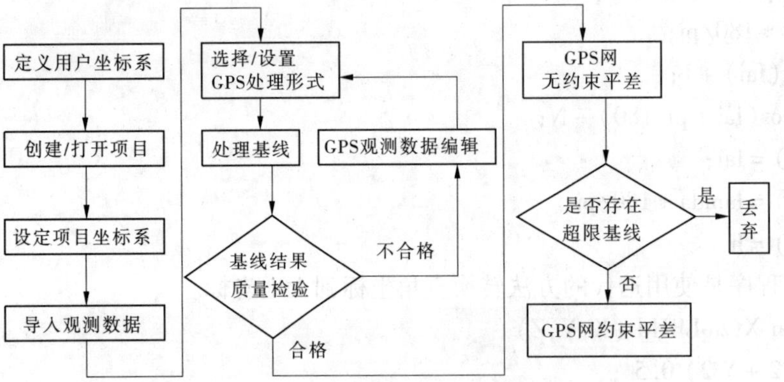

图 4-1　TGO 静态数据处理流程

4.1　TGO 软件安装

点击 TGO 安装文件中的 setup. exe 可执行文件,运行安装文件,出现安装界面,选择简体中文进行安装。

TGO1.6 版本的软件安装时要进行序列号的输入,首先输入的是 1.6 版本的相关序列号与授权密码等内容(见表 4-1),再输入以前版本的序列号,如图 4-2 所示。

表 4-1　TGO 软件序列号

版本	序列号	授权号	基线处理模块	网平差模块
TGO1.6	0032006540	E6B2D956	075516	068392
TGO1.5	0020000917	72E50FBF	075516	068392

如果用户使用的是 Windows 7 操作系统,软件安装之后直接打开不能用,提示坐标管理

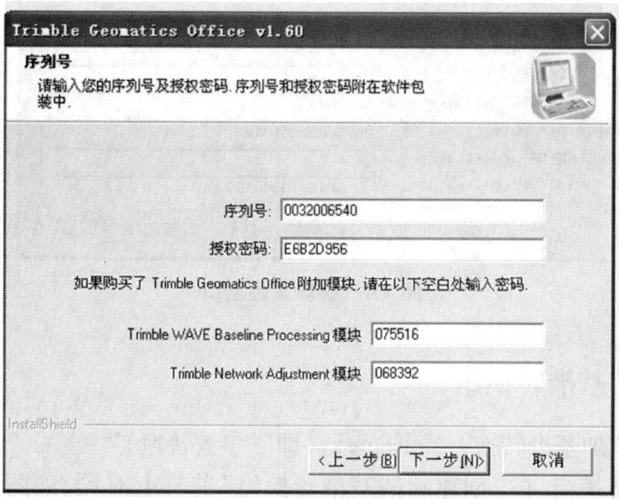

图 4-2　TGO 安装过程输入序列号

器错误。把安装文件的兼容性改成 WindowsXP(右击安装程序,选择属性,在兼容性里改成 WindowsXP)安装就能用了。

4.2　建立坐标系统

打开 TGO 软件,在“功能”菜单下选择“Coordinate System Manager”坐标系统编辑模块,如图 4-3 所示。

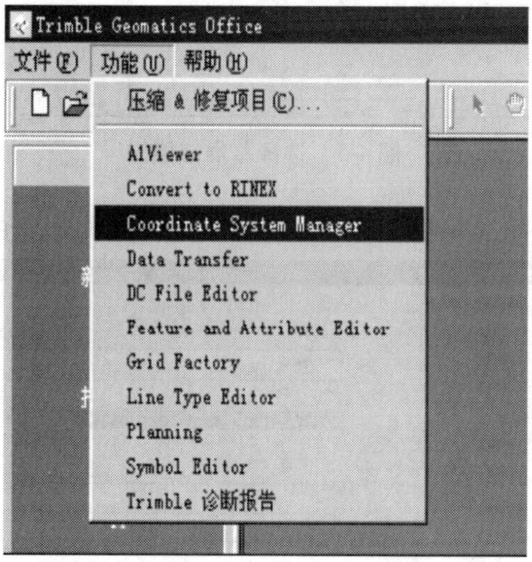

图 4-3　坐标系统管理

4.2.1　创建新的椭球

进入坐标系统管理器,单击“编辑→增加椭球”,进入椭球属性界面,输入椭球名称、长半轴、扁率,短半轴和偏心率会自动计算出来。点击“确认”按钮完成设置,如图 4-4 所示。

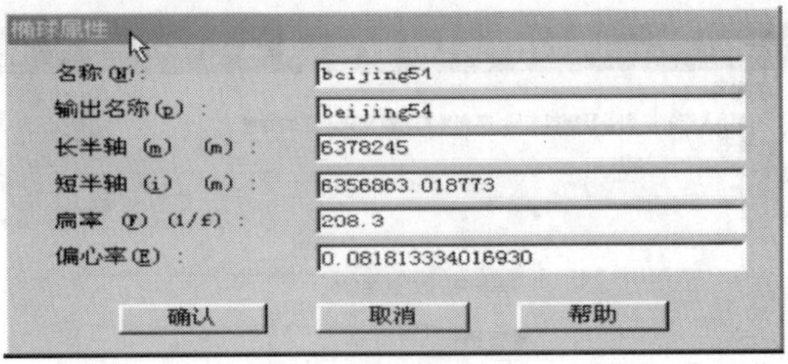

图 4-4　椭球属性窗口

4.2.2　创建新的基准转换组

单击"编辑→增加基准转换→Molodensky(即三参数转换)"。

(1)选择基准转换组,在"创建新的基准转换组"前打上对钩,如图 4-5 所示,点击"确认"按钮。

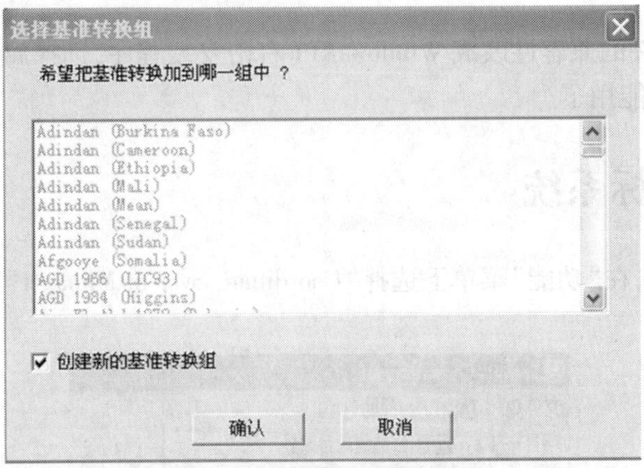

图 4-5　选择基准转换组

(2)输入基准转换属性,如图 4-6 所示,"椭球"选择前面建立的椭球名称。

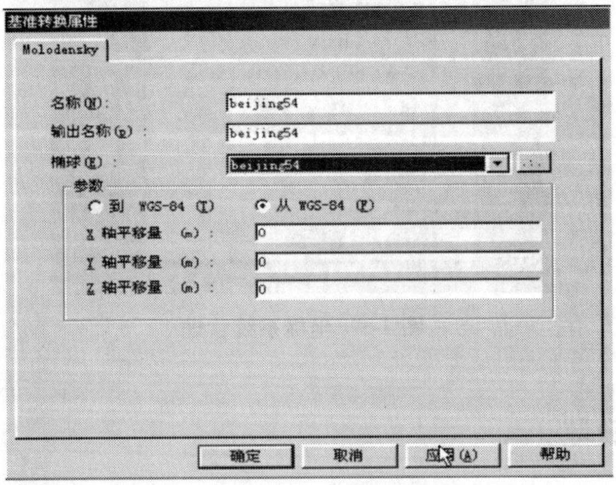

图 4-6　基准转换属性

4.2.3 增加坐标系统组

如图4-7所示,单击"编辑→增加系统组",输入坐标系统组名称,点击"确认"按钮。

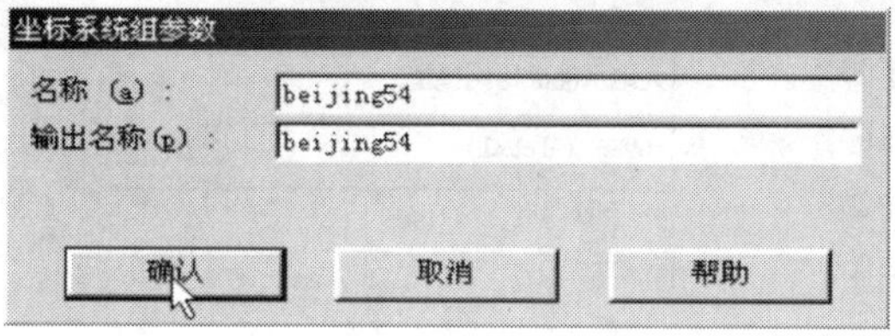

图4-7 增加坐标系统组参数

4.2.4 选择投影方式

单击"编辑→增加坐标系统→横轴默卡托投影"。

(1)选择beijing54坐标系统组,如图4-8所示。

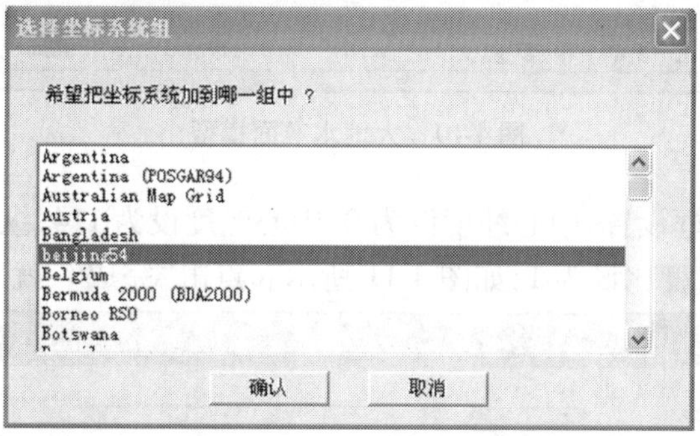

图4-8 选择坐标系统组

(2)投影带参数,基准名称选择beijing54,基准方法设为Molodensky,如图4-9所示,点击"下一步"。

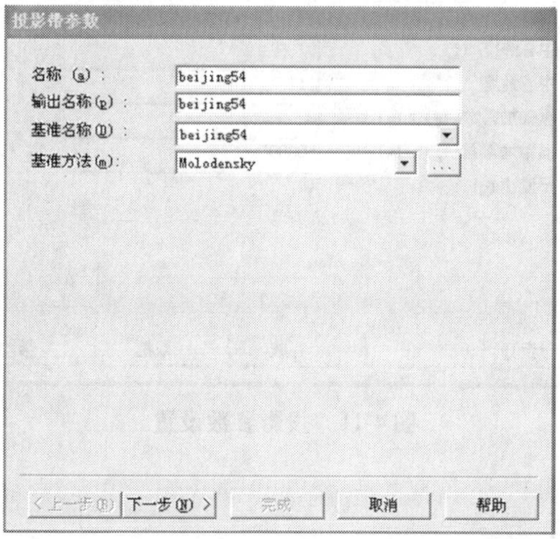

图4-9 投影带参数设置

(3)大地水准面模型如图 4-10 所示,点击“下一步”。

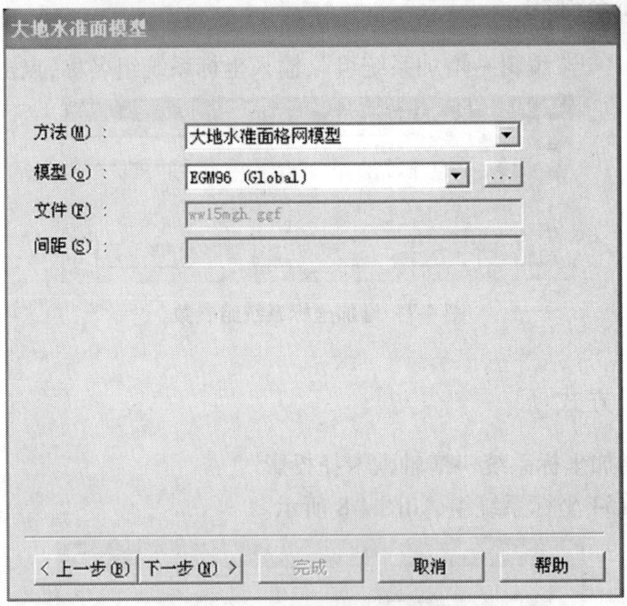

图 4-10　大地水准面模型

(4)进入投影对话框设置,中心纬度设为 0,中心经度设为 114,纵轴加常数设为 0,横轴加常数设为 500 000,尺度比设为 1,如图 4-11 所示。点击“完成”,就完成了坐标系统设置。

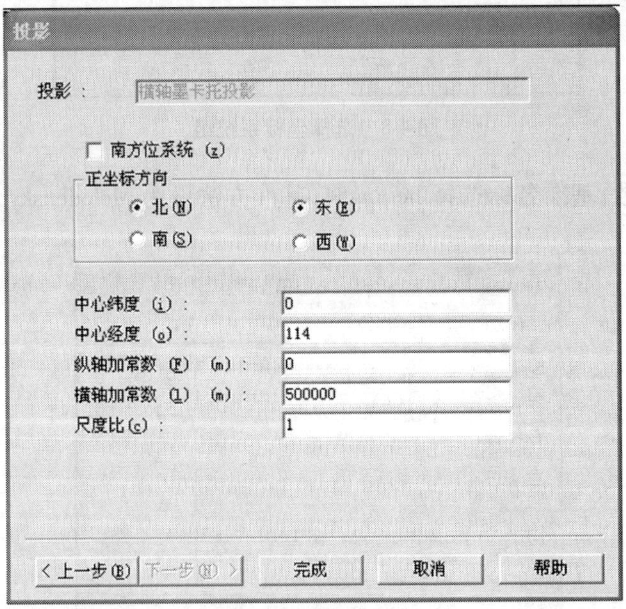

图 4-11　投影参数设置

4.2.5　保存坐标系统

点击工具栏的“保存”,保存建立的坐标系统,并退出坐标系统管理器,如图 4-12 所示。

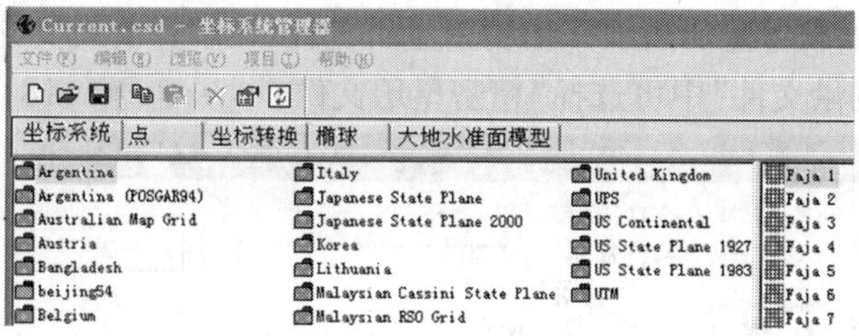

图 4-12　保存坐标系统管理器

4.3　新建项目

(1)执行“文件→新建项目”,输入项目名称,模板选 Metric(米制模板),点击“文件夹”设置项目存储路径,如图 4-13 所示。点击“确认”按钮。

模板类型中 DTMLink 是 DTM 数字高程模型,Metric 是米制模板,RoadLink 是公路设计模板,Sample Data 是例子模板,USFeet 是英制模板。

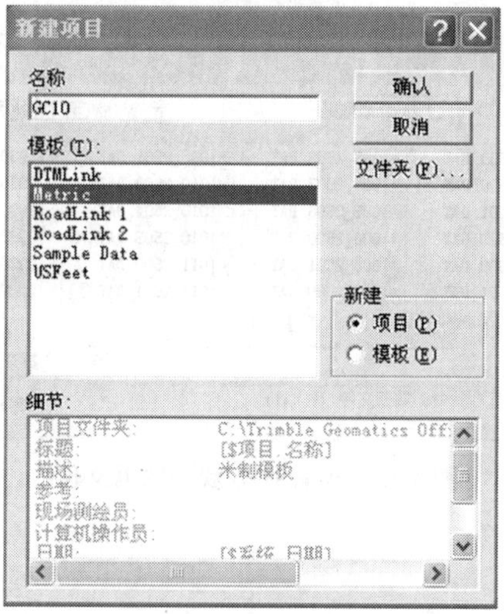

图 4-13　新建项目

(2)项目属性对话框,选择坐标系统项,点击坐标系统设置中的“改变”。选择坐标系统投影带名称为自己建立的 beijing54。依次点击“下一步”。

如果坐标系统设置在新建项目时没有改变坐标系统设置,选择“文件→项目属性”,或者点击项目栏内“项目→项目属性”。

4.4　导入数据

4.4.1　文件类型

TGO 软件支持 Trimble 型 GPS 接收机的数据形式,也即扩展名为. dat 的文件,也支持标准的 RINEX 格式,即国际通用的与接收机无关的 GPS 数据标准交换格式。

当解算长基线时,解算星历就要采用精密星历,所以在解算前就要先将精密星历文件导入项目中,在“其他测量文件”中可选择“精密星历文件(*. sp3, *. e18)”,如图 4-14 所示。

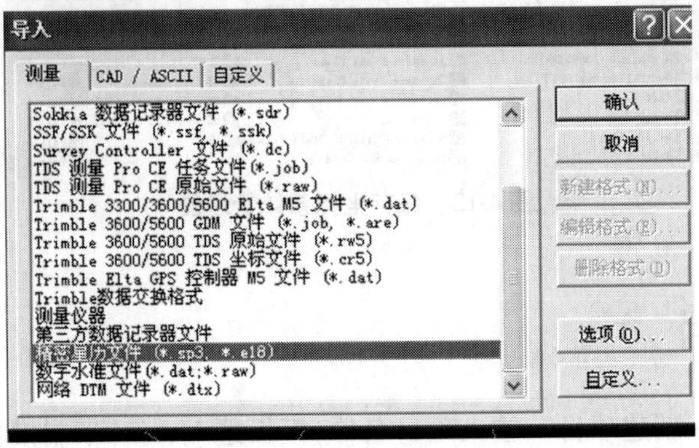

图 4-14　导入数据文件

单击项目栏下的“导入→DAT 文件”,选择数据所在路径,选中所有静态数据打开,如图 4-15所示。

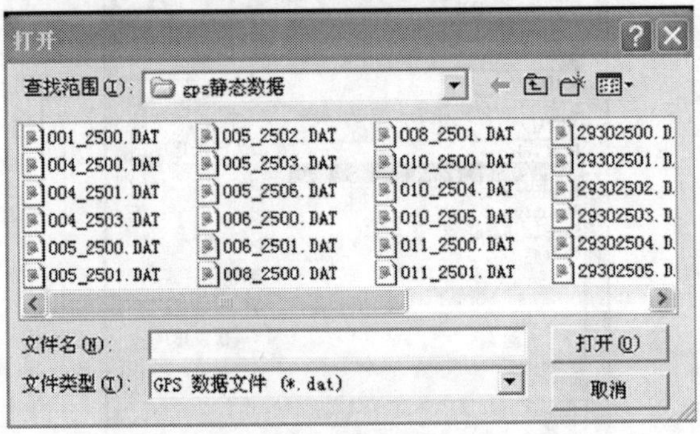

图 4-15　加载 GPS 观测数据文件

4.4.2　数据参数设置

(1)观测的时间不足 15 min 的数据记录将被禁止使用,具体的做法就是将“使用”栏内对钩去掉,如图 4-16 所示。

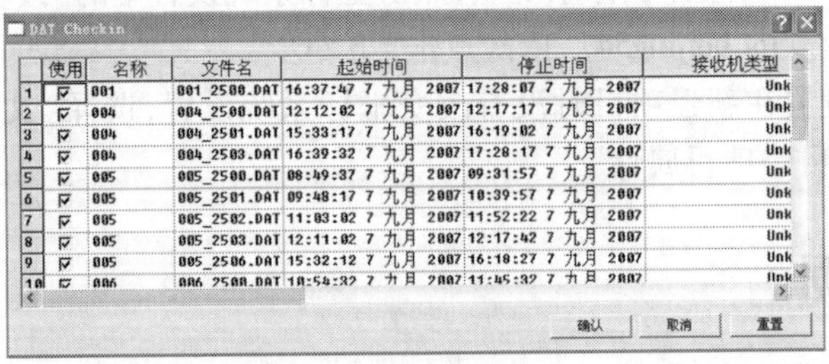

图 4-16　设置数据参数

(2)如图 4-16 所示,在“名称”栏中,对照外业观测记录手簿内容,并根据接收机开关机时间,检查点名与记录的是否一致。需要注意的是,当点位不变时,点名要唯一确定,否则就会出现错误。

(3)输入每站架设接收机的天线高度、天线类型和天线高的量取方法。这里需要提出的是,在外业观测时,如果天线高没有按正确方法进行量取,可能会导致 GPS 基线、独立环闭合差等信息出现问题。

TGO 内部支持一些天线类型,如果不能找到所使用的接收机的天线类型,就要手动加载天线配置文件,例如华测接收机 X90 天线在 TGO 中就不能找到,就要求读者手动加载华测接收机用 TGO 处理天线配置文件 Antenna. ini 和 receiver. ini 放到 C:\Program Files\Common Files\Trimble\Config 路径下。

数据导入项目内后,布网的图形(见图 4-17)显示出来后,点击右键选择"点标记",将名称前面对钩选中,则会显示每个点的点名。

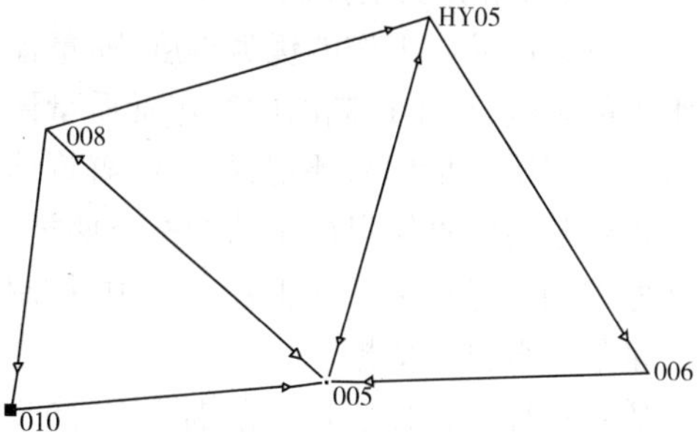

图 4-17 GPS 网

4.5 GPS 基线处理

基线解算是 GPS 静态相对定位数据后处理过程中的重要环节,其解算结果是 GPS 基线向量网平差的基础数据,其质量直接影响 GPS 静态相对定位测量的成果和精度。基线解算的基本流程如图 4-18 所示。

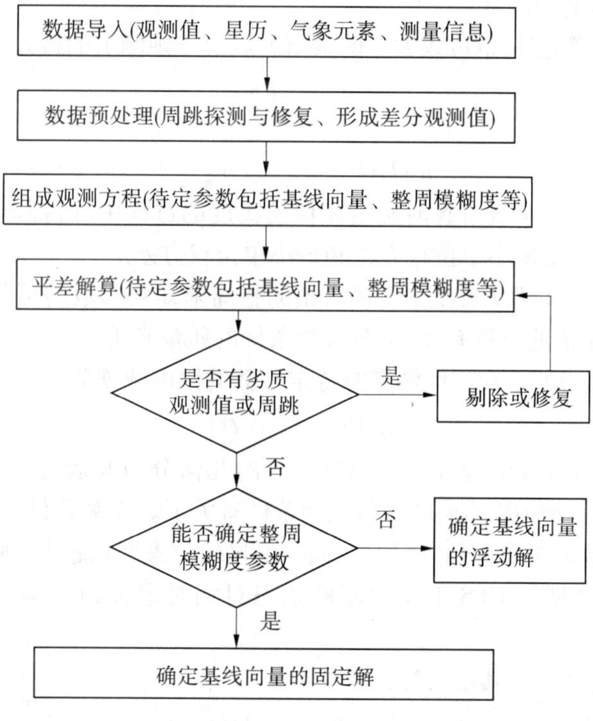

图 4-18 GPS 基线解算的基本流程

影响 GPS 基线解算精度的原因很多,也很复杂。概括起来,影响基线解算质量的因素有观测值的质量、观测的几何条件、卫星轨道数据的质量及数据处理的模型和方法等。基线解算的误差来源主要为 GPS 卫星星座误差、GPS 卫星信号传播误差及观测过程中产生的误差。

(1)基线解算质量控制指标。

质量是产品或工作的优劣程度,质量控制是一种用来确保生产出来的产品保持符合规定水平的系统,质量控制的内容包括质量评定与质量改善两个方面。基线解算结果的质量通过一系列质量指标来评定,而基线解算结果质量的改善则通过基线的精化处理来实现。

评定基线解算结果质量的指标有两类:一类是基于测量规范的控制指标,另一类是基于统计原理的参考指标。在工程应用中,控制指标是必须满足的条件,而参考指标则不作为判别质量是否合格的依据。

质量的控制指标包括数据剔除率、同步环闭合差、异步环闭合差、重复基线较差、网无约束平差基线向量残差等。具体内容参见第 1 章 1.1.7 GPS 控制网精度指标与数据处理。下面主要介绍质量的参考指标。

(2)质量的参考指标。

①单位权方差。单位权方差也被称为参考方差,其定义为:

$$\hat{\sigma}_0 = \sqrt{\frac{V^{\mathrm{T}}PV}{f}} \tag{4-1}$$

式中 V——观测值的残差;

P——观测值的权阵;

f——多余观测值的数量。

当观测值的权阵确定时,单位权方差的数值就取决于观测值的残差。从总体上看,残差越大,其数值也越大。

②*RATIO*。

$$RATIO = \sigma_{次最小} / \sigma_{最小} \tag{4-2}$$

式中 $\sigma_{次最小}$、$\sigma_{最小}$——在基线解算时确定相位模糊度的过程中,由备选模糊度组所得到的次最小单位权方差和最小单位权方差。

显然,$RATIO \geqslant 1.0$,*RATIO* 反映了所确定出的整周未知数参数的可靠性,这一指标取决于多种因素,既与观测值的质量有关,又与观测条件的质量有关。

③*RDOP*。*RDOP* 指的是在基线解算时待定参数的协因数阵的迹($\mathrm{tr}(Q)$)的平方根,即

$$RDOP = \sqrt{\mathrm{tr}(Q)} \tag{4-3}$$

RDOP 值的大小与基线位置和卫星在空间中的几何分布及运行轨迹(即观测条件)有关,当基线位置确定后,*RDOP* 的值就只与观测条件有关了。观测条件是指观测期间的卫星星座及其变化,卫星数量越多、分布越均匀、同一卫星的位置变化越大,观测条件就越好。

RDOP 反映了观测期间 GPS 卫星星座的状态对相对定位的影响,不受观测值质量的影响。

④观测值残差的 *RMS*。其定义为:

$$RMS = \sqrt{\frac{V^{\mathrm{T}}V}{n}} \tag{4-4}$$

式中　V——观测值的残差；

n——观测值的总数。

由 RMS 的定义可知，从整体上看，RMS 的大小与残差的大小有着直接的关系，残差的大小与观测值和计算值均有关系，而计算值的精度与观测值的质量和观测条件有关。RMS 是一个内部精度（内符合精度）指标，RMS 小，内符合精度高，RMS 大，内符合精度低。当然，从上面的分析也可以看出，RMS 与结果质量是有一定关系的，当结果质量不好时，RMS 会较大，但反过来却不一定成立。在测量中，RMS 的大小并不能最终确定成果的质量，只可作为参考。

（3）影响 GPS 基线解算结果的因素。

①基线解算时所设定的起点坐标不准确。起点坐标不准确，会导致基线出现尺度和方向上的偏差。

②少数卫星的观测时间太短，导致这些卫星的整周未知数无法准确确定。

当卫星的观测时间太短时，会导致与该颗卫星有关的整周未知数无法准确确定，而对于基线解算来讲，对于参与计算的卫星，如果与其相关的整周未知数没有准确确定的话，就将影响整个观测。

③在整个观测时段内有个别时间段里周跳修复不完善。

④在观测时段内多路径效应比较严重，观测值的改正数普遍较大。

⑤对流层或电离层折射影响过大。

对于影响 GPS 基线解算结果的因素，有些是较容易判别的，如卫星观测时间太短、周跳太多、多路径效应严重、对流层或电离层折射影响过大等；但对于另外一些因素却不容易判断，如起点坐标不准确等。

（4）影响基线解算结果的判定方法。

①起点坐标不准确对基线解算质量造成的影响，目前还没有简便的判别方法，因此在实际工作中，要尽量提高起点坐标的准确度，以避免这种情况发生。

②对于卫星观测时间太短的问题比较容易判断。只要查看观测数据的记录文件中每个卫星观测数据的数量就可以了，在 GPS 数据处理软件中也可以查看卫星的可见性图。

③对于卫星观测值中周跳太多的情况，可以通过基线解算后所获得的观测值残差来分析。目前，大部分的基线处理软件一般采用双差观测值，当在某测站对某颗卫星的观测值中含有未修复的周跳时，与此相关的所有双差观测值的残差都会出现显著的整数倍的增大。

④对于多路径效应、对流层或电离层折射影响的判别，也可以通过观测值残差来进行。不过与整周跳变不同的是，当路径效应严重、对流层或电离层折射影响过大时，观测值残差不是像周跳未修复那样出现整数倍的增大，而只是出现非整数倍的增大，一般不超过 1 周，但却又明显大于正常观测值的残差。

（5）基线的精华处理方法。

①基线起点不准确的问题，可以在进行基线解算时使用坐标准确度较高的点作为基线解算的起点，较为准确的起点坐标可以通过进行较长时间的单点定位或通过与 WGS－84 坐标系中较准确的点联测得到；也可以采用在进行整网的基线解算时，所有基线起点的坐标均由一个点坐标衍生而来的方法，使得基线结果均具有某一系统偏差，然后在 GPS 网平差处理时用引入系统参数的方法加以解决。

②对于某颗卫星的观测时间太短,则可以删除该卫星的观测数据,不让它参加基线解算,这样可以保证基线解算结果的质量。

③对于周跳问题,可采用在发生周跳处增加新的模糊度参数或删除周跳严重的时间段的方法,来尝试改善基线解算结果的质量。

④对于多路径效应往往造成观测值残差较大,可以通过缩小编辑因子的方法来剔除残差较大的观测值,也可以采用删除多路径效应严重的时间段或卫星的方法。

⑤对于对流层或电离层折射影响过大的问题,可以使用下列方法:提高卫星高度截止角,剔除易受对流层或电离层影响的低高度角观测数据,这种方法具有一定的盲目性,因为高度角越低的信号,不一定受对流层或电离层的影响就越大;分别采用模型对对流层和电离层的延迟进行改正;如果观测值是双频观测值,可以使用消除了电离层折射影响的观测值来进行基线解算。

4.5.1 GPS 基线处理形式

在处理 GPS 基线前,要先设置 GPS 基线处理形式,单击"测量→GPS 处理形式",打开"GPS 基线处理形式"对话框,如图 4-19 所示。

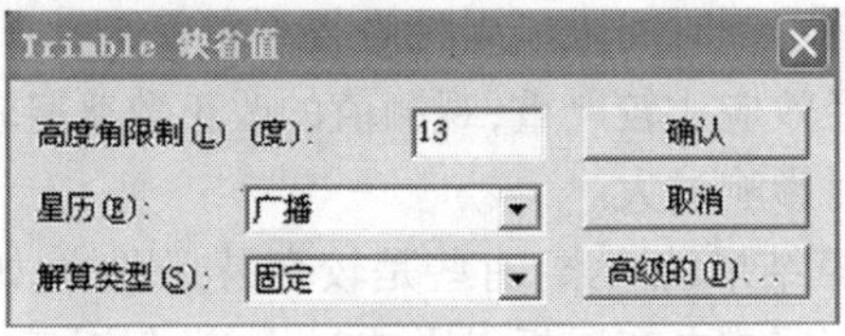

图 4-19 "GPS 基线处理形式"对话框

4.5.1.1 卫星高度截止角

编辑此处设置 GPS 基线解算的最小卫星高度角。此设置越过用于野外采集的观测数据的卫星高度截止角。缺省值是 13°。

4.5.1.2 星历

从此列表中选择解算基线所用的星历类型。

(1)广播星历,对于大多数情况,是缺省值。广播星历由每一颗卫星周期性地发送,一般以小时为单位发送。星历包括了卫星的轨道参数。

(2)精密星历可以改善基线的精度。精密星历可以帮助用户获得长基线的固定模糊度解。使用此选项,一般要将精密星历文件导入到项目中。

使用精密星历进行基线解算,导入到项目中的精密星历必须包括处理的数据的早于和晚于时间间隔 SV 位置的至少 8 项设置。因为大多数的精密星历每 15 min 提供一次 SV 位置,这就意味着用户必须拥有比测量时间的开始和结束分别多出 2 h 的精密星历。如果测量开始的时间在 0:00UTC 左右,用户必须将 2 d 的精密星历数据结合以保证适当的覆盖。

精密星历文件包括了所有卫星整周的信息。然而,当前最普通可用的文件仅包括 1 d 的数据。精密星历文件可以以 SP3 和 EF18 格式获得。

精密星历文件可从美国大地测量局(NGS)、欧洲定轨中心(CODE)、欧空局(ESA)、Scripps Institute Observatory(SIO)、加拿大能源部(EMR)、美国宇航局的喷气动力实验室(JPL)、美国海洋气象局(USNO)等机构获得。

4.5.1.3　**解类型**

从此列表选择基线处理器的最终通过的解类型。

4.5.2　基线处理

单击项目栏下的“处理→处理 GPS 基线”,处理 GPS 基线。处理完毕可以看到基线长度、解算类型、比率、参考变量、均方根误差等因子,如图 4-20 所示。

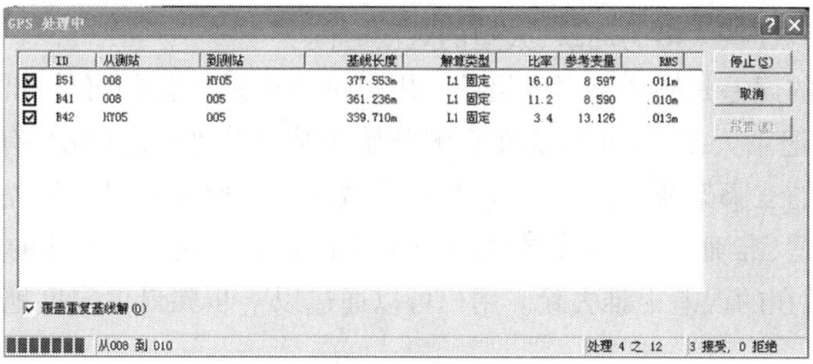

图 4-20　基线处理界面

基线长度:基线的斜距,也即平面中与两测点间的垂直距离差(坡度)平行的距离。

解算类型:解的类型有 L1 固定解、L1 浮动解、无电离层影响固定解、无电离层影响浮动解。解算结果需要获取固定解,否则要重新处理。

比率:用于评价最好与次好基线解间的差异关系(仅用于固定解),一般要求大于 3,越小越好。

参考变量:基线解的实际误差与期望误差的关系。一般要求小于 5,越小越好。

注:总是一起评价比率和参考方差。低比率、高参考方差的基线应该进一步进行分析。

RMS(均方根误差):是根据卫星距离观测值的测量噪声来表示的解的质量,它与卫星的几何位置无关。均方根越小越好。

勾选处表示这些基线结果将被保存,缺省情况下由软件根据内控指标(在 GPS 处理形式中的“Quality”(质量)中设置)来确定,但处理人员也可根据需要来修改。

基线解算完成后点击“保存”按钮保存 GPS 基线处理结果。若软件发现处理结果中存在异常,将显示信息,用户可以查看报告,报告内容仅供参考,不应作为判断基线是否合格的依据。

4.5.3　TGO 软件基线处理结果

基线处理完成后,测量视图中地图的基线将改变颜色,以表明处理结束。在一条或多条基线上也可以有红色警告标志。每条基线的单行总结显示在 GPS 处理对话框中。

基线处理接受的三个等级为通过、标志和失败。

通过:基线符合指定活动处理形式中的验收标准。使用检查框为这些基线所选择,并且不产生红色警告标志。

标志:一个或一个以上的基线质量指示器不符合通过状态标准集,但还未坏到失败状态。这些基线应该更密切地检验,以查看它们与网的拟合程度。使用检查框为这些基线所选择,并产生红色警告标志。

失败:一个或一个以上的基线质量指示器不符合通过或标志的标准集。

质量差的 GPS 处理结果可能是由下列问题引起的:

(1)野外工作失误,例如错误的测量天线高、错误的测站名或对中误差。

(2)矛盾的接收机设置,例如同步率、SVs 开启或禁用或数据格式。

(3)最低要求的数据采集,例如观测的卫星数目太少、太高的 *PDOP* 值、太多的卫星低于高度角、多路径效应、太多的周跳、太短的观测时间。

第一类潜在的误差是操作错误或粗差。用户可以通过严密的野外观测程序减少粗差。以英尺和米测量记录天线高,并且要在观测开始和结束分别记录两次,有助于消除测量误差。使用固定高的三脚架减少读尺误差,避免移数误差。野外记录的测站名、位置、观测时间和天线高要清楚、准确,当处理数据时,这些对于问题的解决非常有帮助。

第二、三类潜在的误差很难去除。用户可以通过以下步骤最大限度地改进 GPS 测量结果的准确度。

4.5.4 改善质量方法

(1)使用 Timeline 编辑数据。Timeline 中的黑红色线条代表载波相位观测值,其中有一些突起部分或间断部分即为周跳,如图 4-21 所示。对于含有周跳的部分,可使用左键框起后,在框中点击右键,在弹出的菜单中选择“禁止”命令,不允许此数据参与解算。在观测很短时间就消失的卫星要去掉,刚开始出现的前一部分也可去掉。

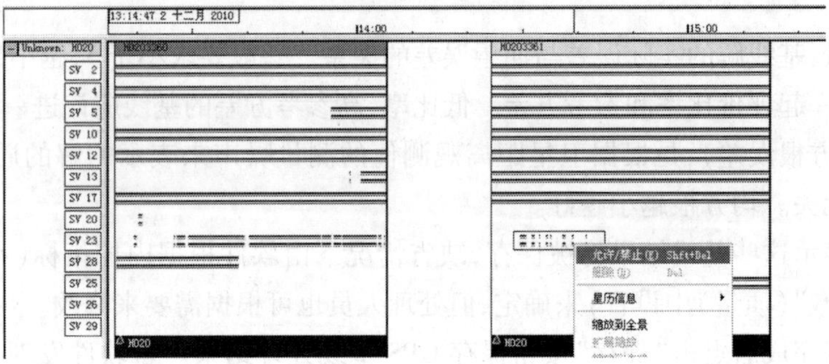

图 4-21　时间 Timeline

对于一些突起部分,使用左键框起,然后点击右键禁止使用,不允许此数据参与解算;在观测很短时间就消失的卫星要去掉,刚开始出现的前一部分可去掉。

(2)基线处理完后可点击每一条基线,查看基线解算报告(见图 4-22),主要查看未固定基线的共用卫星图、卫星残差等。对于卫星残差大的卫星,可从 Timeline 里将该卫星数据部分删除。

残差一般分布相位中线呈正弦曲线(见图 4-23),若分布比较离散,则说明此颗卫星信号质量差,删除此卫星。

基线解算完成后,需要根据重复基线较差、环闭合差和网无约束平差等结果来检查基线解算结果质量。如果有基线不满足质量要求,则需要采用新的解算策略重新解算这些基线或者返工重测。

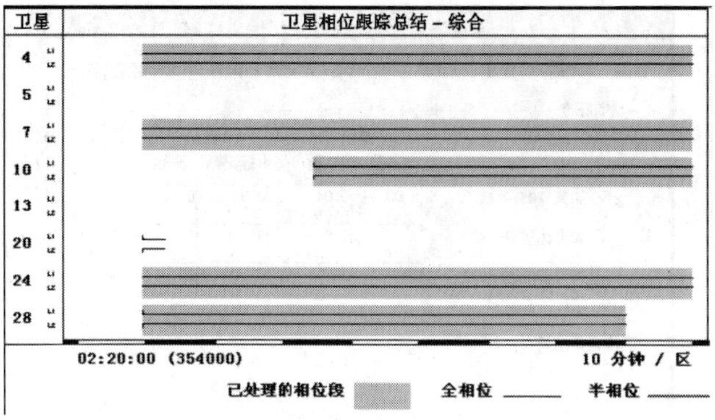

图 4-22　卫星相位跟踪

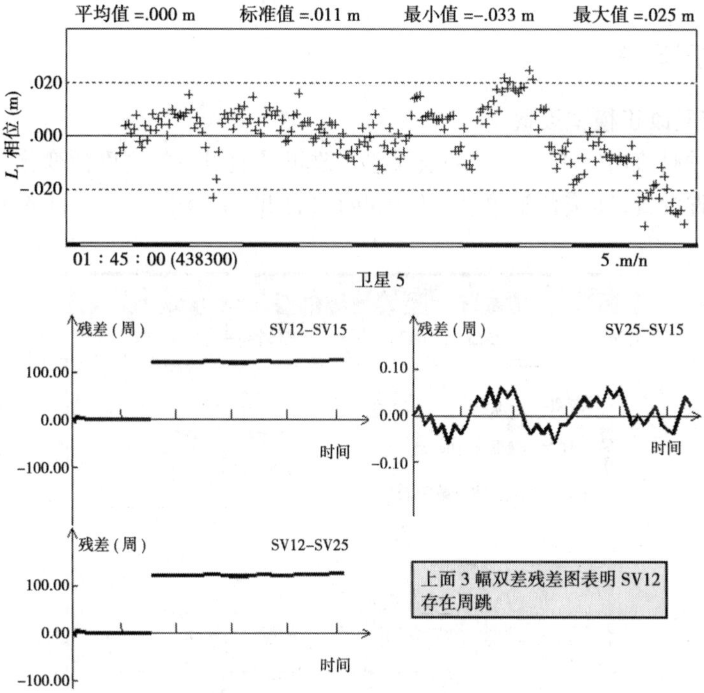

图 4-23　含有周跳的卫星判别

4.6　TGO 基线精化处理

GPS 基线处理形式主要是改变卫星高度截止角、电离层模型改正方式、对流层天顶延迟等。质量控制只作为了解判断基线结果的辅助信息。

4.6.1　设置编辑因子

在 TGO 中可在 GPS 处理形式中设置编辑因子，若观测值残差大于编辑因子与观测值标准差的乘积，则将被剔除。缺省值为 3.5（见图 4-24），不建议对此进行修改。

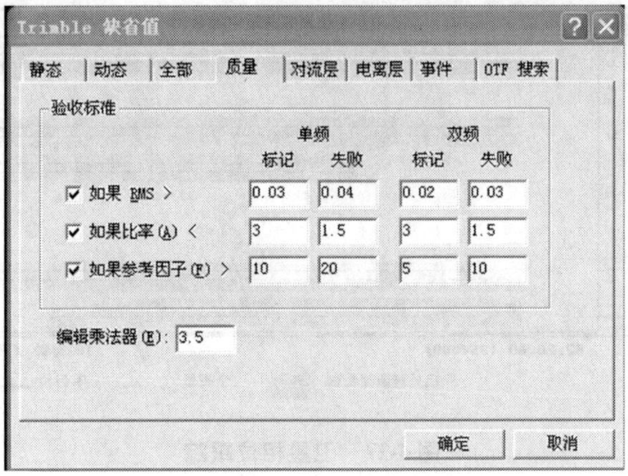

图 4-24　基线处理形式

4.6.2　对流层设置

4.6.2.1　对流层改正模型设置

当信号通过对流层时引入模型补偿误差。改正量随卫星的高度而变化。对流层改正模型通常采用缺省设置,即霍普尔德模型(Hopfield),如图 4-25 所示。估计的天顶延迟间隔缺省值为 0。

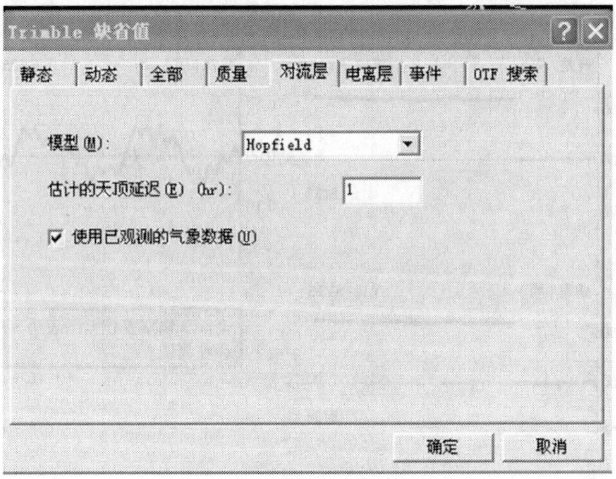

图 4-25　对流层设置界面

4.6.2.2　估计天顶延迟间隔

编辑此域定义一个以小时为单位的天顶延迟间隔常量。小时数必须以整数形式输入。推荐的最小估计间隔是 1 h。缺省的是 2 h。0 h 导致没有天顶延迟估计。如果不使用对流层改正模型,此域是不可用的。

天顶延迟估计间隔确定了在估计天顶方向的对流层延迟参数化的方法。间隔小,对流层描述精细,但估计困难;间隔大,对流层描述粗糙,但估计容易。具体间隔需权衡,由处理结果来确定。一般将该值改大,但并非是将该值改大就能改善结果,有时可能需要改小,具体采用何种方法,应由处理结果来确定。

改变对流层处理策略后，该基线的处理结果改善明显。

4.6.3 电离层折射延迟处理策略

在进行基线解算时，TGO 会根据基线长度决定采用何种类型的观测值进行基线解算。在确定模糊度阶段，当基线长于软件设置的值时，将采用 Iono-free（无电离层）组合观测值，否则采用原指定的观测值，也即缺省为 L_1 载波相位。

在确定最终基线解算结果阶段，当基线长于软件设置的值时，将采用 Iono-free（无电离层）组合观测值，否则采用原指定的观测值，也即缺省为 L_1 载波相位。电离层设置界面如图 4-26所示。

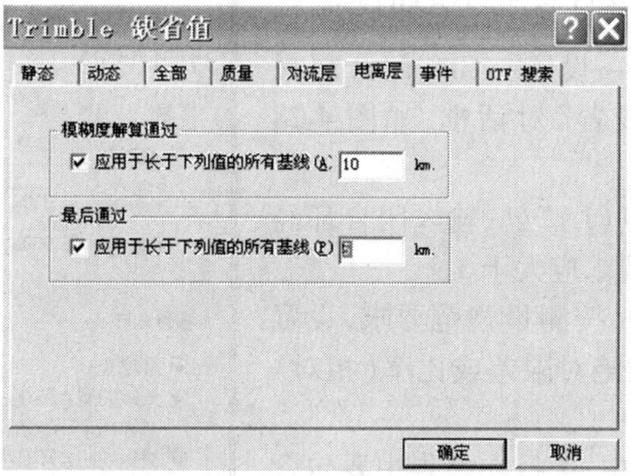

图 4-26　电离层设置界面

数据设置完成后查看基线残差。

4.6.4 全部对话框

可修复的最大周跳（单位为 s）决定周跳的处理方法，当信号中断时间不超过可修复最大周跳时，采用修复的方法处理周跳；反之，则采用增加模糊参数的方法处理周跳。当可修复的最大周跳设置为 0 时，可强制软件采用增加模糊参数的方法来处理周跳。全部设置界面如图 4-27所示。

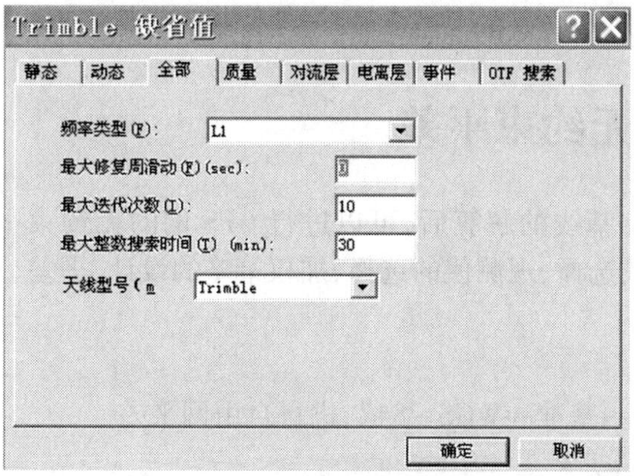

图 4-27　全部设置界面

4.7 GPS 基线环的闭合差

基线处理完成后,要进一步检查 GPS 网中各观测量的质量或错误,可以计算环的闭合差并查阅 GPS 基线环的闭合差报告。GPS 基线环闭合差报告可以用于判断网中一组 GPS 观测值的质量。可以用它检查基线处理结果中的错误,但要生成环闭合差,必须先进行网的设计,使之具有闭合的几何数据。在这种情况下,TGO 软件就会自动生成所有可能的闭合环,并作出 GPS 基线环闭合差报告。

4.7.1 设置闭合环报告要显示的信息

单击菜单栏"报告→设置→GPS 闭合环报告",显示"环闭合差设置"对话框,如图 4-28 所示。

(1)在"闭合环节点(L)"处,输入闭合环经过的节点个数,按规范要求应大于 3。

(2)在"限差"组中,按测量规范要求,设置水平方向和垂直方向的绝对限差或比率(相对)限差。

(3)在"报告章节"中,选择在报告中要包含的内容。

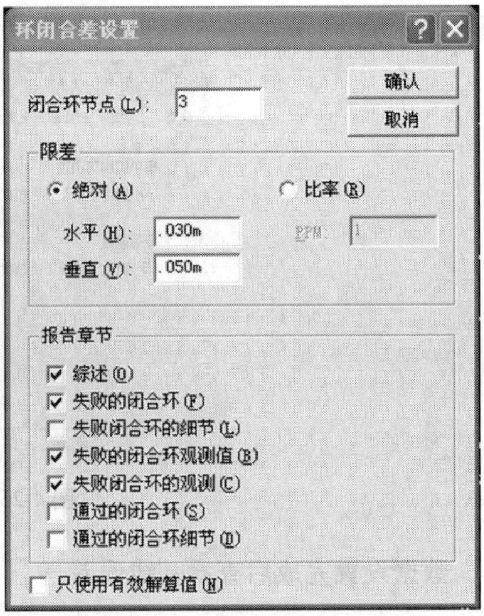

图 4-28 "环闭合差设置"对话框

4.7.2 显示 GPS 环的闭合差报告

单击菜单栏"报告→GPS 闭合环报告",显示 GPS 环的闭合差报告。在"总结"中,超限环的个数应该是 0,否则阅读失败闭合环的细节,判断共同的不良基线或误差较大的基线。

4.7.3 再处理

对闭合环所识别出的不良基线进行再处理或舍去。计算所有选择的基线的环闭合差,直到没有不合格的环。

4.8 GPS 网的无约束平差

在完成部分或所有基线的解算后,可以进行 GPS 网的无约束平差。进行平差的步骤为:基准选择、平差形式选择、观测值的选择、加权策略的设计、平差、平差报告等。

4.8.1 基准选择

单击菜单栏"平差→基准→WGS-84",进行自由网平差。

4.8.2 平差形式选择

在菜单栏选择"平差→平差形式"。一般默认选择为:95% 置信界限。选择编辑键,进入“95%置信界限”对话框，如图4-29所示。

若需要进行有关正常高/正高方面的处理，则需要选择“与水准面模型的相关性计算”。实际上，即使不进行有关正常高/正高方面的处理，也可以选择此项，如图4-30所示。

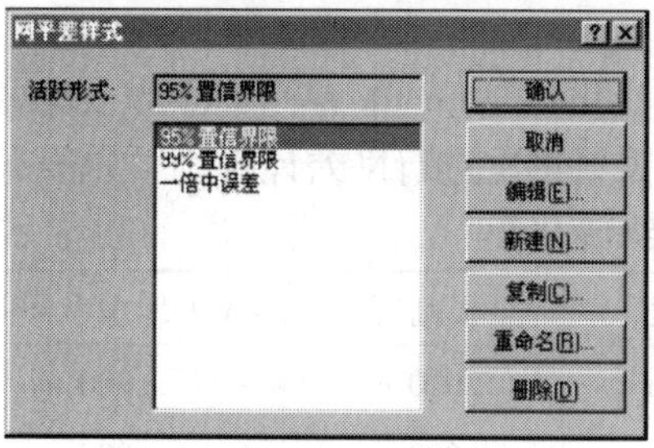

图4-29　网平差样式

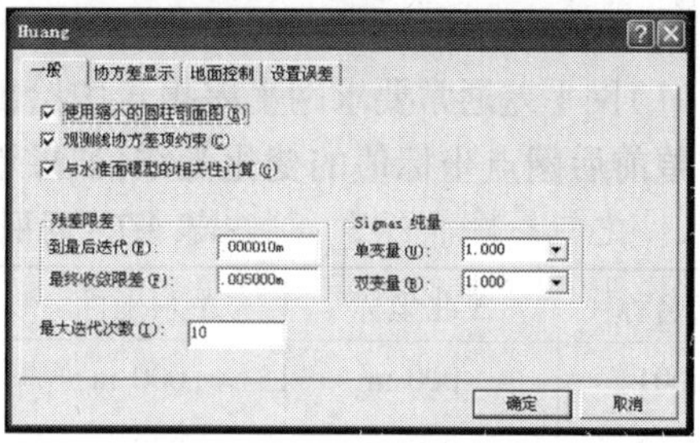

图4-30　设置平差方式

设置误差中可以根据实际情况设置仪器的安置误差，安置误差包括天线高度误差、对中误差。这些值可以不设置，若设置，则数值不能过大，通常为1~3 mm，具体数值应根据外业观测时的实际情况来判定。

4.8.3　观测值的选择

选择菜单“平差”下的“观测值”功能，可以选择参与网平差的观测值。用户可以在此对话框中选择或剔除参与网平差的基线向量。

4.8.4　加权策略的设计

选定“加权策略”菜单项，设置进行网的无约束平差时所采用的观测值定权方法，如图4-31所示。

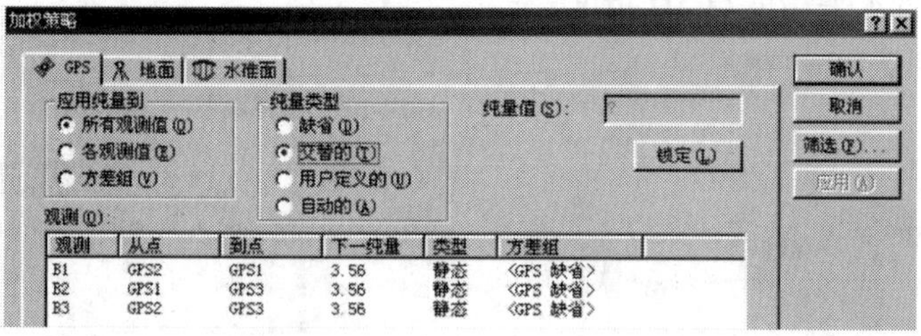

图4-31　加权策略

(1)“应用纯量到”框内设置应用缩放因子的方法。其中“所有观测值(O)”是指按同一比例共同调整，“各观测值(E)”是指每一观测值分别调整，“方差组(V)”是指按方差组调整。通常选“所有观测值”。

(2)“纯量类型”框内设置缩放的方法。“缺省(D)”是指不进行缩放，“交替的(T)”是指利用前面的结果进行缩放，“用户定义的(U)”是指用户指定缩放比例，“自动的(A)”是指软件自动确定缩放比例。最常用的是“自动的(A)”。

4.8.5　平差

点击菜单栏“平差→平差”，或者按F10键，进行约束平差。

4.8.6 平差报告

点击菜单栏“平差”下的“平差报告”。网平差报告生成后，就可以进行 GPS 网测量成果的质量控制。

(1)网平差通常要求网平差报告中给出的“坐标变化量”(Coordinate Deltas)(见表 4-2)，即平差前后网点坐标值的变化为零，如果不为零，则需要再次进行平差计算。

表 4-2 网平差报告中坐标变化量

点名称	Δ北坐标	Δ东坐标	Δ高程	Δ高度	Δ大地水准面差距
0001	.000 m	.000 m	.000 m	.000 m	.000 m
0003	.000 m	.000 m	.000 m	.000 m	.000 m
H019	.000 m	.000 m	.000 m	.000 m	.000 m
H051	.000 m	.000 m	.000 m	.000 m	.000 m

(2)在“平差后的观测值”(Adjusted Observations)部分(见图 4-32)，给出了基线向量观测值的残差和精度，根据这些数值，可以判断基线向量观测值质量的优劣。其中“方向角”是指基线方位角的残差，“Δ高度”是指基线大地高差的残差，“距离”是指基线距离的残差。在“观测 ID”列中有可能出现红色的旗子标志，工程应用中，红色警告标志仅供参考，不作为判断基线质量的标准。

重点分析基线的残差(Residual)，确定未超出规范的相应要求，一般不超过 3σ，σ 为规范中规定的基线长度标准差。

(3)在“协方差项”(Covariant Terms)部分(见图 4-33)，给出了相邻点的后验误差和相对精度。重点要看水平精度与 3D 精度。

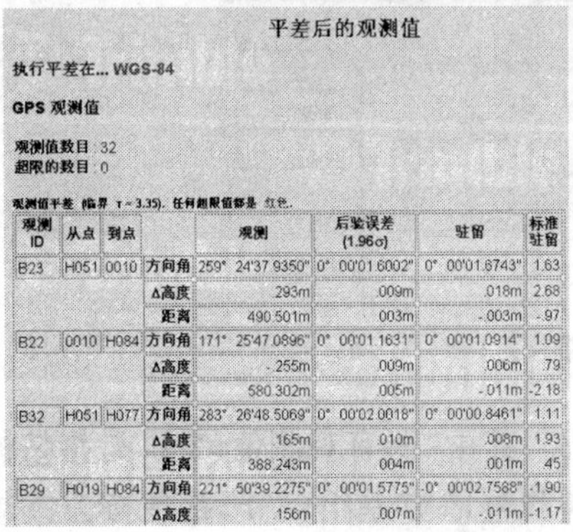
平差后的观测值

执行平差在... WGS-84

GPS 观测值

观测值数目 32
超限的数目 0

观测值平差 (临界 τ=3.35)。任何超限值都是 红色。

观测 ID	从点	到点		观测	后验误差 (1.96σ)	驻留	标准驻留
B23	H051	0010	方向角	259° 24'37.9350"	0° 00'01.6002"	0° 00'01.6743"	1.63
			Δ高度	.293m	.009m	.018m	2.68
			距离	490.501m	.003m	-.003m	-.97
B22	0010	H084	方向角	171° 25'47.0896"	0° 00'01.1631"	0° 00'01.0914"	1.09
			Δ高度	-.255m	.009m	.006m	.79
			距离	580.302m	.005m	-.011m	-2.18
B32	H051	H077	方向角	283° 26'48.5069"	0° 00'02.0018"	0° 00'00.8461"	1.11
			Δ高度	.165m	.010m	.008m	1.93
			距离	368.243m	.004m	.001m	.45
B29	H019	H084	方向角	221° 50'39.2275"	0° 00'01.5775"	-0° 00'02.7588"	-1.90
			Δ高度	.156m	.007m	-.011m	-1.17

图 4-32 平差报告中平差后的观测值

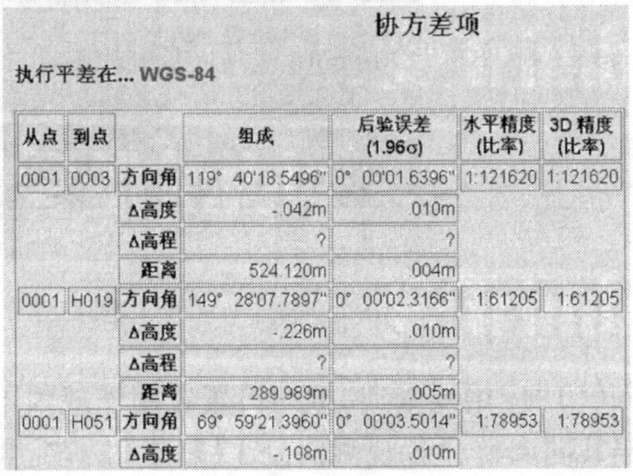
协方差项

执行平差在... WGS-84

从点	到点		组成	后验误差 (1.96σ)	水平精度 (比率)	3D 精度 (比率)
0001	0003	方向角	119° 40'18.5496"	0° 00'01.6396"	1:121620	1:121620
		Δ高度	-.042m	.010m		
		Δ高程	?	?		
		距离	524.120m	.004m		
0001	H019	方向角	149° 28'07.7897"	0° 00'02.3166"	1:61205	1:61205
		Δ高度	-.226m	.010m		
		Δ高程	?	?		
		距离	289.989m	.005m		
0001	H051	方向角	69° 59'21.3960"	0° 00'03.5014"	1:78953	1:78953
		Δ高度	-.108m	.010m		

图 4-33 协方差项

注意：如果是标准的北京 54 坐标系或西安 80 坐标系，接下来的流程继续做；如果不是标准的北京 54 坐标系或西安 80 坐标系，而是当地自由坐标系，按 4.9 的流程进行点校正。

4.9 GPS 网的约束平差

完成网的无约束平差后，如果各项质量指标达到要求，就可以开始进行 GPS 网的约束平差。

如果作业选择的坐标系统是标准的北京 54 坐标系、西安 80 坐标系或国家大地坐标系,GSP 网无约束平差后要进行约束平差。

(1)选择当地投影基准。在菜单栏选择“平差→基准选择→投影基准(P)-beijing54”。

(2)加载水准面模型。选择“平差→观测值”,点击水准面后,点击“装载→确认”,如图 4-34所示。

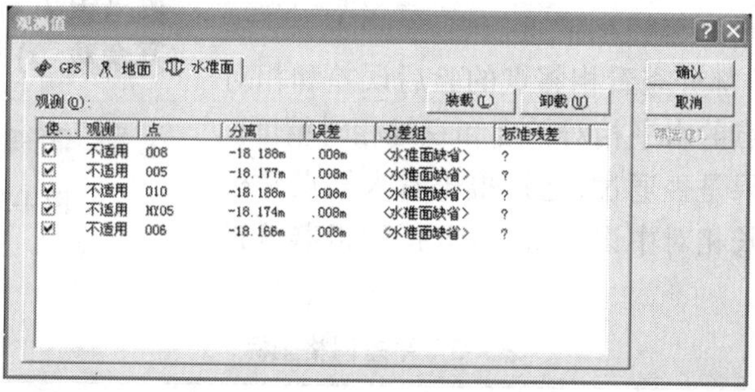

图 4-34　观测值

(3)加权策略。在无约束平差结束后,软件会自动将“纯量类型”参数设置成用户自定义的参数。在约束平差后,设置成为“用户自定义”。

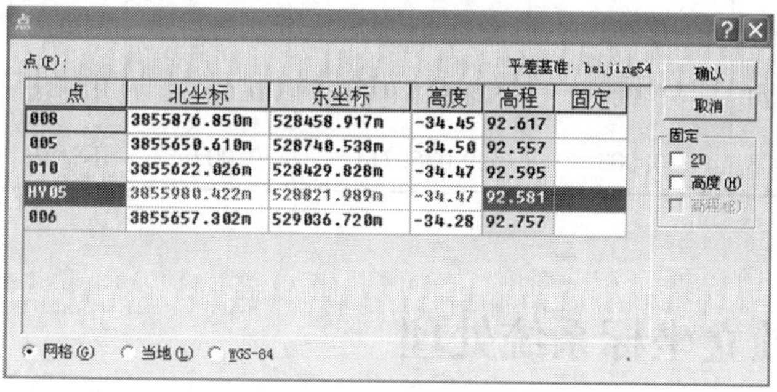

图 4-35　固定点坐标

(4)输入已知点坐标。点击“平差”下的“点”,如图 4-35 所示。对于平面坐标,固定至少 2~3 个点。而对于高程坐标,则要求更多的已知大地水准点。

在进行 GPS 网的约束平差或联合平差时,必须对起算数据的质量进行检验,在进行平差解算时,不是一次性固定所有已知点,而是逐步加以固定。首先固定一个已知点进行平差,将平差所得到的其他已知点坐标与已知值进行比较。由于 WGS－84 坐标系与当地坐标系间存在旋转和缩放,此时的坐标差异可能会达到分米级,但具有一定的系统性。然后增加一个固定点进行平差,同样将进行平差所得的其他已知点坐标与已知值进行比较,差异应该在厘米级。

(5)点击“平差”,进行网的约束平差。

(6)查看平差报告,若需要保留无约束平差的报告,需要在生成网的约束平差报告前进行备份,否则无约束平差的报告将被覆盖。分析网的平差报告,可以 GPS 网测量成果的质量控制。

①查看网平差报告中统计总结下面的 χ^2 检测是否通过,这个指标仅供参考(见

图 4-36)，不作为判断平差合格与否的依据。

②查看坐标变化，如表 4-2 给出的平差前后点的坐标变化量，如果此变化量不为零，需要再次点击“平差”，直到坐标变化量为零。

③约束平差与无约束平差对应基线向量的残差的差异应满足规范要求(不超过 2σ，σ 为规范中规定的基线长度标准差)。

④在“协方差项”部分查看相邻点的验后误差和相对精度，重点分析相邻点的水平相对精度和三维相对精度。

进行平差，看结果是否通过，通过报告看未知点坐标及坐标误差分量、边长相对中误差等，可选择编辑器编辑报告。

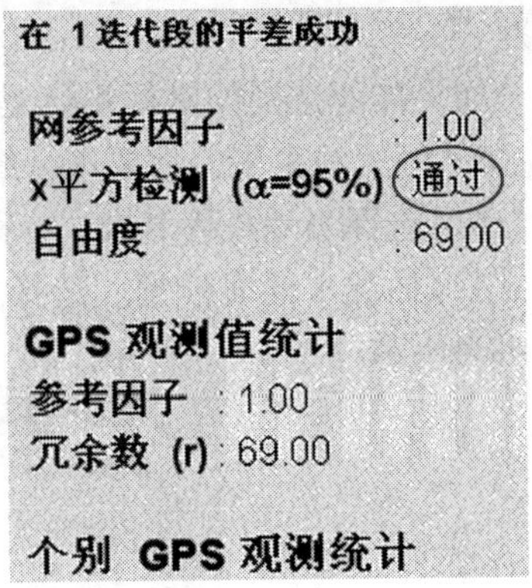

图 4-36 χ^2 检测

表 4-3 平差网格坐标

点名称	北坐标(m)	纵轴误差(m)	东坐标(m)	横轴误差(m)	高程	高程误差	固定
008	3 855 876.848	0.002	528 458.921	0.002	不适用	不适用	
005	3 855 650.612	0.001	528 740.537	0.003	不适用	不适用	北东
010	3 855 622.029	0.002	528 429.832	0.001	不适用	不适用	
HY05	3 855 980.419	0.000	528 821.987	0.000	不适用	不适用	北东
006	3 855 657.303	0.003	529 036.714	0.002	不适用	不适用	

4.10 地方独立坐标系统处理

当采用地方独立坐标系统，不知道椭球参数以及投影中央子午线时，应采用点校正的方法。一般情况下，当采用这种方法作业时，应该联测三个以上已知点且已知点基本覆盖控制网区域。

(1)处理方法参照上面叙述，其中项目属性内的坐标系统不需要改变，采用默认值，如图 4-37 所示。

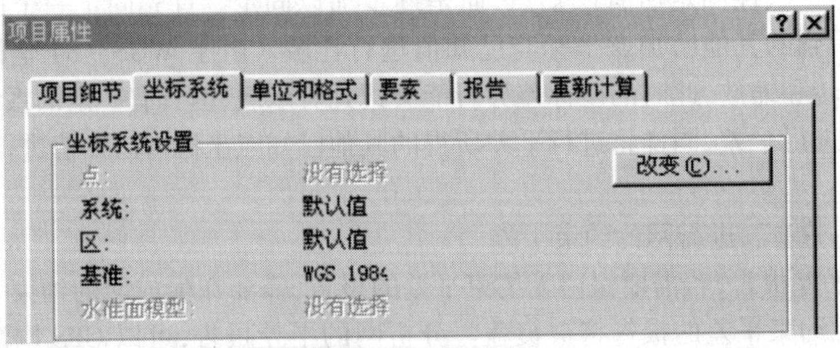

图 4-37 项目属性

(2)网的无约束平差完成之后,执行点校正:“测量→GPS 点校正”,如图 4-38 所示。一般情况下,在“更新缺省投影起点(U)”、“水平平差(H)”前画“√”;“设置比例尺为(F)”前不画“√”;让软件自动计算比例尺;如果高程也参与平差,在“垂直平差(V)”前画“√”。

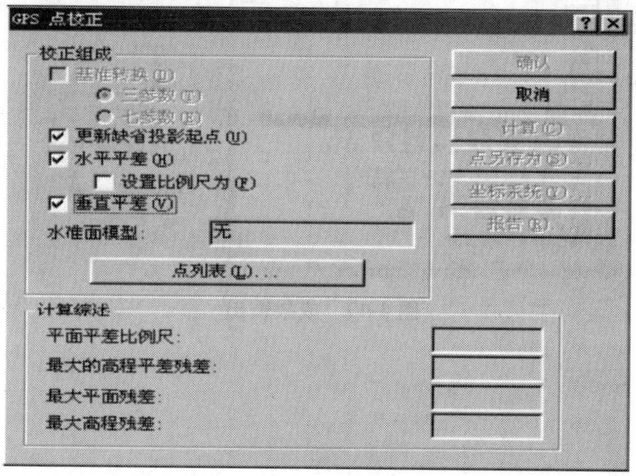

图 4-38 GPS 点校正

(3)点击“点列表”,GPS 点可通过鼠标在图上拾取,网格点即是已知点坐标,输入即可;点击“确认”,然后计算校正坐标,如图 4-39 所示。

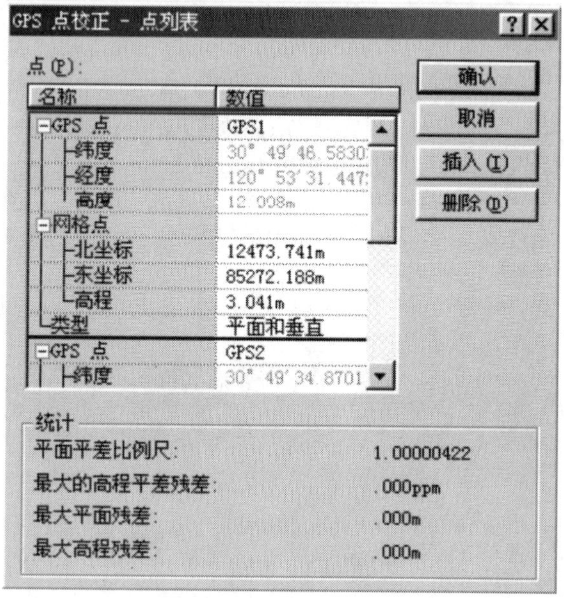

图 4-39 网平差样式点列表

(4)计算完成后,输出坐标成果。

4.11 成果输出

单击菜单栏“文件→导出→自定义”,如图 4-40 所示,或者单击项目栏下的“导入→自定义”。

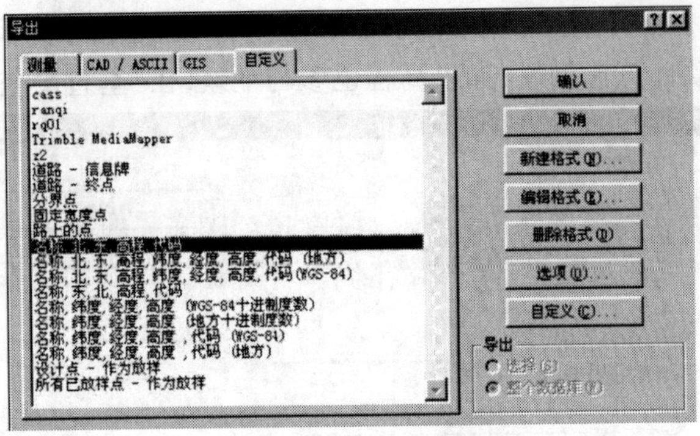
导出
测量
CAD / ASCII
GIS
自定义
cass
ranqi
rq01
Trimble MediaMapper
z2
道路 - 信息牌
道路 - 终点
分界点
固定宽度点
路上的点
名称,北,东,高程,纬度,经度,高度,代码 (地方)
名称,北,东,高程,纬度,经度,高度,代码 (WGS-84)
名称,东,北,高程,代码
名称,纬度,经度,高度 (WGS-84十进制度数)
名称,纬度,经度,高度 (地方十进制度数)
名称,纬度,经度,高度 ,代码 (WGS-84)
名称,纬度,经度,高度 ,代码 (地方)
设计点 - 作为放样
所有已放样点 - 作为放样
确认
取消
新建格式(N)...
编辑格式(E)...
删除格式(D)
选项(O)...
自定义(C)...
导出
选择(S)
整个数据库(W)

图 4-40　成果输出

第 5 章　华测静态数据处理软件

华测 GPS 数据处理软件即华测 Compass 软件,是全中文界面。该数据处理软件主要由静态基线处理、星历预报、项目管理、闭合差、网平差、成果输出、坐标系统管理及坐标转换等模块组成。

5.1　任务的建立

打开电脑"开始→程序→华测静态处理→静态处理软件"或者直接打开桌面上的快捷方式。把下载的数据统一放到一个文件夹下面,新建任务时直接选择此文件夹,并注意选择相应的坐标系统。一般选择北京 54 坐标系,如图 5-1 所示。

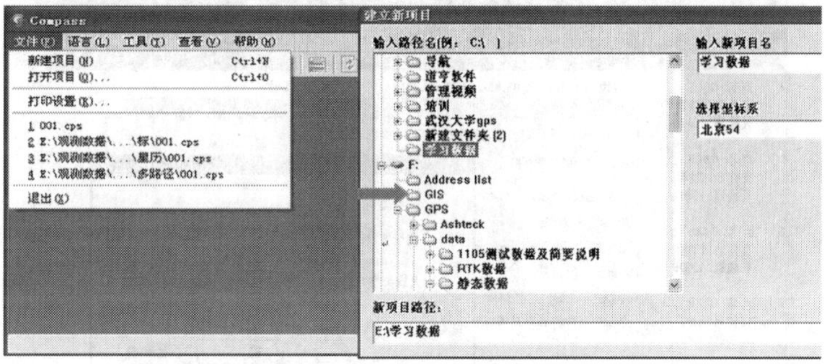

图 5-1　"新建项目"对话框

5.2　数据的导入

项目建完后,开始加载 GPS 数据观测文件。选择"文件"→"导入",Compass 可以导入如图 5-2 所示的多种格式的数据。软件除可以处理华测 GPS 接收机的数据外,还可以处理如 Trimble、Ashtech、Leica 等接收机的数据。

5.3　数据检查

数据导入后,检查相应点的点名、仪器高、天线类型等,对于有问题的数据,要及时更改。进行检查的目的是避免外业操作时的误操作。

如图 5-3 所示,如果用不同的 GPS 接收机进行联测,就要单独修改天线类型,对于没有的天线类型,在 GPS 天线管理器里添加相应的天线类型,并输入相应的天线参数,如相位中心高、天线半径等。

通过"检查"→"观测文件检查",对于里面个别点,点名命错等就可以查出来,重新命

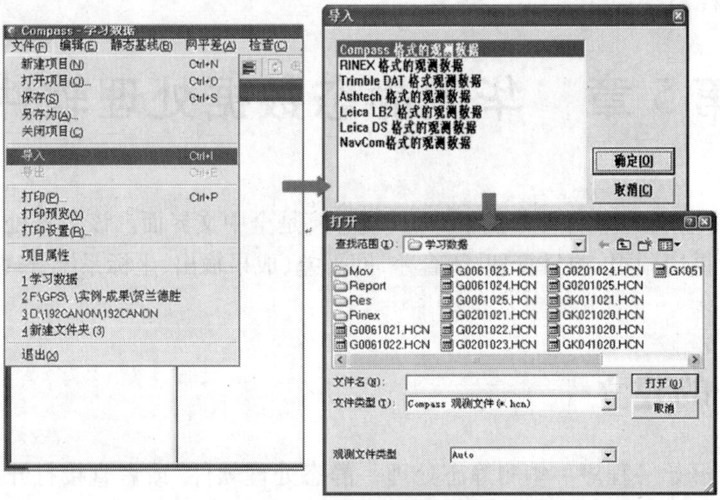

图 5-2　观测数据导入

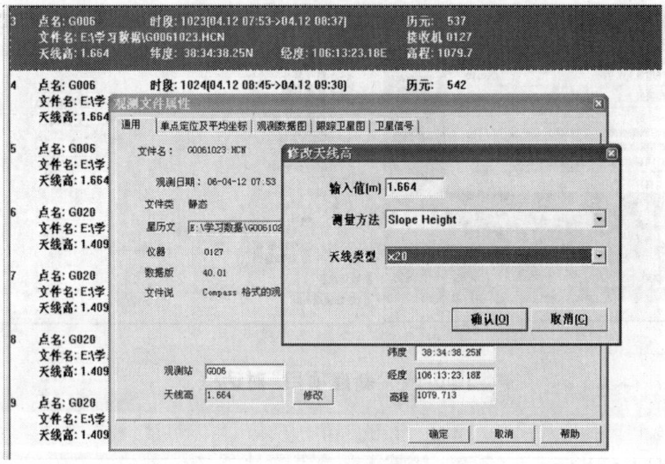

图 5-3　数据检查

名，然后反复查看，直到没有错误点名。

5.4　基线的处理

基线处理可以准确、可靠地计算基线向量。对于正常的观测数据，通常不需人工干预，就能很快得到准确的结果。而对于观测质量比较差的数据，用户也可以根据各种基线处理的输出信息，进行人工干预，使基线的处理结果符合工程的要求。

基线处理的过程包括设定基线解算的控制参数、外业输入数据的检查与修改、基线解算、周跳修复、基线质量的检验。

5.4.1　基线处理的设置

进行基线处理的设置，执行"静态基线"→"静态基线处理设置"，如图 5-4 所示。

5.4.1.1 **历元间隔**

所谓历元间隔，就是在基线处理时，软件从原始观测数据中抽取数据的间隔。通常对于短边，且观测时间较短时，可适当缩小采样间隔，而对于长边，可适当增大采样间隔。比如，对于 2 km 以内的静态基线，而观测时间又在 20 min 以内时，我们可设置采用间隔为 5 s。但基线较长时，通常可增大采样间隔，可达到60 s或 120 s。一般缺省设置为 60 s。

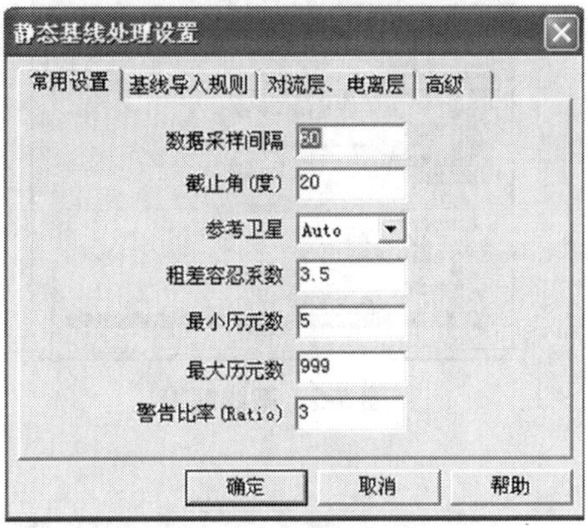

图 5-4 静态基线处理设置

5.4.1.2 **高度截止角**

高度截止角用来限制高度比较低的卫星数据，使其不参与基线解算。由于大气层对高度比较低的卫星信号的影响比较复杂，难以用模型进行改正，又由于高度比较低的信号容易受到如多路径、电磁波等各种因素的影响，因此它们的信号质量通常也比较低。所以，在数据后处理中，通常将它们剔除。如单从大气层折射的角度来看，距离越短，大气折射影响越能相互抵消。

5.4.1.3 **无效历元**

在一些情况下，如该卫星的健康情况恶劣，或者测站环境不理想、受电磁干扰而导致某些卫星数据信号经常失锁，又或者低仰角的卫星有时会因为卫星信号强度太弱、信噪比较低而导致信号失锁，或者信号在传输路径上受到较大的大气折射影响而导致整周模糊度搜索失败，应该对该卫星的星历进行处理。

通过查看基线详解，可以对卫星观测中周跳的情况进行检查，对于失锁次数较多的卫星或者观测历元数过少的卫星进行剔除。

5.4.1.4 **对流层、电离层设置**

对流层改正模型设置为"改进的 Hopfield"，电离层改正模型设置为"自动"。

5.4.1.5 **高级设置**

在处理双频数据时，则要修改对话框中的"观测组合方案"多选框。模糊度分解方法分为搜索法和 LAMBDA 法。

5.4.2 基线处理

数据检查没有问题之后，点击"静态基线"→"处理全部基线"，如图 5-5 所示，等基线全部处理完后，出现如图 5-6 所示界面，对于 Ratio 值比较小的进行单独处理，至少保证 Ratio 值大于 3 以上，当然处理得越大越好，最大为 99.9。

5.4.3 基线精华处理

(1)删除不好的数据，右击基线，出现"属性"，如图 5-7 所示。在"观测数据图"里删除不好的数据或者时间比较短的数据，确定后，单独处理这条基线。

(2)通过"静态基线处理设置"(见图 5-8)，增大或减小数据采样间隔或卫星的截止角，其他为默认，当采集的数据时间较长时，不在 2 h 以上的可以把采样间隔加大，若卫星数据较多，可以适当增大截止角，然后单独处理一下这条基线。

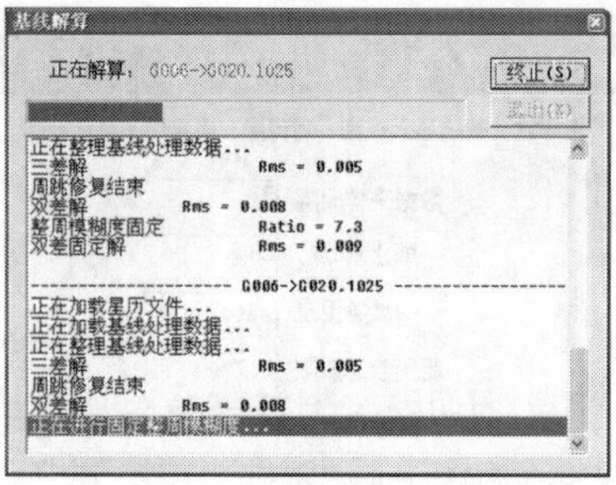

图 5-5 基线解算

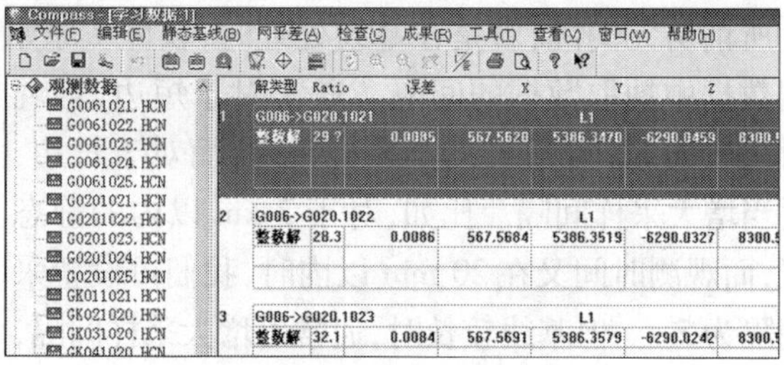

图 5-6 基线解算结果

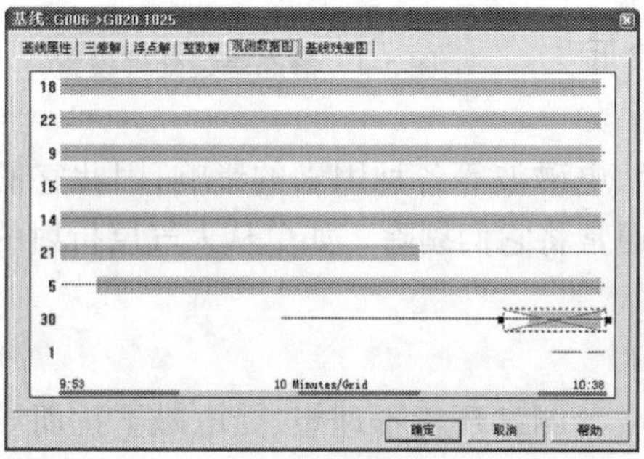

图 5-7 “观测数据图”对话框

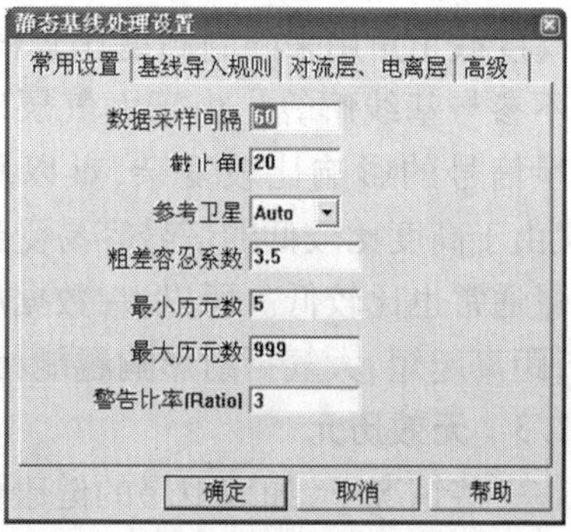

图 5-8 “静态基线处理设置”对话框

(3)在基线解算时,经常要判断影响基线解算结果质量的因素,或需要确定哪颗卫星或哪段时间的观测值质量上有问题,均可以查看残差图。所谓残差图,就是根据观测值的残差绘制的一种图表。在“基线解算结果”对话框中选择一条基线单击右键,点击“属性”。弹出如图 5-9所示对话框。在基线残差图下,选择“上一组”、“下一组”可见各个双差组合的残差。图 5-10 表示观测数据存在周跳,图 5-11 表示有不明因素干扰的残差。如果出现以下情况,就要按卫星号在观测数据图里对数据进行删减:

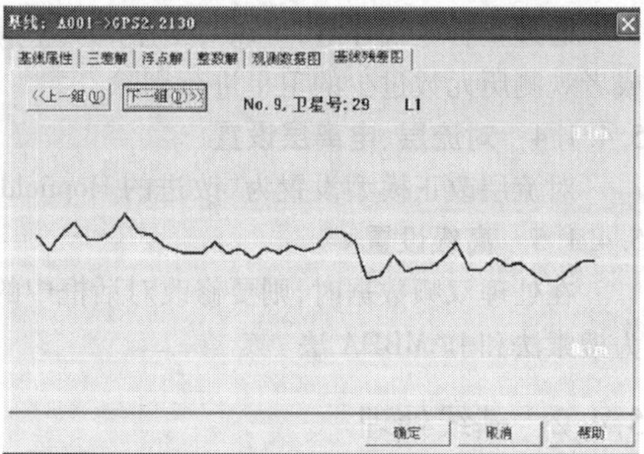

图 5-9 “基线残差”对话框

①残差上下摆动太大。

②残差长度太小。

③残差断裂太多。

④残差总在一侧,而且离中线比较远。

(4)对于个别基线,如果不管怎么处理都不能大于 3,可以不让其参与基线处理及网平差,具体操作是,右击“基线”→“属性”→把“参与基线处理及网平差”的复选框勾掉,如图 5-12所示。

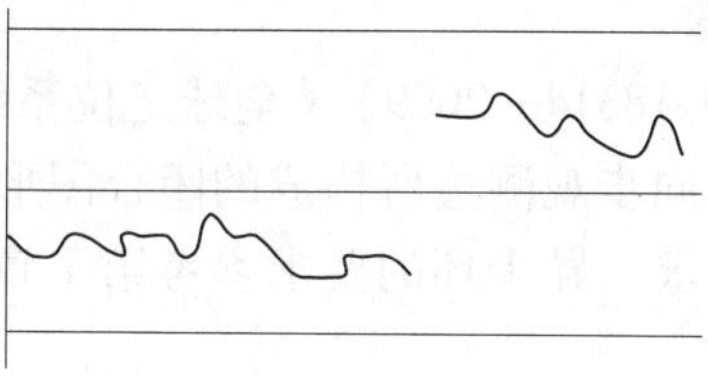

图 5-10　基线残差

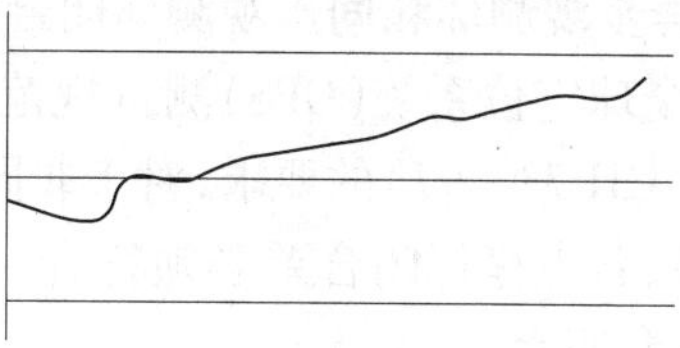

图 5-11　不明因素干扰残差

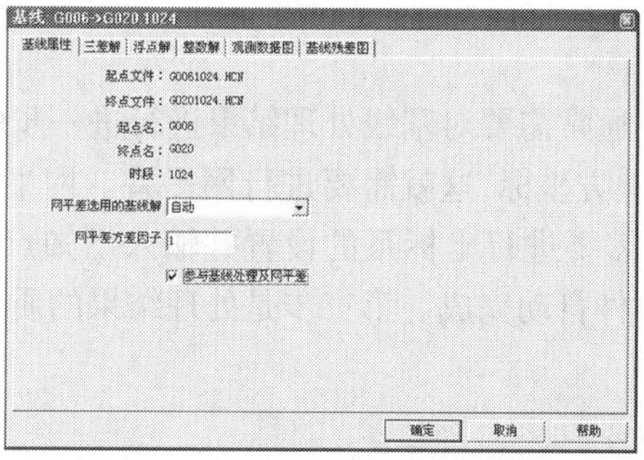

图 5-12　"基线"－"属性"对话框

5.4.4　基线处理结果检查

基线解算可能通过 *Ratio*、*RDOP*、*RMS* 和数据删除率这几个质量指标来衡量基线解算的质量。通常认为，若 *RMS* 偏大，则说明观测值质量较差。若 *RDOP* 值较大，则说明观测条件较差。这些数值只能作为参考，不能绝对地说明基线质量的高低。

5.4.4.1　方差比的检查

查看静态基线，当基线在 10 km 以内，方差比（*Ratio*）大于 3 时，可以认为基线符合等级网的测量要求。随着基线长度的增加，基中误差也会相对有所增加。如图 5-13 所示，如有基线解的值不合格，适当改变基线处理设置中的有关值，再单独处理基线。

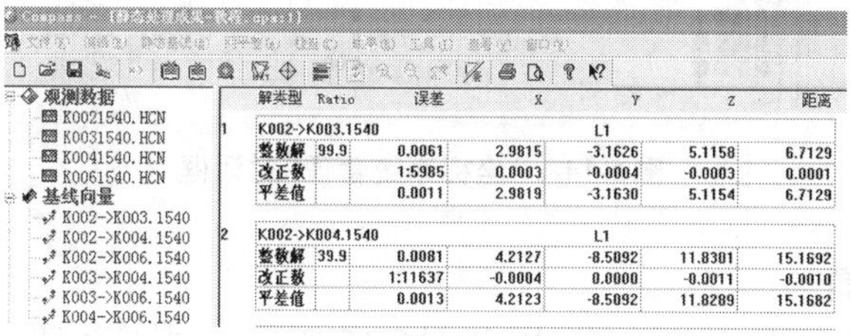

图 5-13　基线解算结果

如果仅作为加密控制，或者要求较低的情况下，亦可以相对放宽条件，例如方差比要求大于 2。

5.4.4.2　重复基线边的检核

同一基线边观测了多个时段得到的多个基线边称为重复基线边。对于不同观测时段的基线边的互差，其值应小于相应级别规定精度的 $2\sqrt{2}$ 倍。其中任一时段的结果与各时段平均值之差不能超过相应级别的规定精度。

5.4.4.3 异步观测环和同步观测环闭合差的检核

根据《全球定位系统(GPS)测量规范》(GB/T 18314—2009)、《全球定位系统城市测量技术规程》(CJJ 73—97)的要求,对于非同步以及同步观测边所构成的闭合图形(又称异步环、同步环),各点坐标闭合差必须符合一定的要求。异步环的要求参考第1章内容,同步环观测限差参照表1-5。

5.5 网平差

基线向量处理后,用户通常需要对基线处理结果进行进一步的检验,并将基线向量转化成用户需要的国家坐标或地方坐标,这就需要进行网平差。网平差过程的第一步是前期的准备工作,即在网平差前,需要进行坐标系的设置并输入已知点的经纬度、平面坐标、高程等。第二步是网平差,由软件自动完成。第三步是处理结果的质量分析与控制,这部分是用户分析处理的过程。

5.5.1 平差前的准备

5.5.1.1 坐标系设置

坐标系的设置可在"工具"→"坐标系统管理"中进行,如图5-14所示。一般要修改中央子午线,开封设置为114。

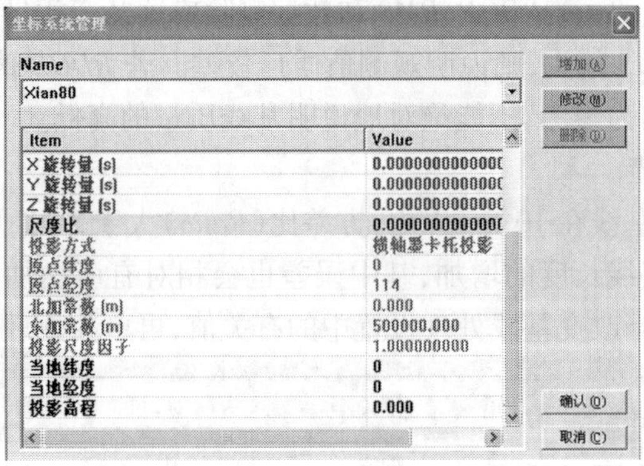

图5-14 "坐标系统管理"对话框

5.5.1.2 网平差设置

(1)在"网平差"→"网平差设置"中,如图5-15所示,根据具体情况选择三维平差、二维平差、水准高程拟合,如果中央子午线需要改,就在"重置中央子午线"中重新输入改正后的中央子午线,注意度分秒要用":"分开,比如106度30分就输成106:30,其他的如自由网平差、二维平差设置、高程拟合方案等都可以默认。

(2)二维平差设置,通常是在自由网平差后,得到的WGS-84坐标系下的大地坐标在投影后,需要四个转换参数,才能得到准确的投影坐标。这四个参数分别为两个平移参数、一个旋转参数、一个比例参数,系统二维平差参数的设置如图5-16所示,选"平移、旋转、缩放"。

(3)高程拟合方案,默认为曲面拟合。

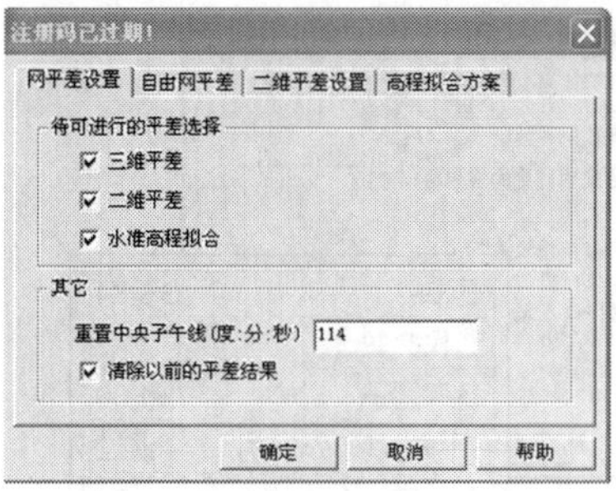

图 5-15　网平差设置

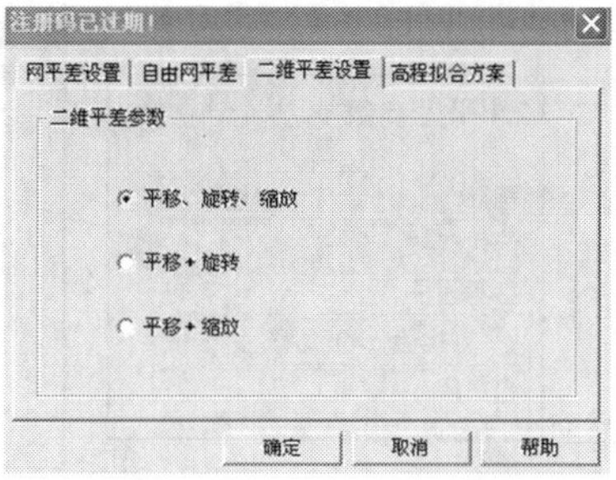

图 5-16　系统二维平差参数的设置

5.5.1.3　已知坐标的输入

在观测站点里：单击右健选择“属性”，点击“已知点坐标”，选择“固定方式”，如图 5-17 所示。在输入已知点坐标时，要注意整个项目中的所有已知点都应该在同一个系统下，已知点的分布要合理。输入高程时，要判断该高程是大地高、三角高，还是水准高。三维平差时，要求的高程为大地高，而水准拟合时，要求的高程为椭球高，如果在一个项目中，既要输入大地高，又要输入水准高，应另起项目名，进行分别处理。

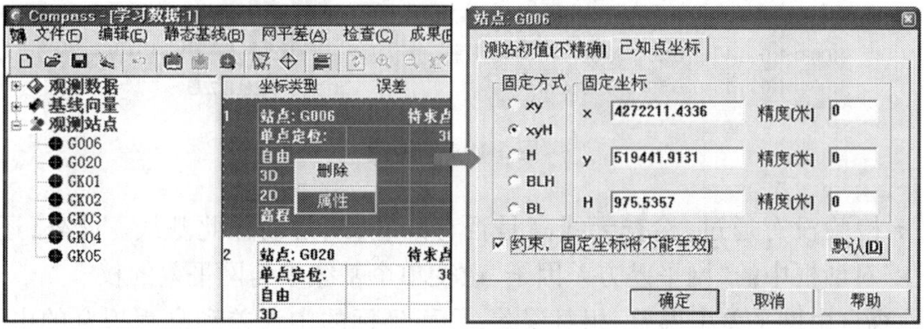

图 5-17　已知点输入

5.5.2　网平差

进行网平差前，必须先进行基线处理。网平差时先进行自由网平差，再进行约束平差，最后进行水准高程拟合。

5.5.2.1　自由网平差

在“网平差”里点击“进行网平差”，就会弹出如图 5-18 所示窗口，点击“确定”，然后点击“成果”→“成果报告”，查看平差成果，平差报告会以网页的形式打开。从平差报告里可以看出：基线向量及改正数、τ(Tau)检验表个别为红色，这说明要单独对这些基线进行处理，直到没有红色出现。

(1)χ 平方检验。

当基线被处理的没有红色时，但 χ 平方检验($\alpha = 95\%$)还是“失败”，这时把这个参考因子输入到“网平差设置”→“自由网平差”→“协方差比例系数”里，然后进行平差，直到网平差报告中的“χ 平方检验”显示“通过”，如图 5-18 所示。

(2)τ 检验。

χ 平方检验通过后，还需要检查每个观测值的 τ 检验。如图 5-19 所示，在基线向量及其

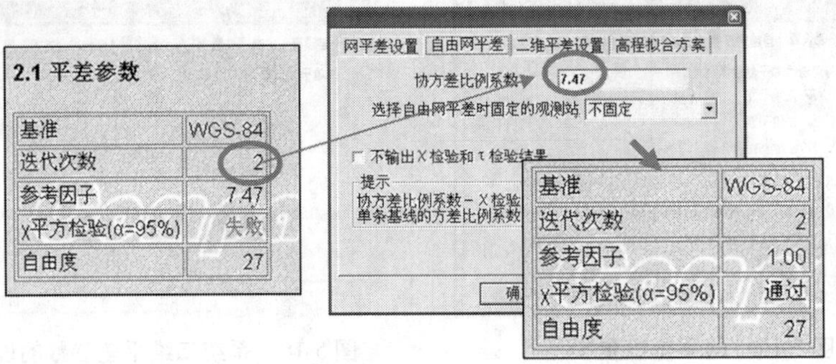

图 5-18　网平差

改正数的列表和 τ 检验的列表中,出现红字的相应的基线向量表明没有通过 τ 检验。

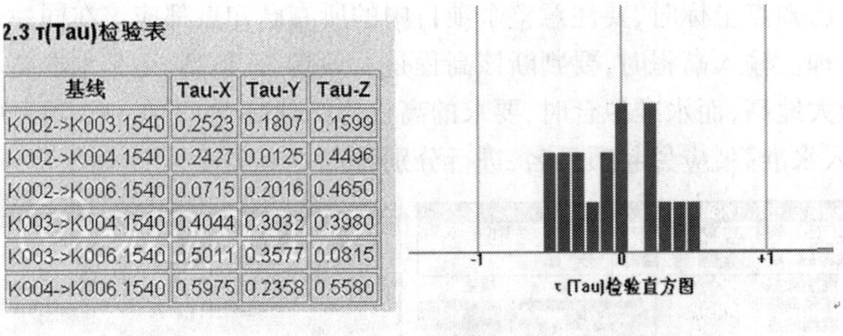
2.3 τ(Tau)检验表

基线	Tau-X	Tau-Y	Tau-Z
K002->K003.1540	0.2523	0.1807	0.1599
K002->K004.1540	0.2427	0.0125	0.4496
K002->K006.1540	0.0715	0.2016	0.4650
K003->K004.1540	0.4044	0.3032	0.3980
K003->K006.1540	0.5011	0.3577	0.0815
K004->K006.1540	0.5975	0.2358	0.5580

图 5-19　τ 检验

如果 τ 检验没有通过,检查天线高是否有问题,或是删除此基线。此外,还可以改变"基线属性"对话框中的"网平差方差因子"改变单个基线参与网平差的权。

(3)检查自由网平差中误差、相对误差、平面坐标的中误差和高程拟合的中误差,根据网的等级设计要求,查看是否超限,如图 5-20 所示。

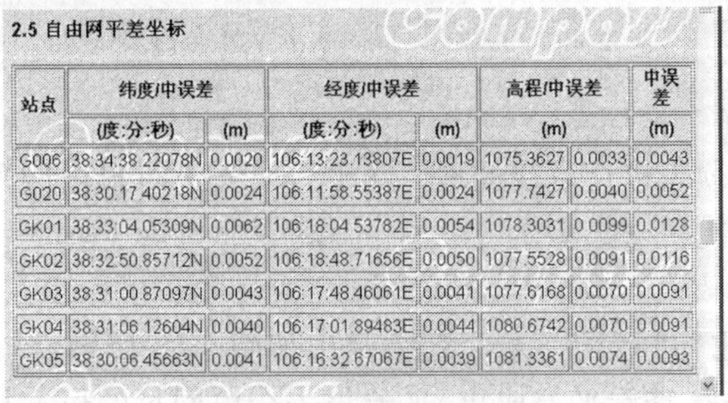
2.5 自由网平差坐标

站点	纬度/中误差		经度/中误差		高程/中误差		中误差
	(度:分:秒)	(m)	(度:分:秒)	(m)	(m)		(m)
G006	38:34:38.22078N	0.0020	106:13:23.13807E	0.0019	1075.3627	0.0033	0.0043
G020	38:30:17.40218N	0.0024	106:11:58.55387E	0.0024	1077.7427	0.0040	0.0052
GK01	38:33:04.05309N	0.0062	106:18:04.53782E	0.0054	1078.3031	0.0099	0.0128
GK02	38:32:50.85712N	0.0052	106:18:48.71656E	0.0050	1077.5528	0.0091	0.0116
GK03	38:31:00.87097N	0.0043	106:17:48.46061E	0.0041	1077.6168	0.0070	0.0091
GK04	38:31:06.12604N	0.0040	106:17:01.89483E	0.0044	1080.6742	0.0070	0.0091
GK05	38:30:06.45663N	0.0041	106:16:32.67067E	0.0039	1081.3361	0.0074	0.0093

图 5-20　自由网平差坐标

5.5.2.2　二维约束平差

如果在网平差设置时选择了二维约束平差,并且至少对一个在基线向量网中的观测站点进行 xy(北向、东向)约束,这样在进行网平差时将进行二维约束平差。

二维约束平差的结果将在观测站点列表窗口及详细成果输出网页窗口中显示出来。

5.5.2.3　三维约束平差

三维约束平差将根据观测站点的约束情况选择待求解的未知数个数,如果选择了三个以上的已知点并且固定了它们的 B、L、H,则在三维约束平差时将在两个基准之间求解七个参数。如果已知约束条件不足,则三维约束平差将根据约束条件选择转换参数,如有三个约束条件,则将只求解三个平移参数。三维约束平差的结果将在观测站点、详细成果输出中反映出来。

5.5.3 水准高程拟合

如果在网平差设置时选择了水准拟合,并且至少对一个在基线向量网中的观测站点进了 *BLH* 或 *xyH* 或 *H* 中的水准高程约束,这样,在进行网平差时将进行二维约束平差。水准高程拟合的结果将在观测站点列表窗口及详细成果输出网页窗口中显示出来。

成果报告输出中的水准拟合部分,详细列出了水准拟合的方法及得到的转换参数、水准拟合后的水准高及其误差。

5.6 成果提交

通过以上反复处理及检查,确认无误后,方可提交成果,提交成果可以以成果报告(网页的形式)、详细成果文本、简明成果文本或者以 DXF 格式输出网图等,如图 5-21 所示。

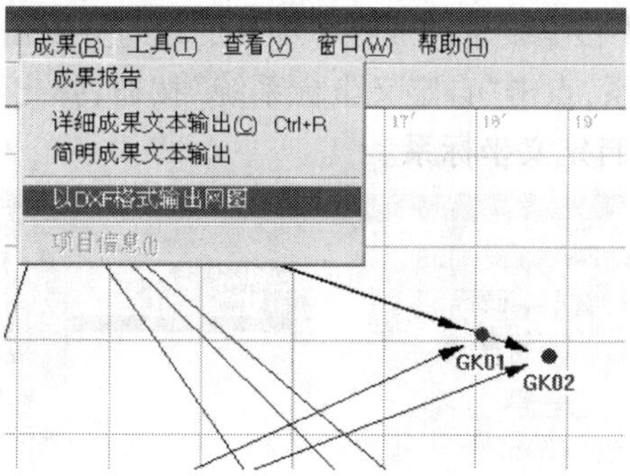

图 5-21

第 6 章　南方 GPS 静态处理软件

南方 GPS 数据处理软件基线处理与平差软件主要是对 GPS 星历数据进行基线处理的，并将结果进行约束整网平差，得出控制网的最后成果。

平差软件与前期软件相比有了很大改进。因采用建立项目文件的管理方式，工程以项目文件的形式存在，大大加强了软件的可靠性。通过本软件，用户可方便地自定义椭球投影参数和选择不同的坐标系统。整个处理过程包括基线解算、网平差等操作，都在以 gpsadj 为后缀的南方公司专有格式的文件中进行。软件自动记录所有操作，在任何时候可以把上一次保存的处理进度调出，查阅成果或者继续进行处理。在功能方面，具有比以往版本功能更强大、自动化程度更高、操作更方便的基线向量解算、闭合环搜索、网平差处理等功能。

6.1　新建工程

在图 6-1“建立项目”中根据要求完成各个项目的填写并点击“确定”按钮确认。在选择坐标系时若是自定义坐标系，点击“自定义坐标系统”按钮，弹出如图 6-2 所示对话框，根据“系统参数”中的配置完成自定义坐标系。

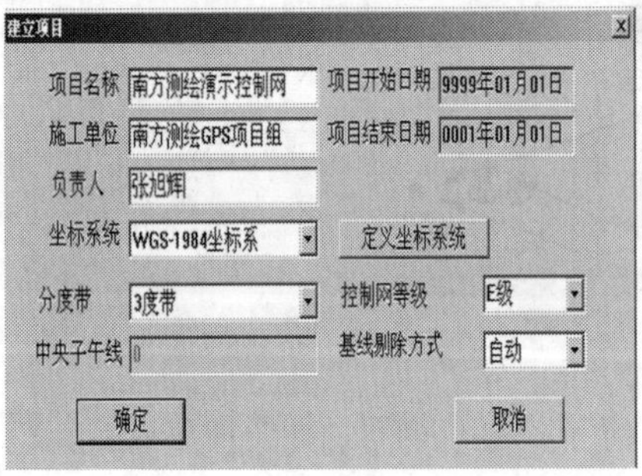

图 6-1　“建立项目”对话框

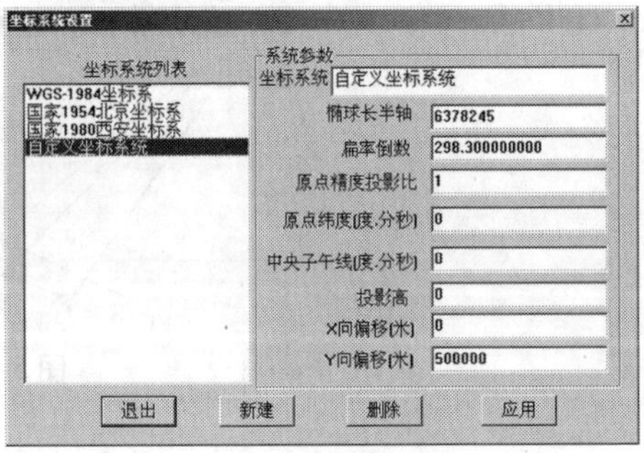

图 6-2　“坐标系统设置”对话框

6.2　导入观测数据

将野外采集数据调入软件，可以用鼠标左键点击文件，可单选，也可“全选”所有文件，点击“确定”按钮，如图 6-3 所示。然后，稍等片刻，调入完毕后，GPS 网形式如图 6-4 所示。

6.3　解算基线

基线处理完全结束后，在图 6-4 中，网图颜色已由原来的绿色变为红色或灰色。基线双差固定解方差比大于设置值的基线变为红色，小于设置值的基线变为灰色。灰色基线说明方差比过低，应该重新解算。

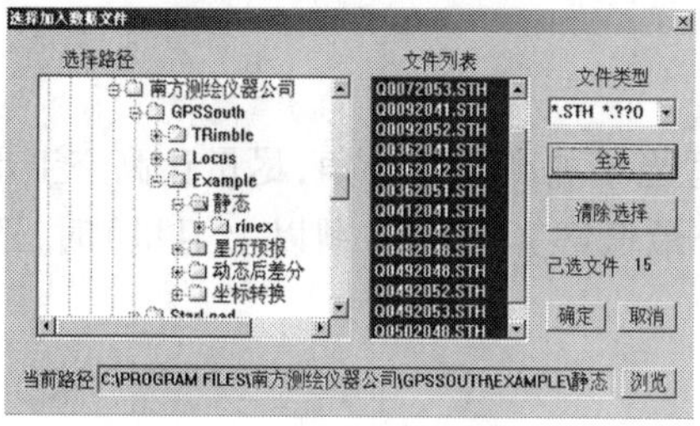

图 6-3　文件录入菜单

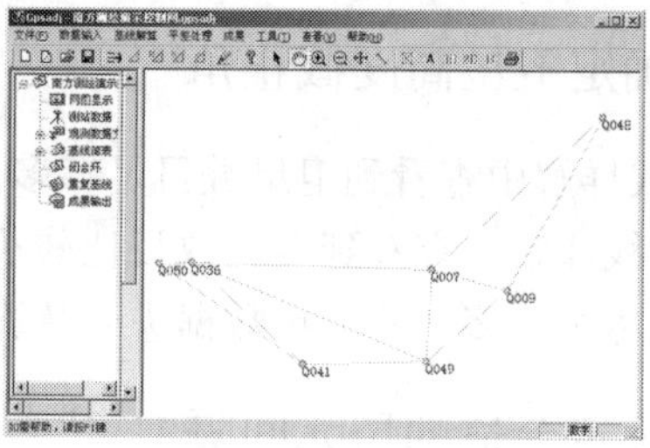

图 6-4　GPS 网形式

直接在网图上双击该基线,选中基线由实线变为虚线后弹出"基线情况"对话框,如图 6-5所示,在对话框的显示项目中可以对基线解算进行必要的设置。

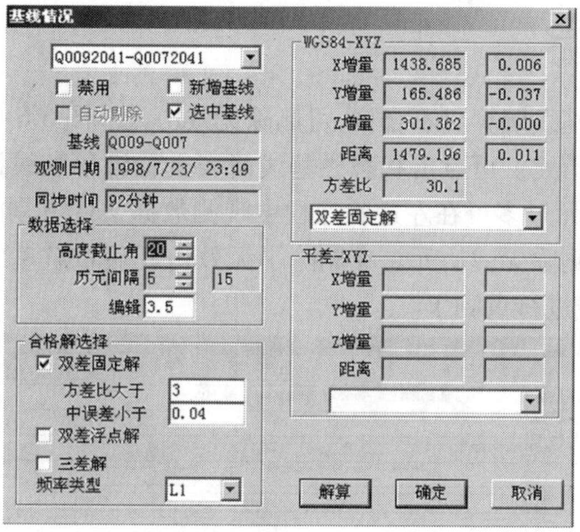

图 6-5　"基线情况"对话框

6. 3. 1　选取适当的基线解算类型

处理基线中,解算整周模糊度的能力与基线的长度有关,获得全部模糊度参数整数解的结果称为双差固定解,只获得双差模糊度参数整数解的结果称为双差浮动解,对于较长的基线,浮动解也不能得到较好的结果,只能用三差解。

根据基线长度的不同,同一级别的 GPS 网可采用不同的基线解算类型。根据相应的国家 GPS 测量规范,在 8 km 以内的基线必须采用双差固定解;30 km 以内的基线,可在双差固定解和双差浮动解中选择最优结果。所谓最优解,即是基线处理中基线解的中误差最小,特别是在异步环和复测基线检验中闭合差最小的那一种解算结果;30 km 及其以上的基线,可采用三差解作为基线解算的最终结果。对于所有同步观测时间短于 35 min 的快速定位基线,应采用符合要求的双差固定解作为基线解算的最终结果。

对于 8 km 以内的短基线以及采用快速定位来确定的基线,在按照操作手册的要求进行观测时,应该能获得满足整周模糊度参数固定解的能力,若得不到好的固定解,不是观测条件太差(如靠近强无线电干扰源,高压线,强发射体,处于树荫下等),就是卫星星座的几何条件不好或是信号不正常的卫星太多,这样的观测量是不能采用的。

6.3.2 确定卫星高度截止角

当基线详解中查看到卫星数目足够多,适当增加高度截止角,尽量让高空卫星数据进入解算;当基线详解中查看到卫星数目比较少(最低解算要求4颗以上卫星)时,适当降低高度截止角,尽量让多一些卫星数据进入解算。

6.3.3 确定合适的历元间隔

当基线同步观测时间较短时,可缩小历元间隔,让更多的数据参与解算。当同步观测时间较长时,要增加历元间隔,让更少的数据参与解算。当数据周跳较多时,要增加历元间隔,这样可跳过中断的数据继续解算。

6.3.4 删除无效历元

设置基线参数,如基线解算仍不合格,可删除无效历元。图6-6中红线中断处表示当时卫星信号失锁,为无效历元。可点击状态栏基线简表查看该条基线详情。点击左边状态栏中"基线简表",无效历元过多可在左边状态栏中观测数据文件下剔除。在观测数据文件中双击弹出数据编辑框,删除无效历元。在删除了无效历元后重解基线,若基线仍不合格,就应该考虑对不合格基线进行重测了。

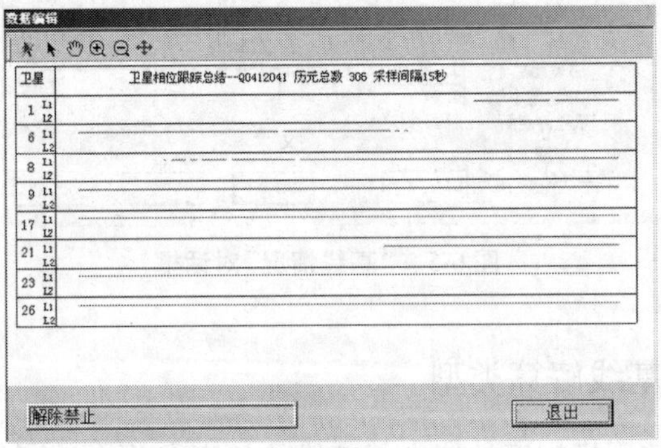

图6-6 "数据编辑"对话框

6.4 检查闭合环和重复基线

待基线解算合格后,在"闭合环"窗口中进行闭合差计算。首先,对同步时段任一三边同步环的坐标分量闭合差和全长相对闭合差按独立环闭合差要求进行同步环检核,然后计算异步环。程序将自动搜索所有的同步、异步闭合环。

从图6-7中可以看出,此网所有的同步闭合环均小于 10×10^{-6},满足小于四等网($\leq 10 \times 10^{-6}$)的要求。

参照表1-5限差要求,闭合差如果超限,那么必须剔除粗差基线。点击"基线简表"状态栏重新解算。根据基线解算以及闭合差计算的具体情况,对一些基线进行重新解算,具有多次观测基线的情况下可以不使用或者删除该基线。

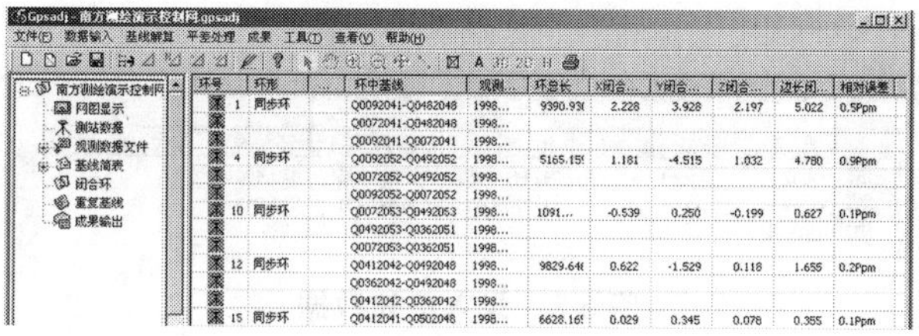

图 6-7　闭合环

6.5　网平差

基线经质量检核合格后进行 GPS 网平差，选择正确的平差条件，包括坐标系统、约束条件、基线边的剔除等，这些条件影响整个平差成果，因此平差时必须遵循以下原则。

6.5.1　选择适当的坐标系统

6.5.1.1　标准坐标系统

采用标准的 WGS－84 坐标系、北京 54 坐标系以及国家 80 坐标系可以直接在网平差设置里选择，但是必须按要求输入正确的原点经度（投影中央子午线）。

6.5.1.2　自定义坐标系统（或者工程椭球）

（1）已知参数。一般的自定义坐标系（或工程椭球）是从标准的国家坐标系转换而来的，大多数情形下是对加常数或者中央子午线、投影椭球高重新进行定义，因此必须选择相应的参数，包括所用椭球的参数、加常数、投影中央子午线、投影椭球高等。

（2）未知参数。假如是完全独立的自定义工程坐标系，可以选用标准椭球，例如北京 54 椭球参数，然后采用固定一点和一个方位角的办法来处理。

具体方法是采用基线某一端点的单点定位解作为起点，然后用高精度的红外激光测距仪测出到基线另一端点的边长，经过严格的改正后，投影到指定高度（一般是测区的平均高程面），然后假定一个方位角（一般是采用真北方向）算出基线终点的坐标，以此两点作为约束点，然后采用与前面一致的椭球参数、投影椭球高，此时注意原点经度（中央子午线）可以采用测区中央的子午线。这样，一方面使得其变形满足规范要求，另一方面在小比例尺的图上可以与国家标准坐标系联系起来。

6.5.2　选择符合精度的已知点

选取已知点必须满足下面的要求：

（1）尽量选取等级高、同一整体网、同一时期的控制点。

（2）已知点必须分布合理并且能尽量联测更多的高程已知点。

（3）选取兼容性较好的已知点。

6.5.3　数据录入

数据录入需录入已知点坐标，给定约束条件。点击“数据输入”菜单中的“坐标数据录入”，弹出如图 6-8 所示的对话框，录入已知点数据。也可以点击“测站数据”后再点击点号。

图 6-8　录入已知数据

6.5.4　正确选择基线

(1)选取适当的基线解类型,在基线条件设置中选择“按基线独立选择”,然后在基线简表或者网图状态下逐一对基线的类型进行选择。

(2)剔除含有粗差的基线。

(3)对基线图形的要求是不能出现孤点,独立环基线数目不能超限。

6.5.5　平差处理

进行整网无约束平差和已知点联合平差。根据以下步骤依次处理:

(1)自动处理:基线处理完后点此菜单,软件将会自动选择合格基线组网,进行环闭合差平差。

(2)三维平差:进行 WGS－84 坐标系下的自由网平差。

(3)二维平差:把已知点坐标带入网中进行整网约束二维平差。但要注意的是,当已知点的点位误差太大时,软件会提示,此时点击“二维平差”是不能进行计算的。用户需要对已知数据进行检核。

6.6　高程拟合

全球定位系统中采用的坐标系统是 WGS－84 坐标系。测量工作是在地面进行的,地面不能作为基准面。在实际测量中采用与平静海平面相重合的大地水准面来代替地球的实际表面,如图 6-9 所示。

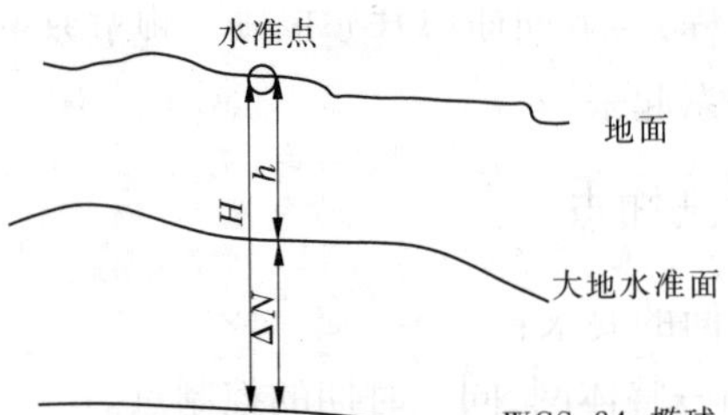

h—海拔高;H—WGS－84 大地高;ΔN—WGS－84 椭球面与大地水准面的高程异常

图 6-9　高程图

南方网平差软件采用二次曲面拟合求取各点的高程异常 ΔN 来对 GPS 高程进行改正。

根据“平差参数设置”中的高程拟合方案对观测点进行高程计算。输入二个点可以进行平移，输入三个或三个以上点、六个以下点可进行平面拟合，输入六个以上点进行二次曲面拟合。

6.7　平差成果输出

在菜单“成果”下可以输出基线解、平差报告、差分成果和网平差成果，如图 6-10 所示。成果可以在软件下显示，也可以单独生成文档。

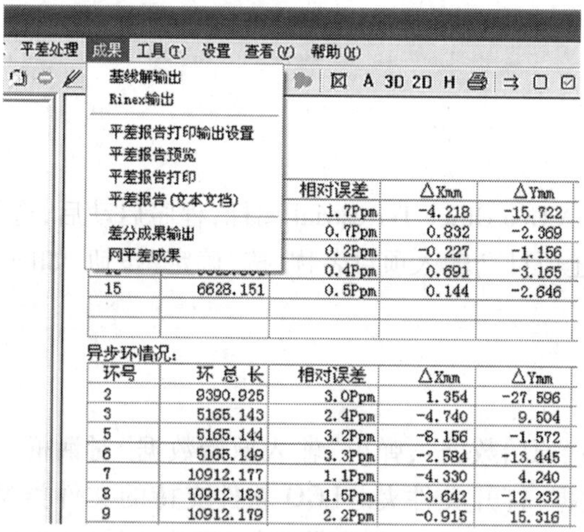

图 6-10　成果输出

第 7 章　LGO 后处理软件

LGO(LEICA Geo Office)是一个直观的、图形化的视窗多任务环境软件,使用简单且方便。所有组成成分都有一个类似的外观,可以进行无缝连接和协作。TPS、GPS 以及 Level 数据都通过一个标准化的工具和数据流程来处理。内建的 HELP 包括有用的教程,并提供建议和信息。

7.1　建立项目

在桌面上双击 LEICA Geo Office Terrestrial 图标,程序启动后,选择“管理工具条”→“项目”,单击右键选择“新建项目”,输入项目名称,按“确定”按钮,如图 7-1 所示。

7.2　导入数据

点击菜单“输入”→“原始数据”,弹出“输入原始数据”对话框,如图 7-2 所示。在电脑上找到所存放的原始数据,打开文件夹。LGO 软件支持的文件类型有 System1200 原始数据、GPS500、RINEX 等。选择需要的原始数据文件(即在手簿中建立的作业名称),点击“分配”,将数据导入空项目中,然后点击“关闭”。

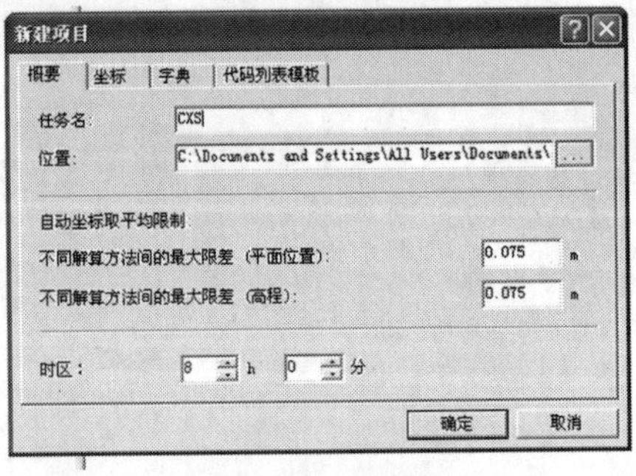

图 7-1　“新建项目”对话框

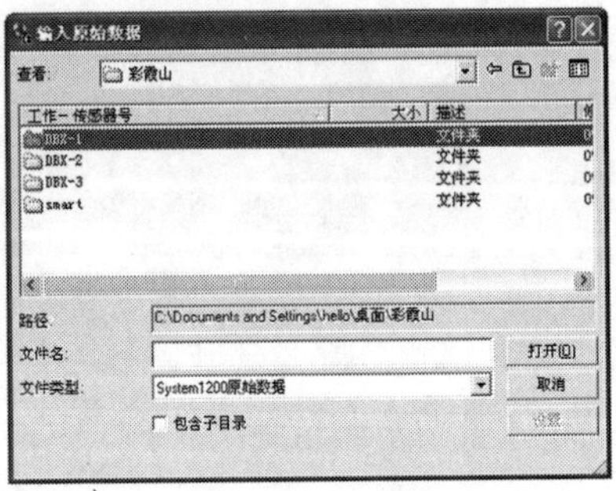

图 7-2　“输入原始数据”对话框

数据导入后,检查数据点名、观测时段及天线高是否输入正确,如果有错误,可直接修改点名和天线高。

7.3　基线处理

7.3.1　基线处理参数设置

观测数据导入完成后,进行基线处理。点击“打开文档”下的项目名称,选择“GPS 处理”。在空白处单击右键选择“处理参数”，弹出如图 7-3 所示对话框。选择“显示高级参数”，并可进行高度角调整。

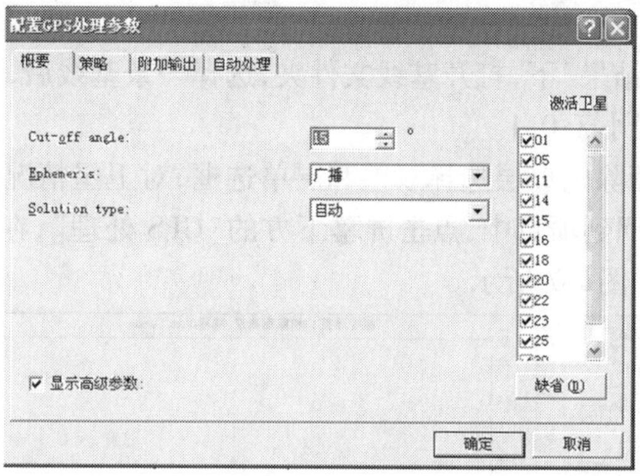

图 7-3 “配置 GPS 处理参数”对话框

基线处理参数设置完成后，再在空白处右击，将处理模式改为“自动”。

7.3.2 处理基线

单击右键，全部选择，条状图全部变绿，再点击“处理”，进行基线解算，如图 7-4 所示。

图 7-4 配置 GPS 处理参数

解算完毕之后，检查模糊度状态，都为“是”，单击右键进行存储。点击“结果”查看基线等信息。在基线报告中可以查看所有整体基线的报告，也可以查看每条基线的报告。

7.3.3 显示图形

点击屏幕下方的“查看/编辑”，然后在空白处单击右键进入“图形设置”对话框，如图 7-5 所示，选择数据中的 GPS 观测值，基线显示红色。如果天线高或点名有误，点击“GPS 处理→选择相应的点”进行编辑。

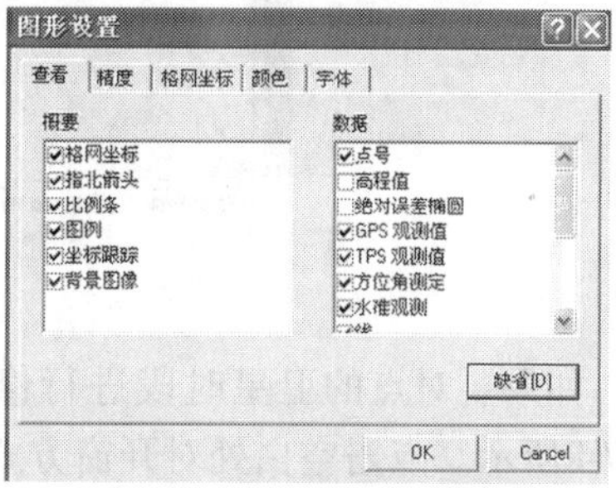

图 7-5 “图形设置”对话框

7.4 超限基线分析与处理

基线处理完后,在“结果”下,打开基线文件夹,选择一条基线后,单击右键选择“分析”,查看残差值,残差值一般小于0.1。

如图7-6所示,L3消除电离层选择双差和层单选框,对卫星情况进行分析,剔除不健康卫星。剔除卫星方法是回到项目中,点击屏幕下方的“GPS处理”,在“配置GPS处理参数”中将不健康卫星剔除,如图7-7所示。

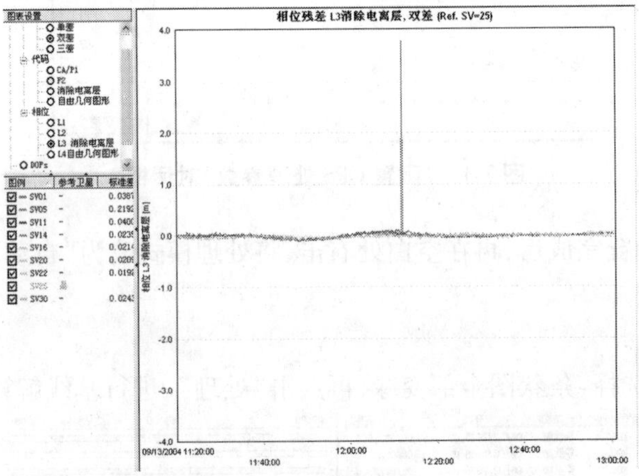

图7-6　残差值分析

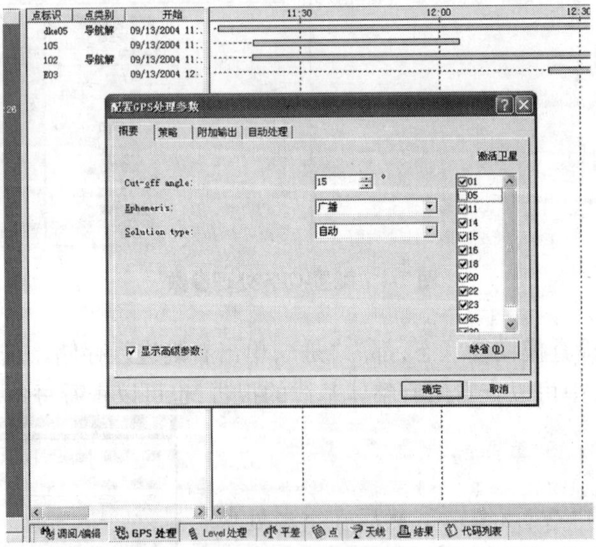

图7-7　剔除卫星

如果要对点的卫星时段进行修改,在基线的点上单击右键选择“卫星窗口”,显示如图7-8所示。点击空白处对开窗方式进行设置,选中需要修改的卫星,单击右键选择“编辑窗口”,进行时段的修改。

可对时间段进行修改,如图7-9所示。修改完毕后,重新进行基线处理。

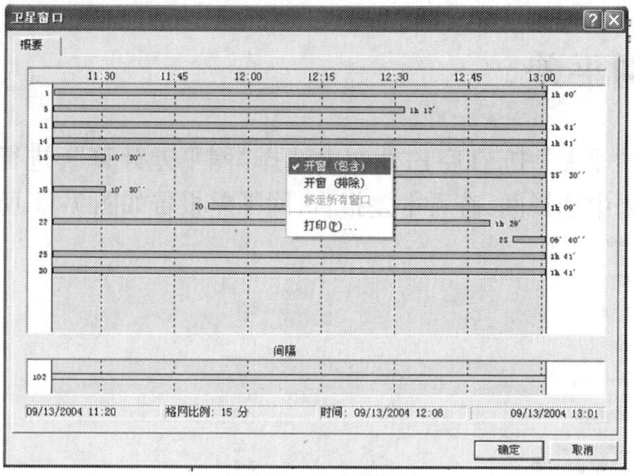

图 7-8　卫星窗口

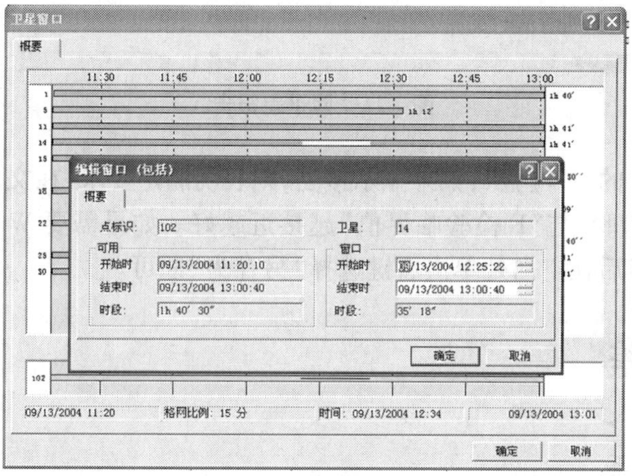

图 7-9　编辑窗口

处理完基线后再查看基线处理报告中的残差值，如图 7-10 所示。

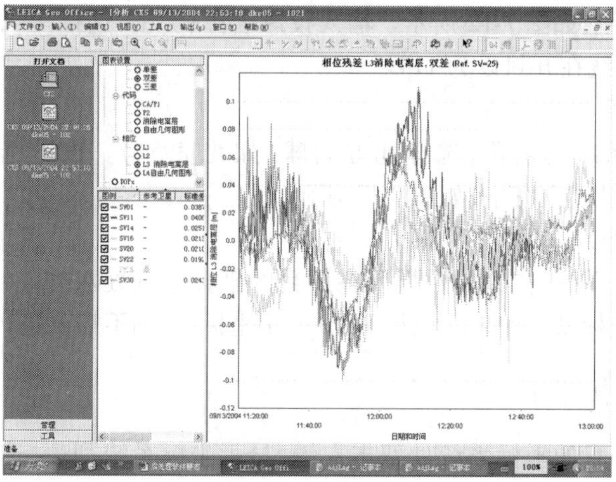

图 7-10　残差值

7.5 无约束网平差

在软件屏幕下方“平差”中,在空白处右击选择“网平差计算”,进行平差计算。平差结束后,单击右键在结果中选择网,查看平差报告,网平差报告如图 7-11 所示。

未知			
坐标:	6		
总数:	6		
自由度:	0		
测试			
Alfa (多维):	1.0000		
Alfa 0 (一维):	5.0 %		
Beta:	80.0 %		
先验中误差 (GPS):	10.0		
W-检验临界值:	1.96		
临界值T-检验 (2维):	2.42		
临界值 T-检验 (3维):	1.89		
F-检验临界值:	0.00		
F-检验:	0.00	⚠	(拒绝)
基于后验方差因子的结果			
平差结果			

图 7-11　网平差报告

查看平差报告中的“F 检验”,如果显示接受,则表明满足要求,在文件中保存平差报告。如图 7-11 所示,“F 检验”与“F 检验临界值”越接近越好。如果需要 WGS－84 坐标系的点成果,点击点图标,然后在空白处单击右键选择“另存为”即可。

7.6 约束平差

7.6.1 建立坐标系

7.6.1.1 建立投影

选择“管理”里面的“坐标系统”。给已知点当地建一个坐标系统投影,选择“新建投影”新建一个投影系统,如图 7-12 所示。输入投影名称、类型,选择 TM,假定东坐标设置为 500 000 m;中央子午线在开封设为 114。

7.6.1.2 建立坐标系

输入新建坐标系统的名称,选择地方椭球(如北京 54)。投影选择建好的投影(如 gaosi)。当地坐标系统建立完毕,如图 7-13 所示。

7.6.1.3 加载坐标系统

点击左侧的项目图标,在原始数据所在项目的坐标系统处双击左键,显示坐标系统列表,选择 WGS－84 坐标系。如果默认是 WGS－84 坐标系,则不需要进行修改。

7.6.2 输入已知点坐标

在已知点所在项目的坐标系统处双击左键,显示坐标系统列表,选择刚建立好的坐标系统。

将已知点当地坐标的 ASCII 数据输入已知点项目。点击菜单“输入”下的“ASCII 数据”。ASCII 文件是建立在记事本上的文件,格式为:

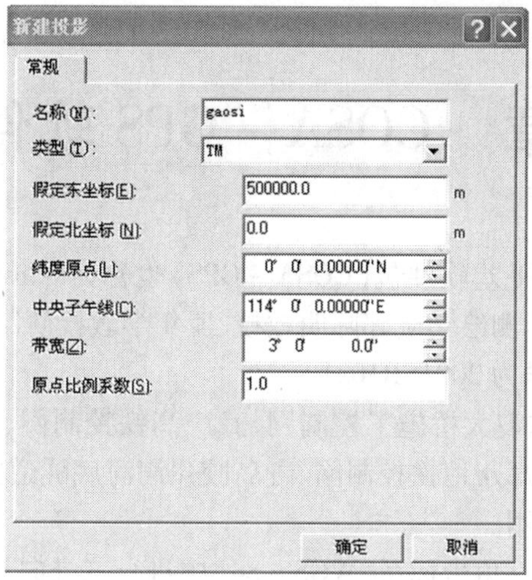

图 7-12　新建投影

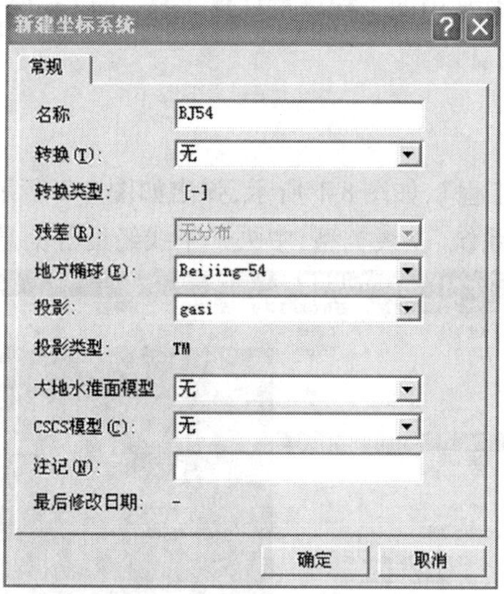

图 7-13　新建坐标系统

点名,Y,X,H

各信息之间用半角状态下的逗号分隔。

第 8 章　COSA－GPS 软件应用

GPS 工程测量网通用平差软件包（COSA－GPS）也称为“CosaGPS”，是国内著名的 GPS 数据处理软件，由武汉大学测绘学院郭际明教授、罗年学教授研制，并于 2001 年获国家版权局软件著作权证书，登记号为 2001SR1031。

COSA－GPS 已在港珠澳大桥施工控制网、武广高铁控制网、锦屏水电站辅助洞施工控制网、南京市地籍控制网、郑州地铁控制网、青岛胶州湾海底隧道控制网等大规模、高精度施工控制网中发挥了重要作用。

软件具有在世界空间直角坐标系（WGS－84）中进行三维向量网平差（无约束平差和约束平差）、在椭球面上进行卫星网与地面网三维平差、在高斯平面坐标系中进行二维联合平差、高程拟合等功能，并带有常用的工程测量计算工具，可以实现各种坐标转换。

8.1　新建工程

单击“文件”→“新建工程”，如图 8-1 所示，弹出如图 8-2 所示“新建工程”对话框，输入工程名、控制网等级、坐标系统、基线类型、中央子午线经度等信息，单击“确定”退出。

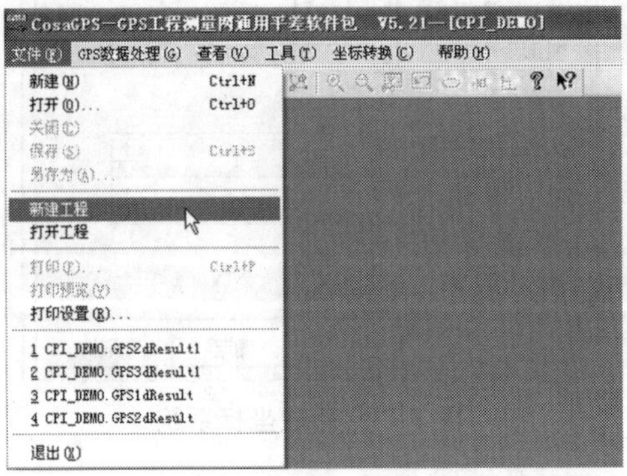

图 8-1

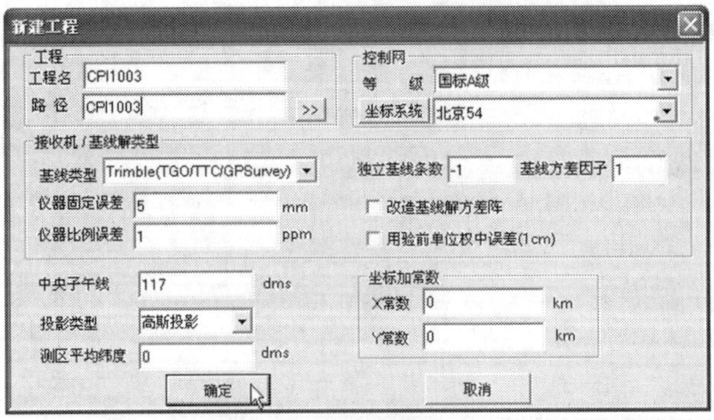

图 8-2

8.2 输入已知数据

8.2.1 输入三维已知坐标

为了给三维平差提供固定点坐标,必须至少输入一个点的三维坐标。可以是三维空间直角坐标(X,Y,Z),也可以是大地坐标(纬度 B,经度 L,大地高 H)。B、L 的格式为:DDD.MMSS,X、Y、Z、H 的单位是 m。

单击“GPS 数据处理”→“输入已知数据”→“三维已知数据”,如图 8-3 所示,弹出“输入三维已知坐标”对话框,如图 8-4 所示,输入一个点的在空间直角坐标系中的坐标。

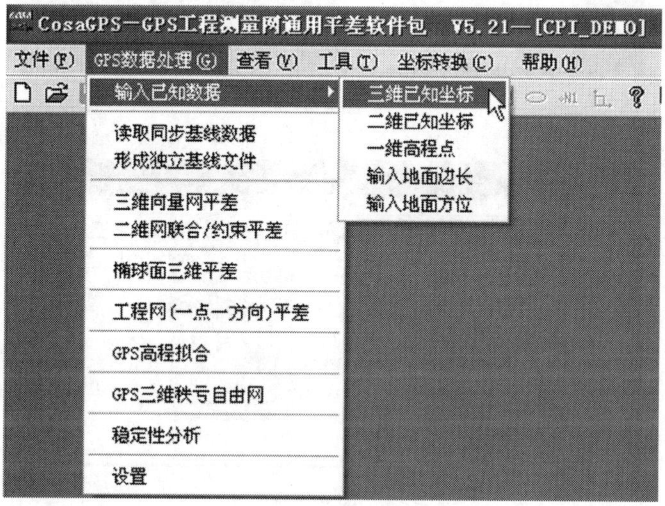

图 8-3

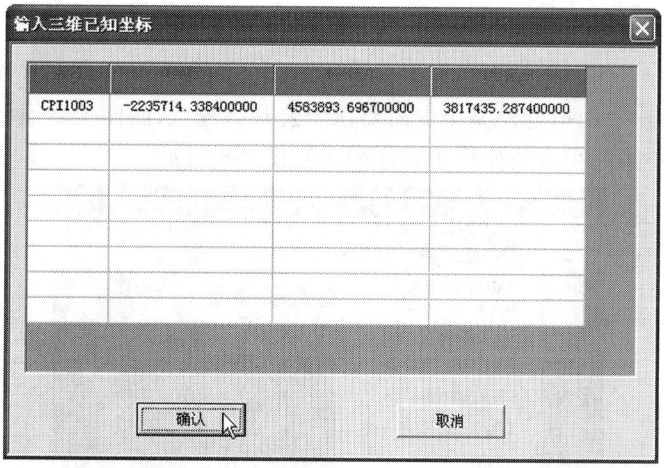

图 8-4

8.2.2 输入二维已知坐标

为了将 WGS-84 坐标转换为地方坐标系的坐标,需进行二维联合/约束平差。二维联合/约束平差输入地面公共点坐标,一般至少需要两个公共点,如图 8-5、图 8-6 所示。

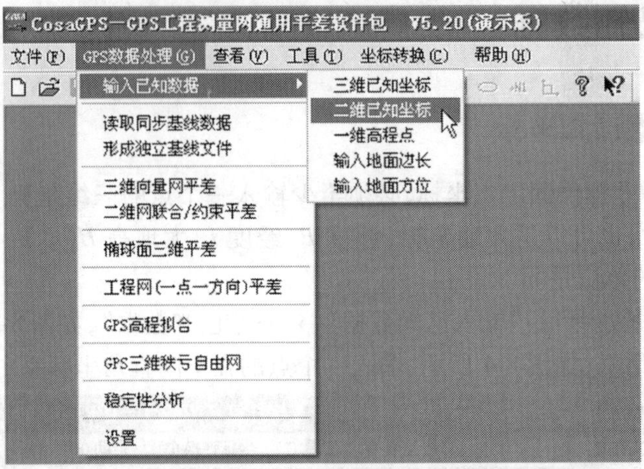

图 8-5

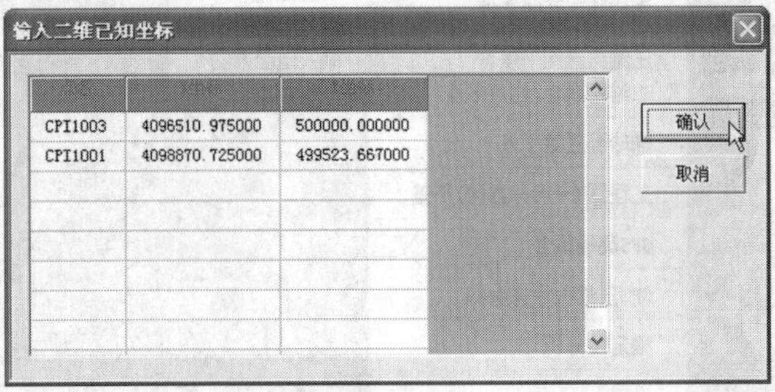

图 8-6

8.2.3 输入一维高程点

输入一维高程点的作用是为高程拟合输入地面公共点的正常高。常数拟合模型至少需要一个公共高程点,平面拟合模型至少需要三个公共高程点,曲面拟合模型至少需要六个公共高程点。输入一维高程点的操作步骤如图 8-7、图 8-8 所示。

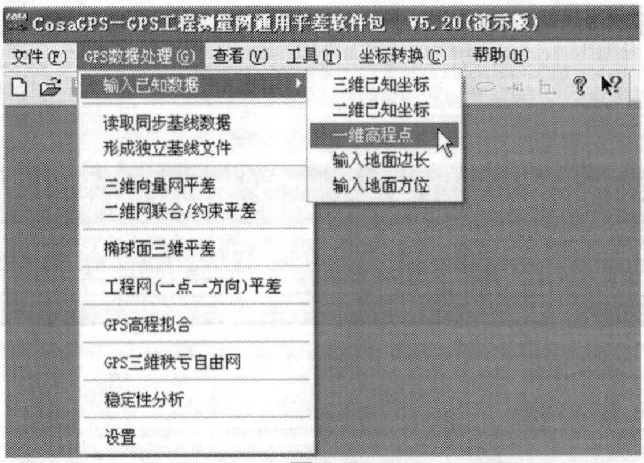

图 8-7

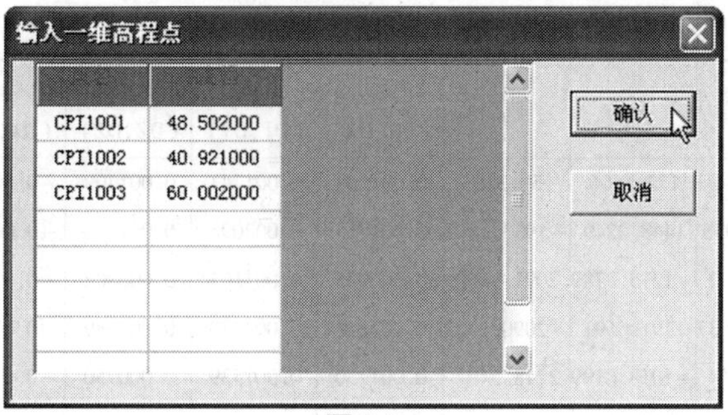

图 8-8

8.3 读取同步基线数据

CosaGPS 以基线向量解算软件导出的基线向量文件作为观测值输入文件，以输入的已知点坐标作为起算基准，完成控制网平差计算。

单击“GPS 数据处理”→“读取同步基线数据”，弹出“基线文件格式转换”对话框，选择同步基线数据，单击“确定”，如图 8-9、图 8-10 所示。

屏幕显示各同步基线数据，如表 8-1 所示。表中 DX、DY、DZ 是基线向量在 X、Y、Z 坐标的三个分量，单位为 m；Cov( )是基线向量各分量的方差 - 协方差，单位为 cm^2。

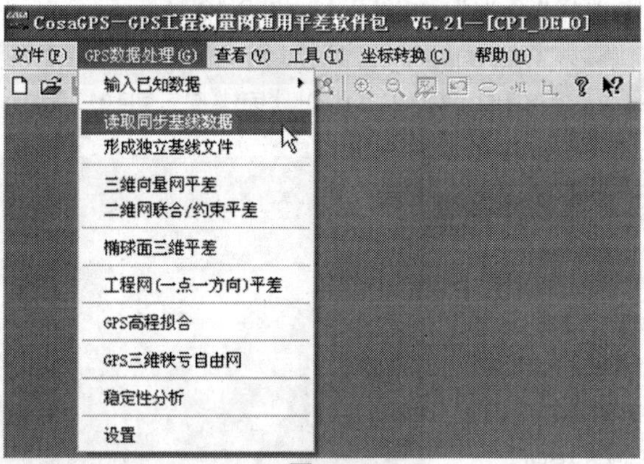

图 8-9

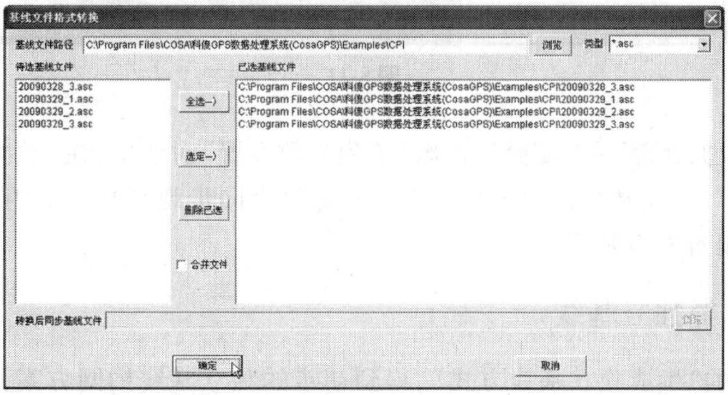

图 8-10

表 8-1　同步基线数据格式

起点	终点	DX	DY	DZ	Cov (DX,DX)	Cov (DY,DY)	Cov (DZ,DZ)	Cov (DX,DY)	Cov (DX,DZ)	Cov (DY,DZ)
CPI1004	CPI1003	617.2914	172.8506	158.3155	0.001508	0.001743	0.001409	-0.000524	-0.000370	0.000499
CPI1004	CPI1006	-390.5955	1448.2249	-1933.6307	0.001755	0.002095	0.001586	-0.000735	-0.000505	0.000689
CPI1006	CPI1003	1007.8892	-1275.3789	2091.9460	0.000925	0.001103	0.000802	-0.000390	-0.000263	0.000345
CPI1004	CPI1005	-1173.8537	1191.6691	-2090.2332	0.001819	0.002130	0.001589	-0.000795	-0.000525	0.000685
CPI1005	CPI1003	1791.1454	-1018.8199	2248.5492	0.001130	0.001339	0.000950	-0.000498	-0.000324	0.000419
CPI1005	CPI1006	783.2563	256.5580	156.6029	0.001178	0.001391	0.001035	-0.000501	-0.000341	0.000449

8.4　形成独立基线文件

由 n 台 GPS 接收机同步观测一个时段，可以得到 $n(n-1)/2$ 条基线向量，其中只有 $n-1$ 条基线向量是独立的。在构网平差时，应选取独立基线向量作为观测值，软件采用如下两种方式解决独立基线向量构网与平差问题。

8.4.1　输入独立基线条数

单击“GPS 数据处理”→“形成独立基线文件”，弹出“生成独立基线文件”对话框，在“生成独立基线方式”中选择“全选”，如图 8-11、图 8-12 所示。

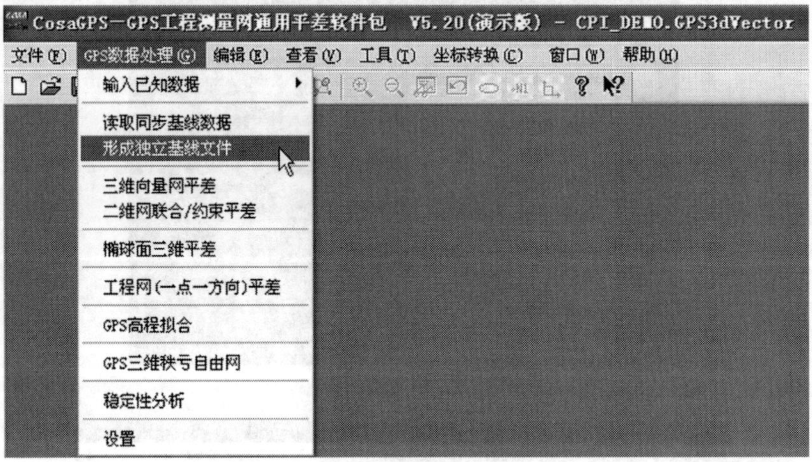

图 8-11

单击“GPS 数据处理”→“设置”，弹出“工程参数设置”对话框，在“独立基线条数”中输入独立基线条数。独立基线条数 $=(n-1)t$，n 为每个同步观测时段采用的 GPS 接收机台数，t 为时段数，如图 8-13 所示。

8.4.2　人工选择独立基线

先利用软件的“生成独立基线方式”，得到初步的独立基线构网方案，其中选择为独立的基线的“标识”为“0”，未选中的基线的“标识”为“1”，然后进行预平差，再查看网图，检查网形是否存在支点，通过人工干预修改构网方案，具体方法是对照网图和“工程名.

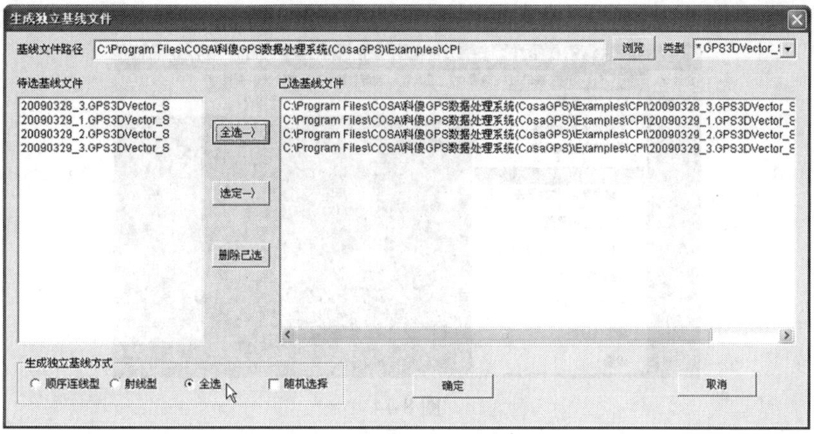

图 8-12

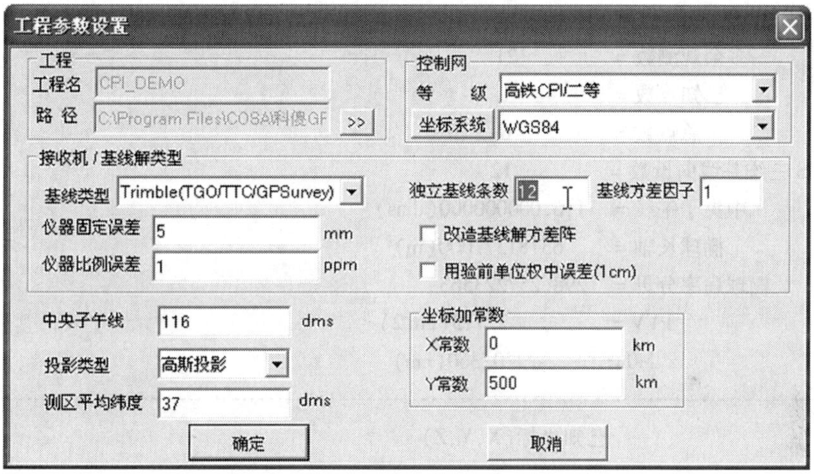

图 8-13

GPS3dVector"修改网形,对于选用的基线,将其"标识"修改为"0",否则为"1"。

后续的平差和精度评定、异步环闭合差计算、重复基线差计算只使用"标识"为"0"的基线,忽略"标识"为"1"的基线。

CosaGPS 采用的选取独立基线方法有顺序连线法、射线法。顺序连线法分为从每个时段的第一条基线开始的连线方法和随机在该同步时段中选择一条基线开始的连线方法,射线法分为从每个时段的第一条基线的起点找射线方法和随机在该同步时段的测站中选择一点找射线方法。

8.5 GPS 三维向量网平差

在 WGS-84 空间直角坐标系中进行三维向量网平差,首先需要至少输入一个点的三维坐标并生成基线向量文件。对于独立的 GPS 网,可取一个点的单点定位解(从基线解文件查取)作为固定坐标,进行无约束平差;若网中联测了多个国家 GPS 点(比如 A 级点、B 级点),可全部作为固定点输入,进行约束平差。可以用(X,Y,Z)或(B,L,H)的格式输入。

单击“GPS数据处理”→“三维向量网平差”(见图8-14),平差结果见图8-15。

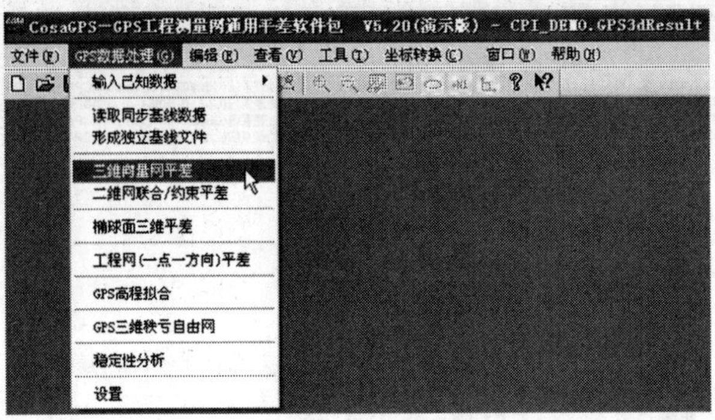

图8-14

CPI_DEMO 三维网平差结果

多余观测数 = 21
已知点数 = 1
总点数 = 6
GPS 三维基线向量数 = 12
中央子午线 = 116.000000000(dms)
椭球长轴 = 6378137.000(m)
椭球扁率分母 = 298.257223563
PVV = 2.715(cm^2)
M0 = 0.360(cm)

已知坐标(X,Y,Z)

No.	Name	X(m)	Y(m)	Z(m)
1	CPI1003	−2235714.3384	4583893.6967	3817435.2874

GPS 三维基线向量观测值

No.	From	To	VectorDX(m)	VectorDY(m)	VectorDZ(m)	Distance(m)
1	CPI1001	CPI1004	−1672.169	903.350	−2035.722	2785.023
2	CPI1001	CPI1003	−1054.861	1076.182	−1877.406	2407.396
3	CPI1001	CPI1002	−574.458	−554.308	314.109	857.860
4	CPI1004	CPI1003	617.291	172.847	158.323	660.296
5	CPI1004	CPI1001	1672.156	−903.335	2035.731	2785.017

图8-15

6	CPI1004	CPI1002	1097.694	-1457.637	2349.842	2975.129
7	CPI1004	CPI1003	617.291	172.851	158.315	660.295
8	CPI1004	CPI1006	-390.596	1448.225	-1933.631	2447.212
9	CPI1004	CPI1005	-1173.854	1191.669	-2090.233	2677.141
10	CPI1005	CPI1003	1791.148	-1018.820	2248.551	3049.948
11	CPI1004	CPI1005	-1173.855	1191.664	-2090.231	2677.137
12	CPI1006	CPI1005	-783.256	-256.555	-156.603	838.949

平差后坐标(X,Y,Z)

No.	Name	X(m)	Y(m)	Z(m)	Mx(cm)	My(cm)	Mz(cm)	Mp(cm)
1	CPI1003	-2235714.3384	4583893.6967	3817435.2874				
2	CPI1001	-2234659.4763	4582817.5140	3819312.6954	0.18	0.19	0.18	0.32
3	CPI1004	-2236331.6307	4583720.8482	3817276.9670	0.16	0.19	0.15	0.29
4	CPI1002	-2235233.9351	4582263.2074	3819626.8061	0.23	0.26	0.23	0.42
5	CPI1006	-2236722.2284	4585169.0722	3815343.3378	0.24	0.29	0.23	0.44
6	CPI1005	-2237505.4853	4584912.5166	3815186.7354	0.18	0.22	0.17	0.33

最弱点

No.	Name	MX(cm)	MY(cm)	MZ(cm)	MP(cm)
5	CPI1006	0.24	0.29	0.23	0.44

三维基线向量残差

No.	From	To	V_DX(cm)	V_DY(cm)	V_DZ(cm)	限差(cm)	
1	CPI1001	CPI1004	1.43	-1.62	-0.64	1.72	合格
2	CPI1001	CPI1003	-0.10	0.04	-0.20	1.66	合格
3	CPI1001	CPI1002	-0.11	0.12	0.17	1.52	合格
4	CPI1004	CPI1003	0.11	0.13	-0.28	1.51	合格
5	CPI1004	CPI1001	-0.18	0.06	-0.23	1.72	合格
6	CPI1004	CPI1002	0.20	-0.37	-0.30	1.75	合格
7	CPI1004	CPI1003	0.09	-0.21	0.49	1.51	合格

续图 8-15

8	CPI1004	CPI1006	-0.22	-0.10	0.16	1.67	合格
9	CPI1004	CPI1005	-0.09	-0.07	0.16	1.70	合格
10	CPI1005	CPI1003	-0.06	0.03	0.12	1.76	合格
11	CPI1004	CPI1005	0.09	0.48	-0.06	1.70	合格
12	CPI1006	CPI1005	-0.07	-0.09	0.05	1.52	合格

三维基线向量可靠性

No.	From	To	内部可靠性		
			DX	DY	DZ
1	CPI1001	CPI1004	0.92	0.90	0.92
2	CPI1001	CPI1003	0.39	0.27	0.38
3	CPI1001	CPI1002	0.26	0.15	0.25
4	CPI1004	CPI1003	0.70	0.78	0.73
5	CPI1004	CPI1001	0.66	0.75	0.67
6	CPI1004	CPI1002	0.53	0.68	0.55
7	CPI1004	CPI1003	0.77	0.71	0.75
8	CPI1004	CPI1006	0.60	0.52	0.58
9	CPI1004	CPI1005	0.76	0.71	0.74
10	CPI1005	CPI1003	0.42	0.46	0.41
11	CPI1004	CPI1005	0.75	0.79	0.78
12	CPI1006	CPI1005	0.23	0.29	0.23
累计内部可靠性			7.00	7.00	7.00
平均内部可靠性			0.58	0.58	0.58
内部可靠性总和			21.00		
内部可靠性均值			0.58		

平差后边长及精度

No.	FROM	TO	S(m)	MS(cm)	MS:S	ppm
1	CPI1001	CPI1004	2785.014	0.18	1/1541000	0.65
2	CPI1001	CPI1003	2407.398	0.16	1/1460000	0.68
3	CPI1001	CPI1002	857.860	0.16	1/543000	1.84
4	CPI1004	CPI1003	660.297	0.14	1/469000	2.13
5	CPI1004	CPI1001	2785.014	0.18	1/1541000	0.65

续图 8-15

6	CPI1004	CPI1002	2975.130	0.22	1/1339000	0.75
7	CPI1004	CPI1003	660.297	0.14	1/469000	2.13
8	CPI1004	CPI1006	2447.211	0.20	1/1227000	0.82
9	CPI1004	CPI1005	2677.140	0.16	1/1651000	0.61
10	CPI1005	CPI1003	3049.949	0.18	1/1738000	0.58
11	CPI1004	CPI1005	2677.140	0.16	1/1651000	0.61
12	CPI1006	CPI1005	838.950	0.17	1/484000	2.07

最弱边

No.	FROM	TO	S(m)	MS(cm)	MS:S	ppm
4	CPI1004	CPI1003	660.297	0.14	1/469000	2.13

大地坐标，二维平面投影坐标，误差椭圆参数

中央子午线 = 116.000000000(dms)
X 坐标常数 = 0.0000(m)
Y 坐标常数 = 500000.0000(m)

No.	Name	B(dms) x(m)	dB(cm) dx(cm) E(cm)	L(dms) y(m)	dL(cm) dy(cm) F(cm)	H(m) T(dms)	dH(cm)
1	CPI1003	37.000000000	0.00	116.000000000	0.00	70.000	0.00
		4096510.975	0.00	500000.000	0.00		
			0.00		0.00	0.0000	
2	CPI1001	37.011654730	0.16	115.594072980	0.15	58.509	0.22
		4098870.726	0.16	499523.668	0.15		
			0.17		0.15	153.4815	
3	CPI1004	36.595364781	0.15	116.002550283	0.14	66.796	0.20
		4096315.179	0.15	500630.584	0.14		
			0.15		0.13	163.2854	
4	CPI1002	37.012949507	0.22	116.001144835	0.20	50.925	0.30
		4099269.861	0.22	500282.974	0.20		
			0.22		0.20	157.5546	
5	CPI1006	36.583480084	0.23	116.001402141	0.21	79.922	0.31

续图 8-15

		4093884.542	0.23	500346.793	0.21		
			0.23		0.21	159.0632	
6	CPI1005	36.582853993	0.17	116.004703048	0.16	75.915	0.23
		4093691.610	0.17	501163.237	0.16		
			0.18		0.16	164.0851	

续图 8-15

8.6 GPS 二维网联合/约束平差

为了将 WGS－84 坐标系下的坐标转换到地方坐标系，可以通过具有两个坐标系坐标的公共点来进行约束平差，实现这种坐标转换。

单击“GPS 数据处理”→“二维网联合/约束平差”，如图 8-16 所示，平差结果见图 8-17。

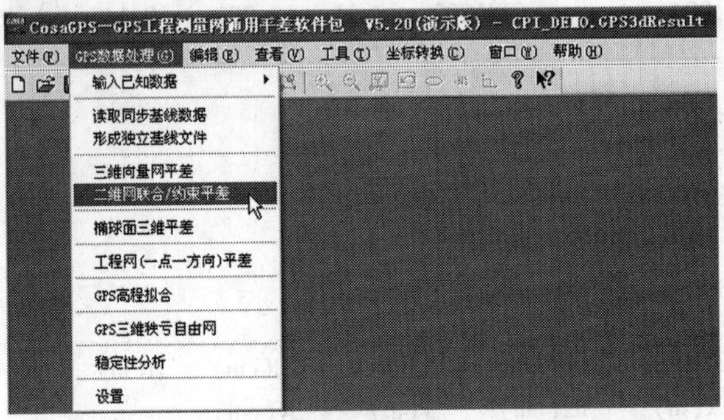

图 8-16

CPI_DEMO 二维网平差结果

多余观测数 = 14

已知点数 = 2

总点数 = 6

GPS 基线向量数 = 12

地面边长数 = 0

地面方位角数 = 0

旋转角(GPS－＞地面) = 0.000008362(dms)

尺度(GPS－＞地面) = －0.0953(ppm)

中央子午线 = 116.000000000(dms)

椭球长轴 = 6378137.000(m)

椭球扁率分母 = 298.257223563

PVV = 1.213(cm^2)

M0 = 0.294(cm)

图 8-17

已知坐标(X,Y)

No.	Name	X(m)	Y(m)
1	CPI1003	4096510.9750	500000.0000
2	CPI1001	4098870.7250	499523.6670

GPS 二维基线向量

No.	From	To	VectorDX(m)	VectorDY(m)	Distance(m)
1	CPI1001	CPI1004	-2555.554	1106.922	2784.983
2	CPI1001	CPI1003	-2359.749	476.331	2407.344
3	CPI1001	CPI1002	399.135	759.305	857.819
4	CPI1004	CPI1003	195.799	-630.582	660.281
5	CPI1004	CPI1001	2555.549	-1106.917	2784.977
6	CPI1004	CPI1002	2954.682	-347.610	2975.060
7	CPI1004	CPI1003	195.791	-630.584	660.280
8	CPI1004	CPI1006	-2430.638	-283.793	2447.149
9	CPI1004	CPI1005	-2623.570	532.652	2677.095
10	CPI1005	CPI1003	2819.364	-1163.238	3049.908
11	CPI1004	CPI1005	-2623.566	532.656	2677.092
12	CPI1006	CPI1005	-192.933	816.443	838.929

平差坐标(X,Y)

No.	Name	X(m)	Y(m)	Mx(cm)	My(cm)	Mp(cm)
1	CPI1003	4096510.9750	500000.0000			
2	CPI1001	4098870.7250	499523.6670			
3	CPI1004	4096315.1793	500630.5840	0.16	0.15	0.21
4	CPI1002	4099269.8606	500282.9722	0.17	0.17	0.24
5	CPI1006	4093884.5429	500346.7945	0.30	0.28	0.41
6	CPI1005	4093691.6109	501163.2382	0.28	0.27	0.39

最弱点

No.	Name	MX(cm)	MY(cm)	MP(cm)
5	CPI1006	0.30	0.28	0.41

续图 8-17

误差椭圆参数(E,F,T)

No.	Name	E(cm)	F(cm)	T(dms)
1	CPI1003	0.00	0.00	0.0000
2	CPI1001	0.00	0.00	0.0000
3	CPI1004	0.16	0.14	161.3442
4	CPI1002	0.18	0.16	150.3434
5	CPI1006	0.30	0.28	158.0028
6	CPI1005	0.28	0.26	151.0614

二维基线向量残差

No.	From	To	V_DX(cm)	V_DY(cm)
1	CPI1001	CPI1004	0.78	-0.55
2	CPI1001	CPI1003	-0.19	0.09
3	CPI1001	CPI1002	0.01	0.03
4	CPI1004	CPI1003	-0.28	-0.17
5	CPI1004	CPI1001	-0.30	0.11
6	CPI1004	CPI1002	-0.04	-0.06
7	CPI1004	CPI1003	0.51	-0.00
8	CPI1004	CPI1006	0.11	0.23
9	CPI1004	CPI1005	0.14	0.11
10	CPI1005	CPI1003	0.05	0.03
11	CPI1004	CPI1005	-0.29	-0.30
12	CPI1006	CPI1005	0.07	0.10

二维基线向量可靠性

No.	From	To	内部可靠性 DX	内部可靠性 DY
1	CPI1001	CPI1004	0.90	0.92
2	CPI1001	CPI1003	0.29	0.38
3	CPI1001	CPI1002	0.15	0.26
4	CPI1004	CPI1003	0.80	0.71
5	CPI1004	CPI1001	0.75	0.67
6	CPI1004	CPI1002	0.67	0.52
7	CPI1004	CPI1003	0.70	0.77
8	CPI1004	CPI1006	0.51	0.57
9	CPI1004	CPI1005	0.69	0.74

续图 8-17

10	CPI1005	CPI1003	0.45	0.44
11	CPI1004	CPI1005	0.81	0.76
12	CPI1006	CPI1005	0.29	0.25
累计内部可靠性			7.00	7.00
平均内部可靠性			0.58	0.58
内部可靠性总和			14.00	
内部可靠性均值			0.58	

平差后方位角、边长及精度

No.	FROM	TO	A(dms)	MA(s)	S(m)	MS(cm)	MS:S	ppm
1	CPI1001	CPI1004	156.34497	0.11	2784.9738	0.16	1/1752000	0.57
2	CPI1001	CPI1003	168.35160	0.00	2407.3457	0.00	0	0.00
3	CPI1001	CPI1002	62.16154	0.42	857.8191	0.16	1/524000	1.91
4	CPI1004	CPI1003	287.14583	0.48	660.2819	0.15	1/441000	2.26
5	CPI1004	CPI1001	336.34497	0.11	2784.9738	0.16	1/1752000	0.57
6	CPI1004	CPI1002	353.17244	0.14	2975.0589	0.22	1/1328000	0.75
7	CPI1004	CPI1003	287.14583	0.48	660.2819	0.15	1/441000	2.26
8	CPI1004	CPI1006	186.39340	0.19	2447.1472	0.24	1/1018000	0.98
9	CPI1004	CPI1005	168.31243	0.15	2677.0938	0.22	1/1233000	0.81
10	CPI1005	CPI1003	337.34462	0.18	3049.9077	0.28	1/1076000	0.93
11	CPI1004	CPI1005	168.31243	0.15	2677.0938	0.22	1/1233000	0.81
12	CPI1006	CPI1005	103.17439	0.44	838.9297	0.17	1/483000	2.07

最弱边

No.	FROM	TO	A(dms)	MA(s)	S(m)	MS(cm)	MS:S	ppm
4	CPI1004	CPI1003	287.14583	0.48	660.2819	0.15	1/441000	2.26

相邻点坐标分量及其相对中误差

No.	FROM	TO	dX(m)	dY(m)	mdX(cm)	mdY(cm)
1	CPI1001	CPI1004	-2555.5457	1106.9170	0.16	0.15 合格
2	CPI1001	CPI1003	-2359.7500	476.3330	0.00	0.00 合格
3	CPI1001	CPI1002	399.1356	759.3052	0.17	0.17 合格
4	CPI1004	CPI1003	195.7957	-630.5840	0.16	0.15 合格
5	CPI1004	CPI1001	2555.5457	-1106.9170	0.16	0.15 合格
6	CPI1004	CPI1002	2954.6813	-347.6119	0.22	0.21 合格
7	CPI1004	CPI1003	195.7957	-630.5840	0.16	0.15 合格

续图 8-17

8	CPI1004	CPI1006	-2430.6364	-283.7895	0.24	0.23 合格
9	CPI1004	CPI1005	-2623.5683	532.6542	0.22	0.20 合格
10	CPI1005	CPI1003	2819.3641	-1163.2382	0.28	0.27 合格
11	CPI1004	CPI1005	-2623.5683	532.6542	0.22	0.20 合格
12	CPI1006	CPI1005	-192.9320	816.4437	0.18	0.17 合格

续图 8-17

8.7 GPS 高程拟合

GPS 测定的是相对于 WGS-84 参考椭球的大地高,而我国采用的是相对于似大地水准面的正常高高程系统。大地高和正常高的差值称为高程异常。

研究将 GPS 测定的大地高转换为正常高,实质是确定高程异常的问题。解决这一问题的通常做法是在一些 GPS 点上测定其正常高,求出这些点上的高程异常,拟合出似大地水准面的曲面形状,然后由待转换点的坐标确定高程异常,进而确定其正常高。

GPS 高程拟合常采用多项式曲面拟合法,按照多项式次数的不同,又可分为常数法、平面法、二次曲面法等。常数拟合模型至少需要一个公共高程点,平面拟合模型至少需要三个公共高程点,曲面拟合模型至少需要六个公共高程点。

COSA-GPS 平差软件采用了常数法、平面法、二次曲面法。

单击"GPS 数据处理"→"GPS 高程拟合"(见图 8-18),弹出"选择高程拟合模型"对话框,如图 8-19 所示,根据测区已知高程点数量及地形起伏情况选择拟合模型。平差结果见图 8-20。

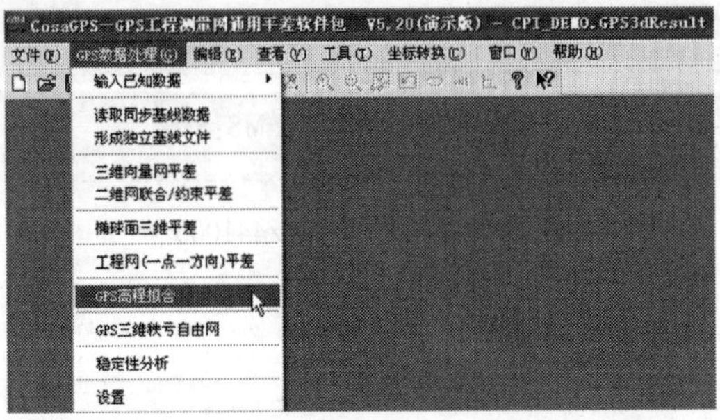

图 8-18

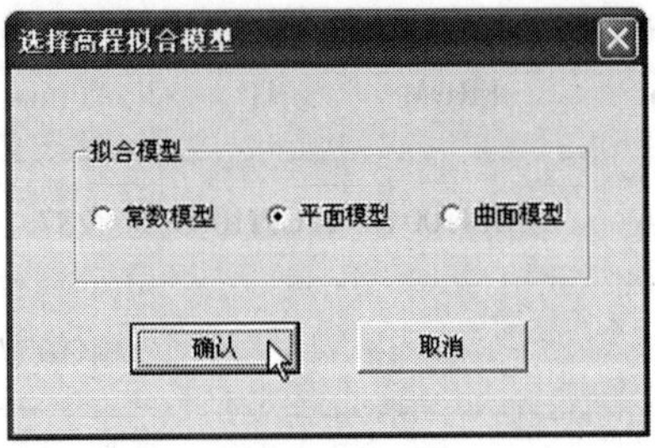

图 8-19

CPI_DEMO 高程拟合结果

多余观测数 = 0

已知点数 = 3

总点数 = 6

椭球长轴 = 6378137.00000(dms)

图 8-20

椭球扁率分母 = 298.257223563

PVV = 0.000(cm^2)

M0 = 0.000(cm)

拟合模型：N = f(B,L) = f1 + f2 * B + f3 * L

f1 = 43.5567370

f2 = 17.5885128

f3 = -22.1857670

(B,L)以弧度为单位

已知正常高(m)

点名	正常高(m)
CPI1001	48.5020
CPI1002	40.9210
CPI1003	60.0020

GPS 大地高(m)

点名	纬度(dms)	经度(dms)	大地高(m)
CPI1003	37.0000	116.0000	70.0000
CPI1001	37.0117	115.5941	58.5086
CPI1004	36.5954	116.0026	66.7957
CPI1002	37.0129	116.0011	50.9254
CPI1006	36.5835	116.0014	79.9220
CPI1005	36.5829	116.0047	75.9149

拟合正常高(m)

点名	正常高	高程异常
CPI1003	60.0020	9.9980
CPI1001	48.5020	10.0066
CPI1004	56.8010	9.9947
CPI1002	40.9210	10.0044
CPI1006	69.9328	9.9892
CPI1005	65.9298	9.9851

续图 8-20

第2篇　地面控制网数据处理

第9章　地面控制网数据处理原理

9.1　平面控制网概算

平面控制测量数据是在地面上获得的,测量的基准面和基准线是大地水准面和铅垂线。我们知道,大地水准面是不规则的曲面,在这样的曲面上进行测量计算是非常复杂的。因此,首先将地面观测值归算到一个规则曲面——参考椭球面上。

另外,参考椭球面虽然具有规则的几何形状,然而,在这样的曲面上进行测量计算并不简单,因此为了便于测量计算和生产实践,还需要将参考椭球面上的观测值进一步归算到高斯平面上。

9.1.1　概算的准备工作

9.1.1.1　外业成果资料的检查

外业资料是控制测量的原始记录,在概算前对外业观测成果及资料应进行认真全面的检查,检查的项目和内容如下:

(1)观测手簿。观测手簿包括水平方向手簿、垂直角手簿及边长手簿。检查这些原始数据是否清楚,运算是否正确和合乎要求,各项限差是否满足有关的限差要求。

(2)观测记簿。要全面核对记簿和手簿有关内容是否有差错,成果的取舍和重测是否合理,分组观测是否合乎要求,测站平差是否正确。把检查后确认无误的水平方向值填入水平方向表中。

(3)归心投影用纸。原始投影点、线是否清楚、正确,投影时间、次数是否合乎要求,示误三角形、检查角及投影偏差是否合限。

(4)仪器检验资料及其他。仪器检验项目、方法及次数是否符合规定,计算是否正确,检验结果是否满足限差的要求。

9.1.1.2　已知数据表和控制网略图的编制

已知数据是计算的依据,如果抄录有误,将对计算结果产生系统性影响,因而这项工作需由两名具有一定水平的技术人员独立编制,经仔细校对后方能使用。

为了概算和以后平差计算的需要,需绘制控制网资用略图。起算点根据坐标展绘并标以红色,起算边用红线表示。从起算点出发,用角度交会或距离交会展绘所有其他控制点,各控制点及其相应方向均用黑色绘出,在边角网中应标明测距的边长。

9.1.2 观测成果化至标石中心的计算

9.1.2.1 三角形近似边长及球面角超的计算

1.近似边长计算

为了计算归心改正数、近似坐标、球面角超及推算三角高程,必须计算三角网中各边的近似边长。如图 9-1 所示,近似边长的计算按三角形正弦进行:

$$\left.\begin{aligned} a &= b\frac{\sin A}{\sin B} \\ c &= b\frac{\sin C}{\sin B} \end{aligned}\right\} \tag{9-1}$$

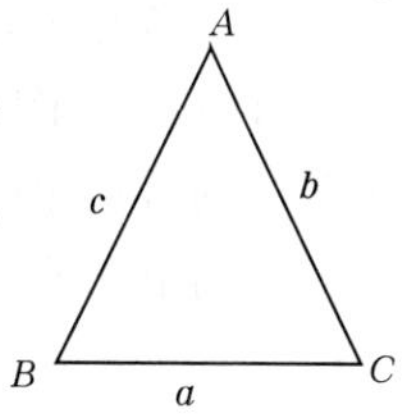

图 9-1

2.球面角超的计算

为了检查方向改正计算的正确性和近似平面角的计算,要计算球面角超,其计算公式为:

$$\varepsilon = fab\sin C = fac\sin B = fbc\sin A$$

式中 $f = \frac{\rho}{2R^2}$,以测区平均纬度 B_m 在《高斯 - 克吕格投影用表》中查取。

9.1.2.2 观测值化至标石中心的计算

为了将观测方向值归算到标石中心的方向值,必须将观测方向值加上测站点归心改正和照准点归心改正,其计算公式如下。

测站点归心改正公式:

$$C_i = \frac{e_y \sin(M_1 + \theta_y)}{s_{ik}}\rho \tag{9-2}$$

照准点归心改正公式:

$$r_k = \frac{e_T \sin(M_2 + \theta_T)}{s_{ik}}\rho \tag{9-3}$$

观测边长化至标石中心的计算:如果在三角网中加测了若干条电磁波测距的边长,当测距时存在偏心时,对这些边也应计算归心改正,使其归算到标石中心的观测边长。

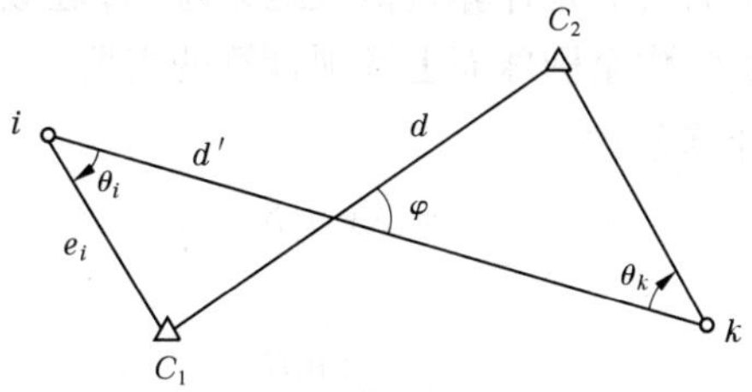

图 9-2

由图 9-2 可得

$$d = \left[(d' - e_i\cos\theta_i - e_k\cos\theta_k)^2 + (e_i\sin\theta_i + e_k\sin\theta_k)^2\right]^{\frac{1}{2}} \tag{9-4}$$

9.1.3 观测值化至椭球面上的计算

9.1.3.1 预备计算

将地面观测值化至椭球面上的计算需要有关边长的近似大地方位角，为此需要做一些必要的预备计算工作。

1. 三角形闭合差及测角中误差的计算

计算三角形闭合差的目的是计算近似平面归化角和测角中误差，求解近似归化角是为求各边的近似坐标方位角和各点近似坐标做好准备工作。

三角形闭合差按下式计算：

$$\omega'' = \sum \beta - (180^\circ + \varepsilon'') \tag{9-5}$$

按 $-\dfrac{\omega''}{3}$ 平均分配给各角。

测角中误差按菲列罗公式计算：

$$m'' = \pm \sqrt{\frac{[\omega\omega]}{3n}} \tag{9-6}$$

2. 近似坐标的计算

为了计算子午线收敛角及方向改正和距离改正，需计算各三角点的近似坐标。坐标计算有两种方法。

变形戎格公式：

$$\left.\begin{aligned} x_3 &= \frac{x_1\cot 2 + x_2\cot 1 - y_1 + y_2}{\cot 1 + \cot 2} \\ y_3 &= \frac{y_1\cot 2 + y_2\cot 1 - x_1 + x_2}{\cot 1 + \cot 2} \end{aligned}\right\} \tag{9-7}$$

三角形编号如图 9-3 所示，1、2 为已知点，3 为待定点。

坐标增量公式：

$$\left.\begin{aligned} x_2 &= x_1 + \Delta x_{12} = x_1 + D'_{12}\cos T'_{12} \\ y_2 &= y_1 + \Delta y_{12} = y_1 + D'_{12}\sin T'_{12} \end{aligned}\right\} \tag{9-8}$$

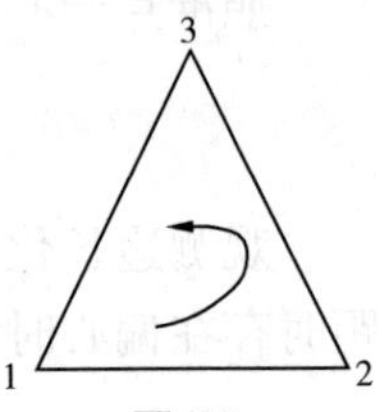

图 9-3

3. 近似子午线收敛角及近似大地方位角的计算

计算近似子午线收敛角的目的是计算近似大地方位角，近似大地方位角计算的目的是满足观测值归化至椭球面上各项计算的需要。

近似子午线收敛角的计算公式：

$$\gamma' = Ky + \delta_r \tag{9-9}$$

其中

$$K = \frac{\rho' \tan B}{N}$$

$$\delta_r = -\frac{y^3\rho'(\tan B + \tan^3 B - \tan B\eta^2)}{3N^3}$$

K 和 δ_r 可在《测量计算用表》中按近似坐标 x, y 查取。

近似大地方位角的计算公式：

$$A'_{12} = T'_{12} + \gamma' \tag{9-10}$$

4. 已知数据的换算

(1)平面直角坐标换算为大地坐标。

为了计算已知点的子午线收敛角 γ 和垂线偏差分量,当已知点的起算坐标为高斯投影平面直角坐标 x、y 时,则应将它换算为大地坐标。换算公式为高斯投影坐标反算公式:

$$\left.\begin{aligned} B &= B_f - y'(A_1 + A_2 y') - \delta''_B \\ L &= L_0 + l'' = L_0 + y:(b_1 + B_2 y') + \delta''_l \end{aligned}\right\} \tag{9-11}$$

(2)已知子午线收敛角的计算。

为将已知点上的天文方位角换成大地方位角,应该首先计算出该点上的子午线收敛角。计算公式如下:

$$\gamma'' = l''(c_1 + c_1 l') + \delta_r \tag{9-12}$$

5. 垂线偏差分量的计算

为对水平方向施加垂线偏差改正,必须计算各点的垂线偏差分量 ξ、η。如果有测区范围内的垂线偏差分量图,那么可根据各三角点的近似坐标由图直接查取,可不必进行此项计算。如果没有垂线偏差分量图,可视以下两种情况采用不同方法进行计算。

对有天文观测资料的全部三角点,按下式求出垂线偏差分量:

$$\left.\begin{aligned} \xi &= \varphi - B \\ \eta &= (\lambda - L)\cos\varphi \end{aligned}\right\} \tag{9-13}$$

对有重力资料的三角点,按下式计算:

$$\left.\begin{aligned} \xi &= \xi_P + \delta_\xi \\ \eta &= \eta_P + \delta_\eta \end{aligned}\right\} \tag{9-14}$$

$$\left.\begin{aligned} \delta_\xi &= \frac{\sum(\xi^0 - \xi_P^0)}{n} \\ \delta_\eta &= \frac{\sum(\eta^0 - \eta_P^0)}{n} \end{aligned}\right\} \tag{9-15}$$

6. 大地水准面差距的计算

为将基线长度归算至参考椭球面以及为了在水平方向中加入标高差改正数,需计算各三角点的大地水准面差距 h。如有大地水准面差距图,可采用天文水准的方法推求,其公式为:

$$h_2 - h_1 = -\frac{s}{2\rho''}[(\eta_1 + \eta_2)\sin A_{12} + (\xi_1 + \xi_2)\cos A_{12}] \tag{9-16}$$

7. 三角点上的三角高程的计算

为了计算三差改正中的标高差改正数,必须知道各三角点的高程。在没有几何水准测定高程的三角点上,可用三角高程方法推求,其计算公式为:

$$H = H_1 + S\tan\alpha_{12} + cS^2 + i_1 - a_2 + \Delta h_{12} \tag{9-17}$$

9.1.3.2 观测值化至椭球面上的计算

1. 观测方向值归化改正数的计算

水平方向归化到椭球面上必须在测站平差和归心改正后的方向值中加入垂线偏差改正、标高差改正和由法截弧方向化为大地线方向的改正。

(1)垂线偏差改正。其计算公式为：

$$\delta''_u = -(\xi_1 \sin A'_{12} - \eta_1 \cos A'_{12}) \tan\alpha_{12} \tag{9-18}$$

(2)标高差改正。其计算公式为：

$$\delta''_h = [H_2^0 + h_2 + a_2]_2 (1)_2 \frac{e^2}{2} \cos^2 B_2 \sin 2A'_{12} = K_1 \sin 2A'_{12} \tag{9-19}$$

式中 H_2^0——照准点的海拔；

h_2——照准点的大地水准面差距；

a_2——标高。

(3)由法截弧方向化为大地线方向的改正。其计算公式为：

$$\delta''_g = -\frac{e^2}{12\rho''} s^2 (2)_1^2 \cos^2 B \sin 2A'_{12} = K_2 \sin 2A'_{12} \tag{9-20}$$

2. 基线长度和观测边长的归化改正

起算边长以及实测边长都应归化为椭球面上的大地线长度。其归化公式如下：

$$\Delta s = -d \frac{H_m}{R + H_m} \tag{9-21}$$

9.1.4 椭球面上的观测值化至高斯平面上的计算

为了在平面上进行平差，还必须将椭球面上观测值化算到高斯投影平面上。这项工作包括方向改化、距离改化和大地方位角化算为坐标方位角等三项内容。

9.1.4.1 方向改化的计算

为将椭球面上方向值化算到高斯平面上，需计算方向改化用的方向改正数，公式如下：

$$\left.\begin{aligned} \delta''_{12} &= -\frac{f_m}{3}(x_2 - x_1)(2y_1 + y_2) \\ \delta''_{21} &= \frac{f_m}{3}(x_2 - x_1)(2y_2 + y_1) \end{aligned}\right\} \tag{9-22}$$

三、四等方向改正计算公式为：

$$\delta''_{12} = |\delta''_{21}| = \frac{\rho''}{2R_m^2} y_m \Delta x = f_m \Delta x y_m \tag{9-23}$$

9.1.4.2 距离改化的计算

为把椭球面上的大地线的长度化算为高斯平面上的直线长度，需计算距离改化的改正数，公式如下：

$$D = \left(1 + \frac{y_m^2}{2R_m} + \frac{\Delta y^2}{24R_m^2}\right) S = (1 + K) S \tag{9-24}$$

式中 S——椭球面上大地线的长度；

D——高斯平面上长度。

9.1.4.3 大地方位角化算为坐标方位角的计算

为了在高斯平面上进行坐标计算，要求推求各边的坐标方位角，为此需要把起始大地方位角化算为坐标方位角，其计算公式为：

$$T_{12} = A_{12} - \gamma_1 + \delta_{12} \tag{9-25}$$

9.1.5 依控制网几何条件检查观测质量

按控制网几何条件检查观测质量是从各测站结果之间应满足的几何条件的关系式出发来全面考虑的。它不仅反映作业本身的误差，也包含了某些粗差和系统误差的综合影响，因而能全面反映观测质量。

9.1.5.1 依控制网几何质量检查观测质量的主要内容

外业成果质量检查的内容和步骤如下：

(1)计算角度条件闭合差并用限差进行检验。

(2)按菲列罗公式计算测角中误差。

(3)计算正弦条件闭合差并用限差值进行检验。

9.1.5.2 依几何条件查寻闭合差超限的测站

依控制网几何条件检查观测质量，主要是用客观检验尺度来验证观测结果是否合乎要求，因此检验的过程也是揭露矛盾和暴露矛盾的过程。在检查中，如果发现某项检验不通过，就要集中全力，全面分析和寻找可能出现大误差的测站，进行重测，以保证最后结果全部合乎限差要求。

9.1.6 资用坐标计算

资用坐标是用概算后的平面方向值推算的，由于没有经过平差，所以是一种概略坐标。某些地区因任务紧迫，急需平面坐标，此时只有提供资用坐标，以满足测区和其他一般性工作的需要。资用坐标的另一种用途是：按坐标平差法时作近似坐标用。

资用坐标计算方法有两种：一种是按坐标增量计算，另一种是按变形戎格公式计算。

9.2 平面控制网平差原理

9.2.1 测量平差的数学模型与基本公式

9.2.1.1 条件平差的数学模型

1. 基础方程和它的解

设某一个平差问题，有 n 个观测值为 L_1、L_2、…、L_n，平差值为 $\hat{L}_1$、$\hat{L}_2$、…、$\hat{L}_n$，相应的权为 P_1、P_2、…、P_n。必要观测个数为 t，多余观测个数为 r。

由于存在多余观测，使得平差值之间产生条件方程，有一个多余观测就产生一个条件方程，有 r 个多余观测，就产生 r 个条件方程。

其形式为：

$$\left.\begin{aligned} a_1\hat{L}_1 + a_2\hat{L}_2 + \cdots + a_n\hat{L}_n + a_0 &= 0 \\ b_1\hat{L}_1 + b_2\hat{L}_2 + \cdots + b_n\hat{L}_n + b_0 &= 0 \\ &\vdots \\ r_1\hat{L}_1 + r_2\hat{L}_2 + \cdots + r_n\hat{L}_n + r_0 &= 0 \end{aligned}\right\} \tag{9-26}$$

设$\underset{r\times n}{A}$表示条件方程的系数矩阵，$\underset{n\times 1}{V}$表示改正数矩阵，$\underset{r\times 1}{W}$表示条件方程的闭合差矩阵，$\underset{n\times 1}{L}$为观测值矩阵，$\underset{r\times 1}{A_0}$为条件方程的常数矩阵，即

$$\underset{r\times 1}{A_0}=\begin{bmatrix}a_0\\b_0\\\vdots\\r_0\end{bmatrix},\underset{r\times n}{A}=\begin{bmatrix}a_1&a_2&\cdots&a_n\\b_1&b_2&\cdots&b_n\\\vdots&\vdots&&\vdots\\r_1&r_2&\cdots&r_n\end{bmatrix},\underset{n\times 1}{\hat{L}}=\begin{bmatrix}\hat{L}_1\\\hat{L}_2\\\vdots\\\hat{L}_n\end{bmatrix},\underset{r\times 1}{W}=\begin{bmatrix}w_a\\w_b\\\vdots\\w_r\end{bmatrix}$$

则式(9-26)表达为：

$$AV+W=0 \tag{9-27}$$

设观测值的权阵P为$n\times n$的对角阵，按求函数极值的拉格朗日乘数法，设乘数为$K=(k_a\quad k_b\quad \cdots\quad k_r)^{\mathrm{T}}$，组成函数

$$\Phi=V^{\mathrm{T}}PV-2K^{\mathrm{T}}(AV+W)$$

为求新函数Φ的极值，对上式的变量V求一阶偏导数，并令其为零，于是有

$$\frac{\mathrm{d}\Phi}{\mathrm{d}V}=2V^{\mathrm{T}}P-2K^{\mathrm{T}}A=0$$

等式两边同时转置得

$$PV=A^{\mathrm{T}}K$$

得改正数V的计算公式为：

$$V=P^{-1}A^{\mathrm{T}}K \tag{9-28}$$

式(9-28)就是改正数方程的矩阵形式。

若将式(9-28)代入式(9-27)可得法方程的矩阵表达式：

$$AP^{-1}A^{\mathrm{T}}K+W=0 \tag{9-29}$$

设$N_{aa}=AP^{-1}A^{\mathrm{T}}$，则式(9-29)可表示为：

$$N_{aa}K+W=0 \tag{9-30}$$

可得

$$K=-N_{aa}^{-1}W \tag{9-31}$$

2. 精度评定

(1)单位权中误差。

$$\hat{\sigma}_0=\pm\sqrt{\frac{V^{\mathrm{T}}PV}{n-t}} \tag{9-32}$$

(2)平差值的协因数阵。

$$Q_{\hat{L}\hat{L}}=Q-QA^{\mathrm{T}}N_{aa}^{-1}AQ \tag{9-33}$$

(3)平差值函数的协因数。

设平差值的函数为：

$$\Phi=f(\hat{L}_1,\hat{L}_2,\cdots,\hat{L}_n) \tag{9-34}$$

其全微分形式为：

$$\mathrm{d}\Phi=\left(\frac{\partial f}{\partial\hat{L}_1}\right)_{\hat{L}=L}\mathrm{d}\hat{L}_1+\left(\frac{\partial f}{\partial\hat{L}_2}\right)_{\hat{L}=L}\mathrm{d}\hat{L}_2+\cdots+\left(\frac{\partial f}{\partial\hat{L}_n}\right)_{\hat{L}=L}\mathrm{d}\hat{L}_n \tag{9-35}$$

$$= f_1 \mathrm{d}\hat{L}_1 + f_2 \mathrm{d}\hat{L}_2 + \cdots + f_n \mathrm{d}\hat{L}_n$$

$$Q_{\varphi\varphi} = f^{\mathrm{T}} Q f - (AQf)^{\mathrm{T}} N_{aa}^{-1} AQf \tag{9-36}$$

9.2.1.2 间接平差的数学模型

间接平差又称参数平差。通过选取 t 个未知参数,将平差值表示为未知参数的函数,首先通过求解未知参数,然后求改正数及平差值。

1. 基础方程和它的解

设平差问题中,有 n 个不等精度的独立观测 $\underset{n\times1}{L}$,相应权为 $p_i(i=1,2,\cdots,n)$,并设需 t 个必要观测,用 $\underset{t\times1}{X}$ 表示选定的未知数,按题列出 n 个平差值方程为:

$$\left.\begin{aligned} \hat{L}_1 &= L_1 + v_1 = a_1x_1 + b_1x_2 + \cdots + t_1x_t + d_1 \\ \hat{L}_2 &= L_2 + v_2 = a_2x_1 + b_2x_2 + \cdots + t_2x_t + d_2 \\ &\vdots \\ \hat{L}_n &= L_n + v_n = a_nx_1 + b_nx_2 + \cdots + t_nx_t + d_n \end{aligned}\right\} \tag{9-37}$$

令 $x_i = x_i^0 + \delta x_i$,则式(9-37)变为:

$$\left.\begin{aligned} v_1 &= a_1\delta x_1 + b_1\delta x_2 + \cdots + t_1\delta x_t + l_1 \\ v_2 &= a_2\delta x_1 + b_2\delta x_2 + \cdots + t_2\delta x_t + l_2 \\ &\vdots \\ v_n &= a_n\delta x_1 + b_n\delta x_2 + \cdots + t_n\delta x_t + l_n \end{aligned}\right\} \tag{9-38}$$

式(9-38)称为误差方程,式中 a_i、b_i、$\cdots t_i$、l_i 为误差方程系数及常数项,且

$$l_i = a_i x_1^0 + b_i x_2^0 + \cdots + t_i x_i^0 + d_i - L_i \quad (i = 1,2,\cdots,n)$$

若设 $\underset{n\times1}{V} = \begin{bmatrix} v_1 \\ v_2 \\ \vdots \\ v_n \end{bmatrix}$, $\underset{t\times1}{\delta x} = \begin{bmatrix} \delta x_1 \\ \delta x_2 \\ \vdots \\ \delta x_t \end{bmatrix}$, $\underset{n\times1}{l} = \begin{bmatrix} l_1 \\ l_2 \\ \vdots \\ l_n \end{bmatrix}$, $\underset{n\times t}{B} = \begin{bmatrix} a_1 & b_1 & \cdots & t_1 \\ a_2 & b_2 & \cdots & t_2 \\ \vdots & \vdots & & \vdots \\ a_n & b_n & \cdots & t_n \end{bmatrix}$, $\underset{n\times n}{P} = \begin{bmatrix} p_1 & 0 & \cdots & 0 \\ 0 & p_2 & \cdots & 0 \\ \vdots & \vdots & & \vdots \\ 0 & 0 & \cdots & p_n \end{bmatrix}$,则式(9-38)的矩阵形式为:

$$V = B\delta x + l \tag{9-39}$$

根据最小二乘原理,式(9-39)中 δx 必须满足 $V^{\mathrm{T}}PV = \min$,按求函数自由极值的方法,得

$$\frac{\partial V^{\mathrm{T}}PV}{\partial \delta x} = 2V^{\mathrm{T}}P\frac{\partial V}{\partial \delta x} = V^{\mathrm{T}}PB = 0$$

转置后得

$$B^{\mathrm{T}}PV = 0 \tag{9-40}$$

将式(9-39)代入式(9-40)得

$$B^{\mathrm{T}}PB\delta x + B^{\mathrm{T}}Pl = 0 \tag{9-41}$$

令 $N_{bb} = B^{\mathrm{T}}PB, W = B^{\mathrm{T}}Pl$ 得

$$N_{bb}\delta x + W = 0 \tag{9-42}$$

可得

$$\delta x = -N_{bb}^{-1}W \tag{9-43}$$

将式(9-43)算得的 δx 代入式(9-39)求出改正数向量 V,进而求出观测平差值。

2. 精度评定

(1)单位权中误差。

$$\hat{\sigma}_0 = \pm\sqrt{\frac{V^{\mathrm{T}}PV}{n-t}} \tag{9-44}$$

(2)未知数的协因数阵。

$$Q_{xx} = N_{bb}^{-1} \tag{9-45}$$

即法方程系数矩阵的逆阵就是未知数向量的权逆阵。

(3)未知数函数的协因数。

间接平差中,平差后得到了未知数平差值及观测值的平差值,但往往在许多平差问题中,除了得到上述结果,还需根据未知数的平差计算某些量,这些是未知数的函数,故也应作精度评定。

设某平差问题的未知数的函数为:

$$\varphi = f(x_1, x_2, \cdots, x_t) \tag{9-46}$$

它的权函数式为:

$$\begin{aligned}\delta\varphi &= \left(\frac{\partial f}{\partial x_1}\right)\delta x_1 + \left(\frac{\partial f}{\partial x_2}\right)\delta x_2 + \cdots + \left(\frac{\partial f}{\partial x_t}\right)\delta x_t \\ &= f_1\delta x_1 + f_2\delta x_2 + \cdots + f_t\delta x_t\end{aligned} \tag{9-47}$$

令 $f^{\mathrm{T}} = [f_1 \quad f_2 \quad \cdots \quad f_t]$,$\delta x = [\delta x_1 \quad \delta x_2 \quad \cdots \quad \delta x_t]^{\mathrm{T}}$,则式(9-47)的矩阵形式为:

$$\delta\varphi = f^{\mathrm{T}}\delta x \tag{9-48}$$

根据权逆阵的传播律,得未知数的权倒数为:

$$\frac{1}{P_\varphi} = f^{\mathrm{T}}Q_{xx}f^{\mathrm{T}} \tag{9-49}$$

因为 $$Q_{xx} = N^{-1}$$

所以 $$\frac{1}{P_\varphi} = f^{\mathrm{T}}N^{-1}f \tag{9-50}$$

9.2.2 平面控制网平差计算

由于间接平差的规律性强,便于计算机程序编制,因此平面控制网和高程控制网的电算程序多采用间接平差的方法。

间接平差又称参数平差。水平控制网按间接平差时,通常选取待定点的坐标平差值作为未知数(按方向平差时,还增加测站定向角未知数),平差后直接求得各待定点的坐标平差值,故这种以待定点坐标作为未知数的间接平差法也称为坐标平差法。

9.2.2.1 平面控制网误差方程的列立

这里讨论测角网中选择待定点坐标为未知数时误差方程的列立及线性化问题。如图9-4所示为某一测角网的任一角 L_i,j、k、h 为三个待定点,它们的近似坐标为 $x_j^0, y_j^0; x_k^0, y_k^0; x_h^0, y_h^0$。改正数为 $\delta x_j, \delta y_j; \delta x_k, \delta y_k; \delta x_h, \delta y_h$。则平差值分别为:

$$x_j = x_j^0 + \delta x_j \\ y_j = y_j^0 + \delta y_j \Big\},\quad x_k = x_k^0 + \delta x_k \\ y_k = y_k^0 + \delta y_k \Big\},\quad x_h = x_h^0 + \delta x_h \\ y_h = y_h^0 + \delta y_h \Big\}$$

可得 $\hat{L}_i$ 的平差值方程为：

$$\hat{L}_i = \hat{\alpha}_{jk} - \hat{\alpha}_{jh} \tag{9-51}$$

令 $\hat{\alpha}_{jk} = \alpha_{jk}^0 + \delta\alpha_{jk}, \hat{\alpha}_{jh} = \alpha_{jh}^0 + \delta\alpha_{jh}$，则误差方程为：

$$v_i = \delta\alpha_{jk} - \delta\alpha_{jh} + (\alpha_{jk}^0 - \alpha_{jh}^0 - L_i) = \delta\alpha_{jk} - \delta\alpha_{jh} + l_i$$

$$l_i = \alpha_{jk}^0 - \alpha_{jh}^0 - L_i \tag{9-52}$$

现求坐标改正数与坐标位角改正数的线性关系。

由图 9-4 可知：

$$\hat{\alpha}_{jk} = \arctan\frac{y_k - y_j}{x_k - x_j} \tag{9-53}$$

将式(9-53)右端按泰勒公式展开得

$$\hat{\alpha}_{jk} = \arctan\frac{y_k^0 - y_j^0}{x_k^0 - x_j^0} + \left(\frac{\partial\hat{\alpha}_{jk}}{\partial x_j}\right)_0 \delta x_j + \left(\frac{\partial\hat{\alpha}_{jk}}{\partial y_j}\right)_0 \delta y_j + \left(\frac{\partial\hat{\alpha}_{jk}}{\partial x_k}\right)_0 \delta x_k + \left(\frac{\partial\hat{\alpha}_{jk}}{\partial y_k}\right)_0 \delta y_k$$

$$= \alpha_{jk}^0 + \delta\alpha_{jk} \tag{9-54}$$

$$\delta\alpha_{jk} = \left(\frac{\partial\hat{\alpha}_{jk}}{\partial x_j}\right)_0 \delta x_j + \left(\frac{\partial\hat{\alpha}_{jk}}{\partial y_j}\right)_0 \delta y_j + \left(\frac{\partial\hat{\alpha}_{jk}}{\partial x_k}\right)_0 \delta x_k + \left(\frac{\partial\hat{\alpha}_{jk}}{\partial y_k}\right)_0 \delta y_k \tag{9-55}$$

$$\delta\alpha''_{jk} = \frac{\rho''\Delta y_{jk}^0}{(s_{jk}^0)^2}\delta x_j - \frac{\rho''\Delta x_{jk}^0}{(s_{jk}^0)^2}\delta y_j - \frac{\rho''\Delta y_{jk}^0}{(s_{jk}^0)^2}\delta x_k + \frac{\rho''\Delta x_{jk}^0}{(s_{jk}^0)^2}\delta y_k \tag{9-56}$$

或

$$\delta\alpha''_{jk} = \frac{\rho''\sin\alpha_{jk}^0}{s_{jk}^0}\delta x_j - \frac{\rho''\cos\alpha_{jk}^0}{s_{jk}^0}\delta y_j - \frac{\rho''\sin\alpha_{jk}^0}{s_{jk}^0}\delta x_k + \frac{\rho''\cos\alpha_{jk}^0}{s_{jk}^0}\delta y_k \tag{9-57}$$

同理

$$\delta\alpha''_{jh} = \frac{\rho''\Delta y_{jh}^0}{(s_{jh}^0)^2}\delta x_j - \frac{\rho''\Delta x_{jh}^0}{(s_{jh}^0)^2}\delta y_j - \frac{\rho''\Delta y_{jh}^0}{(s_{jh}^0)^2}\delta x_h + \frac{\rho''\Delta x_{jh}^0}{(s_{jh}^0)^2}\delta y_h \tag{9-58}$$

或

$$\delta\alpha''_{jh} = \frac{\rho''\sin\alpha_{jh}^0}{s_{jh}^0}\delta x_j - \frac{\rho''\cos\alpha_{jh}^0}{s_{jh}^0}\delta y_j - \frac{\rho''\sin\alpha_{jh}^0}{s_{jh}^0}\delta x_h + \frac{\rho''\cos\alpha_{jh}^0}{s_{jh}^0}\delta y_h \tag{9-59}$$

式(9-59)就是坐标改正数与坐标方位角改正数间的一般关系，称为坐标方位角改正数方程，其中 $\delta\alpha$ 以 s 为单位。平差计算时，可按不同的情况灵活运用。

讨论：

(1)若某边的两端均为待定点，则坐标改正数与坐标方位角改正数间的关系就是式(9-57)，此时 δy_j 与 δx_k 前的系数是绝对值相等，符号相反；δx_j 与 δy_k 前的系数也是绝对值相等，符号相反。

(2)若测站点 j 为已知点，则有 $\delta x_j = \delta y_j = 0$，得

$$\delta\alpha''_{jk} = \frac{-\rho''\Delta y_{jk}^0}{(s_{jk}^0)^2}\delta x_k + \frac{\rho''\Delta x_{jk}^0}{(s_{jk}^0)^2}\delta y_k \tag{9-60}$$

若照准点 k 为已知点，则有 $\delta x_k = \delta y_k = 0$ ，得

$$\delta\alpha''_{jk} = \frac{+\rho''\Delta y_{jk}^0}{(s_{jk}^0)^2}\delta x_j - \frac{\rho''\Delta x_{jk}^0}{(s_{jk}^0)^2}\delta y_j \tag{9-61}$$

(3)若某边的两个端点均为已知点,则

$$\delta x_j = \delta y_j = \delta x_k = \delta y_k = 0,\quad \delta\alpha''_{jk} = 0 \tag{9-62}$$

(4)同一边的正反坐标方位角的改正数相等,它们与坐标改正数的关系也一样,即

$$\delta\alpha''_{jk} = \delta\alpha''_{kj} \tag{9-63}$$

据此,实际计算时,只要对每条待定边计算一个方向的坐标方位角改正数方程即可。

9.2.2.2 测边网坐标平差的误差方程列立

这里讨论测边网中选待定点坐标为未知数时误差方程的列立及线性化问题。如图 9-5 所示,为某一测边网中的任意一条边,j、k 为两个待定点,它们的近似坐标为 $x_j^0, y_j^0; x_k^0, y_k^0$,改正数为 $\delta x_j, \delta y_j; \delta x_k, \delta y_k$,则 j、k 的坐标平差值为:

$$\left.\begin{aligned} x_j &= x_j^0 + \delta x_j \\ y_j &= y_j^0 + \delta y_j \end{aligned}\right\},\quad \left.\begin{aligned} x_k &= x_k^0 + \delta x_k \\ y_k &= y_k^0 + \delta y_k \end{aligned}\right\}$$

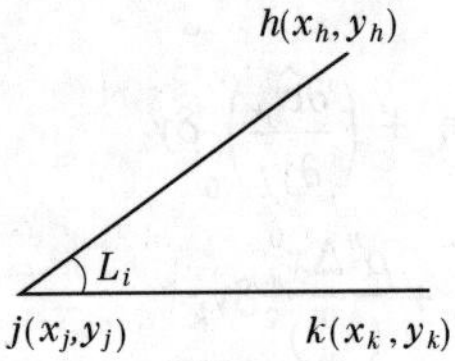

图 9-4

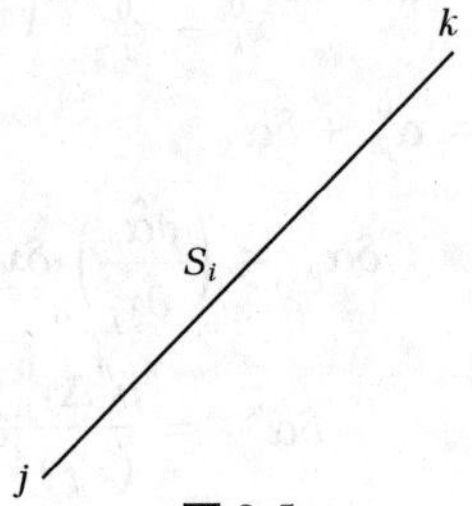

图 9-5

由图 9-5 可写出 $\hat{s}_i$ 的平差值方程为:

$$\hat{s}_i = s_i^0 + v_i = \sqrt{(x_k - x_j)^2 + (y_k - y_j)^2} \tag{9-64}$$

按泰勒公式展开,得

$$s_i + v_i = \sqrt{(x_k^0 - x_j^0)^2 + (y_k^0 - y_j^0)^2} + \left(\frac{\partial \hat{s}_i}{\partial x_k}\right)_0 \delta x_j + \left(\frac{\partial \hat{s}_i}{\partial y_k}\right)_0 \delta y_j + \left(\frac{\partial \hat{s}_i}{\partial x_j}\right)_0 \delta x_k + \left(\frac{\partial \hat{s}_i}{\partial y_j}\right)_0 \delta y_k \tag{9-65}$$

其中

$$\left(\frac{\partial \hat{s}_i}{\partial x_j}\right)_0 = \frac{-(x_k^0 - x_j^0)}{\sqrt{(x_k^0 - x_j^0)^2 + (y_k^0 - y_j^0)^2}} = \frac{-\Delta x_{jk}^0}{s_{jk}^0}$$

同理:

$$\left(\frac{\partial \hat{s}_i}{\partial y_j}\right)_0 = -\frac{\Delta y_{jk}^0}{s_{jk}^0},\quad \left(\frac{\partial \hat{s}_i}{\partial x_k}\right)_0 = \frac{\Delta x_{jk}^0}{s_{jk}^0},\quad \left(\frac{\partial \hat{s}_i}{\partial y_k}\right)_0 = \frac{\Delta y_{jk}^0}{s_{jk}^0}$$

将以上公式代入式(9-65)得测边网边长误差方程为:

$$\left.\begin{aligned} v_i &= -\frac{\Delta x_{jk}^0}{s_{jk}^0}\delta x_j - \frac{\Delta y_{jk}^0}{s_{jk}^0}\delta y_j + \frac{\Delta x_{jk}^0}{s_{jk}^0}\delta x_k + \frac{\Delta y_{jk}^0}{s_{jk}^0}\delta y_k + l_i \\ l_i &= s_{jk}^0 - s_i \\ s_{jk}^0 &= \sqrt{(x_k^0 - x_j^0)^2 + (y_k^0 - y_j^0)^2} \end{aligned}\right\} \tag{9-66}$$

式(9-66)就是测边网坐标平差的一般形式,它是在假定两端点都是待定点的情况下导出的。具体计算时,可按不同情况灵活运用。

9.2.3 平面控制网平差举例

【例 9-1】 单一附合导线如图 9-6 所示,观测了 4 个角度和 3 条边长。已知数据列于表 9-1,观测值见表 9-2。已知测角中误差 $\sigma_\beta = 5''$,测边中误差 $\sigma_{S_k} = 0.5\sqrt{S_i}$(mm),$S_i$ 以 m 为单位,试按间接平差法,求:

(1)各导线点的坐标平差值及点位精度;

(2)各观测值的平差值。

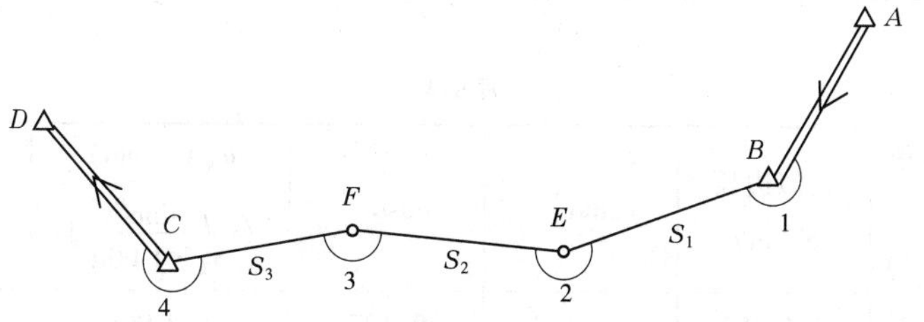

图 9-6

表 9-1

点名	坐标(m)		方位角
	X	Y	
B	203 020.348	−59 049.801	$\alpha_{AB} = 226°44'59''$
C	203 059.503	−59 796.549	$\alpha_{CD} = 324°46'03''$

表 9-2

角号	角度观测(° ′ ″)	角号	角度观测(° ′ ″)	边号	边观测值	边号	边观测值
1	230 32 37	3	170 39 22	1	204.952	3	345.153
2	180 00 42	4	236 48 37	2	200.130		

解:本题必要观测数 $t = 2 \times 2 = 4$,选定待定点坐标平差值为未知参数,即

$$\hat{X} = [\hat{X}_E \quad \hat{Y}_E \quad \hat{X}_F \quad \hat{Y}_F]^{\mathrm{T}}$$

(1)计算待定点近似坐标,见表 9-3。

(2)由近似坐标和已知点坐标计算各边坐标方位角改正数方程的系数及边长改正数方程系数,δx 以 mm 为单位,见表 9-4。

表 9-3

点名(角号) β	观测角 β_i (° ′ ″)	坐标方位角 α^0 (° ′ ″)	观测边长 S (m)	近似坐标	
				X^0(m)	Y^0(m)
A		226 44 59			
B(1)	230 32 37			203 020.348	−59 059.801
		277 17 36	204.952		
E(2)	180 00 42			203 046.366	−59 253.095
		277 18 18	200.130		
F(3)	170 39 22			203 071.813	−59 451.601

表 9-4

方向	坐标方位角 α^0 (° ′ ″)	近似边长 S^0(m)	$\sin\alpha_{jk}^0$	$\cos\alpha_{jk}^0$	a_{jk} (″/mm) $\left(\dfrac{\rho''\sin\alpha^0}{S_{jk}^0\cdot 1\,000}\right)$	b_{jk} (″/mm) $\left(-\dfrac{\rho''\cos\alpha^0}{S_{jk}^0\cdot 1\,000}\right)$
BE	277 17 36	204.952	−0.992	0.127	−0.998	0.128
EF	277 18 18	200.130	−0.992	0.127	−1.022	−0.131
FC	267 57 22	345.167	−0.999	−0.036	−0.597	0.021

坐标方位角改正数方程为：

$$\delta\alpha_{jk}'' = \frac{\rho''\sin\alpha_{jk}^0}{S_{jk}^0\cdot 1\,000}\delta x_j - \frac{\rho''\cos\alpha_{jk}^0}{S_{jk}^0\cdot 1\,000}\delta y_j - \frac{\rho''\sin\alpha_{jk}^0}{S_{jk}^0\cdot 1\,000}\delta x_k + \frac{\rho''\cos\alpha_{jk}^0}{S_{jk}^0\cdot 1\,000}\delta y_k$$

设 $a_{jk} = \dfrac{\rho''\sin\alpha_{jk}^0}{S_{jk}^0\cdot 1\,000}, b_{jk} = -\dfrac{\rho''\cos\alpha_{jk}^0}{S_{jk}^0\cdot 1\,000}$，上式表示为：

$$\delta\alpha_{jk}'' = a_{jk}\delta x_j - b_{jk}\delta y_j - a_{jk}\delta x_k + b_{jk}\delta y_k$$

边长改正数方程为：

$$\delta\hat{S}_{jk} = -\cos\alpha_{jk}^0\delta x_j - \sin\alpha_{jk}^0\delta y_j + \cos\alpha_{jk}^0\delta x_k + \sin\alpha_{jk}^0\delta y_k$$

(3)确定角度观测值和边长观测值的权。

设单位权中误差 $\sigma_0 = 5''$，则角度观测值的权为 $P_{\beta_i} = \dfrac{\sigma_0^2}{\sigma_\beta^2} = 1$，各导线边的权为 $P_{S_i} = \dfrac{\sigma_0^2}{\sigma_{S_i}^2} = \dfrac{25}{0.25S_i(\mathrm{m})}(''^2/\mathrm{mm}^2)$。各观测值的权列于表 9-5 的 P 列。

(4)计算 4 个角度和 3 条边长观测值误差方程的系数与常数项，见表 9-5。表中每一行表示一个误差方程，各列代表不同未知数的系数，l 列为常数项。P 列代表观测值的权。V、$\hat{L}$ 列为改正数和平差值，在法方程解算后，由未知数代入误差方程求得。

根据图 9-6 及下式列立观测值误差方程，计算误差方程的系数和常数。

角度误差方程：

$$v_i = \delta\alpha_{jk} - \delta\alpha_{jh} - l_i,\quad l_i = L_i - (\alpha_{jk}^0 - \alpha_{jh}^0)$$

边长误差方程：

$$v_i = \delta\hat{S}_{jk} - l_i, l_i = L_i - S_{jk}^0$$

(5)组成法方程、解算法方程。

法方程为

$$N_{BB}\delta x - W = 0$$

法方程的系数、常数项由误差方程的系数阵 B、常数阵 l 及观测值的权阵 P、$N_{BB} = B^{\mathrm{T}}PB, W = B^{\mathrm{T}}Pl$ 求得。

$$\begin{bmatrix} 6.137 & 0.660 & -3.727 & -0.314 \\ 0.660 & 1.075 & -0.414 & -0.540 \\ -3.727 & -0.414 & 4.030 & 0.247 \\ -0.314 & -0.540 & 0.247 & 0.811 \end{bmatrix}\begin{bmatrix} \delta x_E \\ \delta y_E \\ \delta x_F \\ \delta y_F \end{bmatrix} + \begin{bmatrix} 18.397 \\ 2.358 \\ -31.687 \\ -6.242 \end{bmatrix} = 0$$

$$N_{BB}^{-1} = \begin{bmatrix} 0.38306 & -0.12160 & 0.34403 & -0.03741 \\ -0.12160 & 1.46891 & -0.01905 & 0.93727 \\ 0.34403 & -0.01905 & 0.56749 & -0.05221 \\ -0.03741 & 0.93727 & -0.05221 & 1.85860 \end{bmatrix}$$

解算法方程,得未知参数的改正数:$\underset{t\times 1}{\delta x} = N_{BB}^{-1}W$。结果见表 9-5 的 δx 行。

表 9-5

		δx_E	δy_E	δx_F	δy_F	l	P	V	$\hat{L}$
角 β_i	1	0.998	0.128			0″	1	-4.41	230°32′33″
	2	-2.020	-0.259	1.022	0.131	0″	1	-3.79	180°00′38″
	3	1.022	0.131	-1.619	-0.110	18″	1	-3.18	179°39′19″
	4			0.597	-0.021	-4″	1	-2.61	236°48′34″
边 S_i	1	0.127	-0.992			0 mm	0.49	3.49	204.955
	2	-0.127	0.992	0.127	-0.992	0 mm	0.50	3.42	200.133
	3			0.036	0.999	-15 mm	0.29	6.17	345.159
δx(mm)		-3.91	-4.02	-11.37	-8.42				
$\hat{X}$(m)		203 046.362	-59 253.099	203 071.802	-59 451.609				

(6)改正数的求解。

将 δx 代入误差方程得改正数 $V = B\delta x - l$,见表 9-5。

(7)平差值的计算。

待定点坐标的平差值:$\hat{X} = X^0 + \delta x$,见表 9-5。

观测值的平差值:$\hat{L} = L + v$,结果见表 9-5 的 $\hat{L}$ 列。

(8)精度评定。

单位权中误差：

$$\hat{\sigma}_0 = \sqrt{\frac{V^{\mathrm{T}}PV}{n-t}} = \sqrt{\frac{73.692\ 5}{7-4}} = 4.96''$$

待定点点位中误差：由 N_{BB}^{-1} 知未知数的权倒数（即协因数，单位为 $\mathrm{mm}^2/\mathrm{s}^2$），各点点位中误差为：

$$\hat{\sigma}_E = \hat{\sigma}_0\sqrt{Q_{\hat{X}_E\hat{X}_E} + Q_{\hat{Y}_E\hat{Y}_E}} = 4.96 \times \sqrt{0.383\ 06 + 1.468\ 91} = 6.74(\mathrm{mm})$$

$$\hat{\sigma}_F = \hat{\sigma}_0\sqrt{Q_{\hat{X}_F\hat{X}_F} + Q_{\hat{Y}_F\hat{Y}_F}} = 4.96 \times \sqrt{0.567\ 49 + 1.858\ 60} = 7.72(\mathrm{mm})$$

9.3 高程控制网平差计算

水准网平差采用间接平差时，通常设待定点高程为未知参数。下面通过一个例子说明水准网平差的方法。

【例 9-2】 如图 9-7 所示水准网中，已知水准点 A、B 的高程分别为 $H_A = 5.000$ m，$H_B = 6.008$ m，P_1、P_2、P_3 待定，高差观测值及水准路线长度见表 9-6，按间接平差法，求：

（1）各待定点的高程平差值；

（2）各待定点高程平差值的中误差；

（3）P_2、P_3 点间高差平差值的中误差。

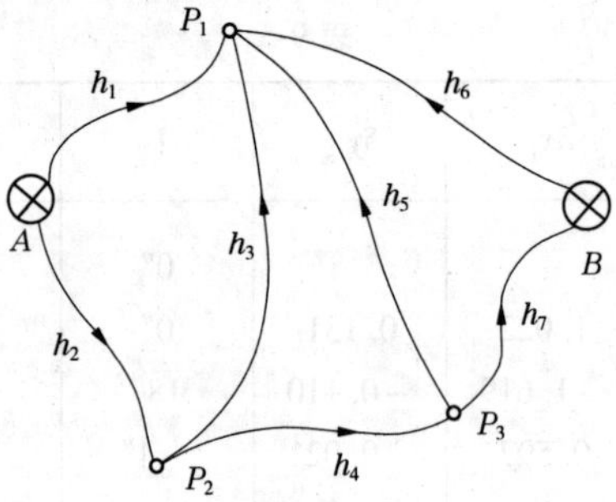

图 9-7

表 9-6

水准路线 i	1	2	3	4	5	6	7
高差观测值 h_i(m)	1.010	1.003	0.005	0.501	−0.500	0.004	−0.502
路线长度 S_i(km)	2	2	1	1	1	1	1

解：（1）根据题意，必要观测数 $t = 3$。

（2）选取待定点 P_1、P_2、P_3 平差后的高程为未知数 $\hat{X}_1$、$\hat{X}_2$、$\hat{X}_3$，为便于后续计算，选取未知数的近似值为：

$$\left.\begin{aligned} X_1^0 &= H_A + h_1 = 6.010\ \mathrm{m} \\ X_2^0 &= H_A + h_2 = 6.003\ \mathrm{m} \\ X_3^0 &= H_B - h_7 = 6.510\ \mathrm{m} \end{aligned}\right\}$$

则

$$\left.\begin{aligned}\hat{X}_1 &= X_1^0 + \delta x_1 = 6.010 + \delta x_1\\ \hat{X}_2 &= X_2^0 + \delta x_2 = 6.003 + \delta x_2\\ \hat{X}_3 &= X_3^0 + \delta x_3 = 6.510 + \delta x_3\end{aligned}\right\}$$

(3)列立平差值方程,并转化为误差方程。

根据图 9-7 所示的水准网路线,列立平差值方程:

$$\left.\begin{aligned}\hat{h}_1 &= h_1 + v_1 = \hat{X}_1 - H_A\\ \hat{h}_2 &= h_2 + v_2 = \hat{X}_2 - H_A\\ \hat{h}_3 &= h_3 + v_3 = \hat{X}_1 - \hat{X}_2\\ \hat{h}_4 &= h_4 + v_4 = -\hat{X}_2 + \hat{X}_3\\ \hat{h}_5 &= h_5 + v_5 = \hat{X}_1 - \hat{X}_3\\ \hat{h}_6 &= h_6 + v_6 = \hat{X}_1 - H_B\\ \hat{h}_7 &= h_7 + v_7 = -\hat{X}_3 + H_B\end{aligned}\right\}$$

将观测值移至等式右端,并将 $\hat{X}_i = X_i^0 + \hat{x}_i$ 代入,得

$$\left.\begin{aligned}v_1 &= \hat{x}_1 - (h_1 - X_1^0 + H_A)\\ v_2 &= \hat{x}_2 - (h_2 - X_2^0 + H_A)\\ v_3 &= \hat{x}_1 - \hat{x}_2 - (h_3 - X_1^0 + X_2^0)\\ v_4 &= -\hat{x}_2 + \hat{x}_3 - (h_4 + X_2^0 - X_3^0)\\ v_5 &= \hat{x}_1 - \hat{x}_3 - (h_5 - X_1^0 + X_3^0)\\ v_6 &= \hat{x}_1 - (h_6 - X_1^0 + H_B)\\ v_7 &= -\hat{x}_3 - (h_7 + X_3^0 - H_B)\end{aligned}\right\}$$

将未知数近似值 X_i^0 、观测值和已知高程代入上式即得误差方程

$$\left.\begin{aligned}v_1 &= \delta x_1 + 0\\ v_2 &= \delta x_2 + 0\\ v_3 &= \delta x_1 - \delta x_2 + 2\\ v_4 &= -\delta x_2 + \delta x_3 + 6\\ v_5 &= \delta x_1 - \delta x_3 + 0\\ v_6 &= \delta x_1 - 2\\ v_7 &= -\delta x_3 + 0\end{aligned}\right\}$$

式中常数项以 mm 为单位。

其中

$$
B = \begin{bmatrix} 1 & 0 & 0 \\ 0 & 1 & 0 \\ 1 & -1 & 0 \\ 0 & -1 & 1 \\ 1 & 0 & -1 \\ 1 & 0 & 0 \\ 0 & 0 & -1 \end{bmatrix}, \quad l = \begin{bmatrix} 0 \\ 0 \\ -2 \\ -6 \\ 0 \\ 2 \\ 0 \end{bmatrix}
$$

取 $C = 2\ \text{km}$，由 $P_i = \dfrac{C}{S_i}$ 确定各观测高差的权，得观测值的权阵为：

$$
P = \begin{bmatrix} 1 & 0 & 0 & 0 & 0 & 0 & 0 \\ 0 & 1 & 0 & 0 & 0 & 0 & 0 \\ 0 & 0 & 2 & 0 & 0 & 0 & 0 \\ 0 & 0 & 0 & 2 & 0 & 0 & 0 \\ 0 & 0 & 0 & 0 & 2 & 0 & 0 \\ 0 & 0 & 0 & 0 & 0 & 2 & 0 \\ 0 & 0 & 0 & 0 & 0 & 0 & 2 \end{bmatrix}
$$

(4)列立未知数函数的权函数式。

P_2、P_3 点间高差平差值为：

$$
\hat{h}_{P_2P_3} = \hat{h}_4 = -\hat{X}_2 + \hat{X}_3 = [0 \quad -1 \quad 1]\hat{X} = F\hat{X}
$$

$\hat{h}_{P_2P_3}$ 为未知数的线性函数，$\hat{h}_{P_2P_3}$ 函数的系数 F 与其权函数式系数相同。

(5)组成法方程：$N_{BB}\delta x - W = 0$（其中 $N_{BB} = B^{\mathrm{T}}PB, W = B^{\mathrm{T}}Pl$）

$$
\begin{bmatrix} 7 & -2 & -2 \\ -2 & 5 & -2 \\ -2 & -2 & 6 \end{bmatrix} \begin{bmatrix} \delta x_1 \\ \delta x_2 \\ \delta x_3 \end{bmatrix} - \begin{bmatrix} 0 \\ 16 \\ -12 \end{bmatrix} = 0
$$

(6)解算法方程。

$$
N_{BB}^{-1} = \begin{bmatrix} 0.213 & 0.131 & 0.115 \\ 0.131 & 0.311 & 0.148 \\ 0.115 & 0.148 & 0.254 \end{bmatrix}
$$

则

$$
\begin{bmatrix} \delta x_1 \\ \delta x_2 \\ \delta x_3 \end{bmatrix} = N_{BB}^{-1}W = \begin{bmatrix} 0.213 & 0.131 & 0.115 \\ 0.131 & 0.311 & 0.148 \\ 0.115 & 0.148 & 0.254 \end{bmatrix} \begin{bmatrix} 0 \\ 16 \\ -12 \end{bmatrix} = \begin{bmatrix} 0.716 \\ 3.200 \\ -0.680 \end{bmatrix} (\text{mm})
$$

(7)计算改正数 V。

将未知数的改正数代入误差方程 $V = B\delta x - l$，得

$$V=[0.7 \quad 3.2 \quad -0.5 \quad 2.1 \quad 1.4 \quad -1.3 \quad 0.7]^{T}(mm)$$

(8)求解平差值。

观测值的平差值 $\hat{L}_i = L_i + v_i$，则

$$\hat{L}_i = [1.011 \quad 1.006 \quad 0.005 \quad 0.503 \quad -0.499 \quad 0.003 \quad -0.501]^{T}(m)$$

未知数的最或然值 $\hat{X} = X^0 + \delta x$，则

$$\hat{X}=\begin{bmatrix}\hat{X}_1\\ \hat{X}_2\\ \hat{X}_3\end{bmatrix}=\begin{bmatrix}6.011\\ 6.006\\ 6.509\end{bmatrix}(m)$$

(9)精度评定。

单位权中误差为：

$$V^{T}PV = l^{T}Pl + (B^{T}Pl)^{T}\delta x = 88 - 59.36 = 28.64$$

$$\hat{\sigma}_0=\sqrt{\frac{V^{T}PV}{n-t}}=\sqrt{\frac{28.64}{7-3}}=2.68(mm)$$

未知数的协因数阵为：

$$Q_{\hat{X}\hat{X}} = N_{BB}^{-1}=\begin{bmatrix}0.213 & 0.131 & 0.115\\ 0.131 & 0.311 & 0.148\\ 0.115 & 0.148 & 0.254\end{bmatrix}$$

待定点 P_1、P_2、P_3 高程平差值的中误差：

$$\hat{\sigma}_{\hat{H}_{P_1}} = \hat{\sigma}_{\hat{X}_1} = \hat{\sigma}_0\sqrt{Q_{\hat{X}_1\hat{X}_1}} = 2.68\times\sqrt{0.213} = 1.24(mm)$$

$$\hat{\sigma}_{\hat{H}_{P_2}} = \hat{\sigma}_{\hat{X}_2} = \hat{\sigma}_0\sqrt{Q_{\hat{X}_2\hat{X}_2}} = 2.68\times\sqrt{0.311} = 1.49(mm)$$

$$\hat{\sigma}_{\hat{H}_{P_3}} = \hat{\sigma}_{\hat{X}_3} = \hat{\sigma}_0\sqrt{Q_{\hat{X}_3\hat{X}_3}} = 2.68\times\sqrt{0.254} = 1.35(mm)$$

P_2、P_3 点间高差平差值 $\hat{h}_{P_2P_3}$ 的协因数及中误差

$$Q_{\hat{h}_{P_2P_3}} = FQ_{\hat{X}\hat{X}}F^{T} = [0 \quad -1 \quad 1]\begin{bmatrix}0.213 & 0.131 & 0.115\\ 0.131 & 0.311 & 0.148\\ 0.115 & 0.148 & 0.254\end{bmatrix}\begin{bmatrix}0\\ -1\\ 1\end{bmatrix} = 0.269$$

$$\hat{\sigma}_{\hat{h}_{P_2P_3}} = \hat{\sigma}_0\sqrt{Q_{\hat{h}_{P_2P_3}}} = 2.68\times\sqrt{0.269} = 1.39(mm)$$

9.4 高斯投影正反算

高斯投影正反算是大地坐标和平面直角坐标相互转换的方法，也是坐标邻带换算的桥梁。

9.4.1 高斯正算

已知椭球面上某点的大地坐标(L,B)，求该点在高斯投影平面上的直角坐标(x,y)，即

$(L,B)\rightarrow(x,y)$的坐标变换,称为高斯投影正算。

由于公式的推导极为复杂,这里只给出最终结果:

$$\left.\begin{aligned} x &= X + \frac{N}{2\rho''^2}\sin B l''^2 + \frac{N}{2\rho''^4}\sin B\cos^3 B(5 - t^2 + 9\eta^2)l''^4 \\ y &= \frac{N}{\rho''}\cos B l'' + \frac{N}{6\rho''^3}B(1 - t^2 + \eta^2)l''^3 + \frac{N}{120\rho''^5}\cos^5 B(5 - 18t^2 + t^4)l''^5 \end{aligned}\right\} \tag{9-67}$$

当要求转换精度精确至0.001 m时,用下式计算:

$$\left.\begin{aligned} x &= X + \frac{N}{2\rho''^2}\sin B l''^2 + \frac{N}{24\rho''^4}\sin B\cos^3 B(5 - t^2 + 9\eta^2 + 4\eta^4)l''^4 + \\ &\quad \frac{N}{720\rho''^6}\sin B\cos^5 B(61 - 58t^2 + t^4)l''^6 \\ y &= \frac{N}{\rho''}\cos B l'' + \frac{N}{6\rho''^3}\cos^3 B(1 - t^2 + \eta^2)l''^3 + \\ &\quad \frac{N}{720\rho''^5}\cos^5 B(5 - 18t^2 + t^4 + 14\eta^2 - 58\eta^2 t^2)l''^5 \end{aligned}\right\} \tag{9-68}$$

式中 X——自赤道起至纬度 B 的子午线弧长;

N——卯酉圈曲率半径;

B——大地纬度;

l——某点与中央子午线的经差,$l = L - L_0$,以 rad 为单位;

$t = \tan B$;

$\eta^2 = e'^2\cos^2 B$。

9.4.2 高斯投影反算

已知某点的高斯投影平面上直角坐标(x,y),求该点在椭球面上的大地坐标(L,B),即$(x,y)\rightarrow(L,B)$的坐标变换,称为高斯投影反算。

根据 x 计算纵坐标在椭球面上的投影的底点纬度 B_f,接着按 B_f 计算 $B_f - B$ 及经差 l,最后得到 $B = B_f - (B_f - B)$、$L = L_0 + l$ 。

计算公式为:

$$\left.\begin{aligned} B &= B_f - \frac{t_f}{2M_f N_f}y^2 + \frac{t_f}{24M_f N_f^3}(5 + 3t_f^3 + \eta_f^2 - 9\eta_f^2 t_f^2)y^4 - \\ &\quad \frac{t_f}{720M_f N_f^5}(61 + 90t_f^2 + 45t_f^4)y^6 \\ l &= \frac{1}{N_f\cos B_f}y - \frac{1}{6N_f^3\cos B_f}(1 + 2t_f^2 + \eta_f^2)y^3 + \\ &\quad \frac{1}{120N_f^5\cos B_f}(5 + 28t_f^2 + 24t_f^4 + 6\eta_f^2 + 8\eta_f^2 t_f^2)y^5 \end{aligned}\right\} \tag{9-69}$$

当要求转换精度至0.01″时,可简化为下式:

$$\left.\begin{aligned}B &= B_f - \frac{t_f}{2M_fN_f}y^2 + \frac{t_f}{24M_fN_f^3}(5+3t_f^2+\eta_f^2-9\eta_f^2t_f^2)y^4\\l &= \frac{1}{N_f\cos B_f}y - \frac{1}{6N_f^3\cos B_f}(1+2t_f^2+\eta_f^2)y^3 + \\&\quad \frac{1}{120N_f^5\cos B_f}(5+28t_f^2+24t_f^4)y^5\end{aligned}\right\} \tag{9-70}$$

式中 M——子午圈曲率半径；

B_f——底点纬度，也叫垂足纬度，是将 x 视为 X（即 $x=X$）反求出的纬度。

具有 f 下标的各量都表示该量是底点纬度的函数。

通过式(9-70)求出的(B,l)是以 rad 为单位的。

第 10 章　清华山维 NASEW 软件应用

NASEW 工程测量控制网平差系统是一个适用于各种测量控制网平差的软件。

NASEW 始于 1993 年 8 月的 1.0 版，在 NASEW v2.50 的基础上，结合测绘行业和计算机技术的新发展，推出了 Windows 版本。

NASEW 与最早的 DOS 版数据文件兼容，保留了原 DOS 中的优点，同时在实用性和易用性上又下了大量的工夫，且 NASEW 与支持各种全站仪进行等级测量的 <ERCD 电子测量记簿>保持了程序级的连接，真正实现了从数据采集、记簿整理、平差和成果打印的一体化。

NASEW 具有如下特点：

(1)适用于任意形式、任意规模的平面控制网和高程控制网的概算、平差和设计，无须编码。

(2)可自动求解控制网各种路线闭合差，提供了多种粗差定位和自动剔除功能。可以选择如验后定权法等多种平差方法。

(3)具有现代电子表格效能的数据编辑和操作环境，在输入过程中，自动计算坐标、高程、差值等，并辅以网图动态显示。观测输入可选标准格式和多种常用网格式，还可自定格式；可选具有内联的文本编辑方式。

(4)提供了与打印机和纸张自适应的网图打印、成果打印，格式和有效位数等可控、易控，并具有打印前的预览功能。

(5)操作上简单易学，图、文、数、控四者融于一体，具有丰富的说明和联机帮助，具有工作现场保护功能。

(6)互用性强，支持网内多区域数据合并。可直接读入 ERCD 电子测量记簿的整理数据，可直接读入武测平差系统的数据文件。

本章主要利用常见的平面控制网，如三角网、导线网、水准网等，说明 NASEW 软件的计算方法，并说明它的其他功能。

10.1　三角网平差计算

三角测量(Triangulation)是指通过观测相联系三角形内各水平角，并利用已知起始边长、方位角和起始点坐标确定其他各三角点水平位置的测量技术和方法。

20 世纪 50 年代以前，国家大地网以及工程测量和城市测量中精密控制网的建立，几乎一律采用三角测量法。此后，由于电磁波测距仪的迅速发展，测距精度不断提高，而采用光学经纬仪的传统三角测量方法的定位精度则已达到极限，很少有提高的可能，因此从发展趋势来看，三角测量将逐渐为三边测量、导线测量或测边测角布网方式所取代，但目前仍在应用。

10.1.1　三角网已知数据和观测数据

【**例 10-1**】　如图 10-1 所示的三角网，已知数据和观测数据如表 10-1、表 10-2 所示。

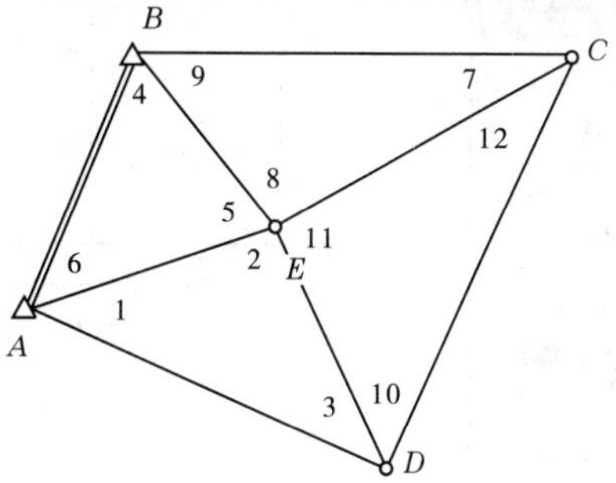

图 10-1

表 10-1

角号	观测角 (°　′　″)	角号	观测角 (°　′　″)	角号	观测角 (°　′　″)
1	58　33　13.8	5	123　26　42.3	9	56　27　54.6
2	78　55　03.3	6	31　33　40.7	10	53　31　54.4
3	42　31　42.6	7	46　41　46.9	11	80　47　54.7
4	24　59　36.3	8	76　50　19.7	12	45　40　08.9

表 10-2

等级	点名	坐标	
		X(m)	*Y*(m)
Ⅱ	*A*	3 553 106.740	412 513.610
Ⅱ	*B*	3 564 238.630	415 526.760

10.1.2　利用 NASEW 平差三角网

10.1.2.1　数据输入

NASEW 为手工数据键入提供了一电子表格，以站为基本单元进行操作，键入过程中 NASEW 将自动概算和绘制网图。观测数据的输入有多种方式可选，对于习惯于文本格式输入的用户，NASEW 提供了在线的文本编辑窗口。

1. 控制点信息输入

NASEW 软件界面如图 10-2 所示。软件主要分为控制点坐标高程显示编辑区、测站名显示编辑区、测站观测值显示编辑区。

在控制点坐标高程显示编辑区输入控制点坐标高程数据。点名由 5 个任意字符组成（见图 10-3），区分大小写。*X*、*Y* 分别代表纵、横坐标，*H* 代表高程。它们前面的“@”代表坐标和高程的属性,其数值的含义见表 10-3。

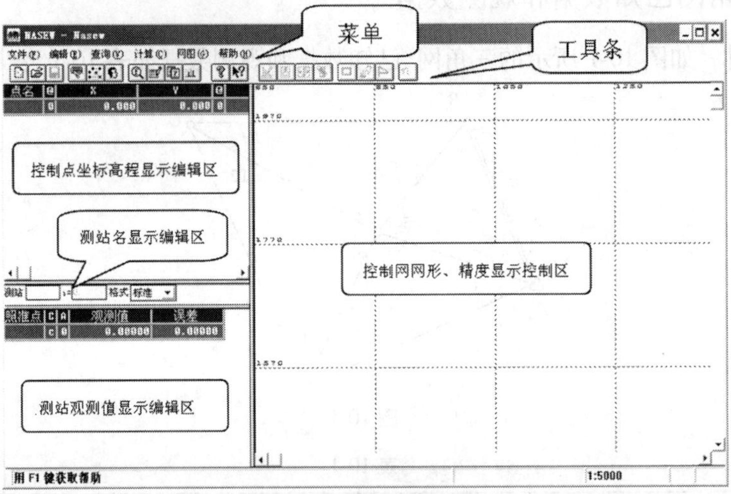

图 10-2

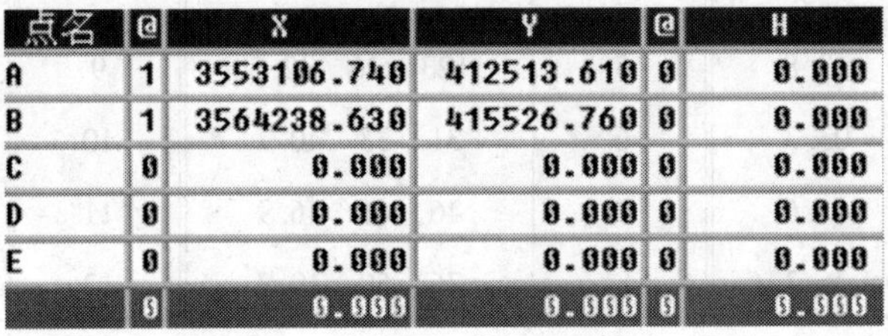

点名	@	X	Y	@	H
A	1	3553106.740	412513.610	0	0.000
B	1	3564238.630	415526.760	0	0.000
C	0	0.000	0.000	0	0.000
D	0	0.000	0.000	0	0.000
E	0	0.000	0.000	0	0.000
	0	0.000	0.000	0	0.000

图 10-3

表 10-3　控制点属性值及其含义

属性值	含义
0	待定坐标或高程
1	已知坐标或高程
2	拟稳坐标或高程
7	坐标或高程无效,不参加任何计算

2. 观测数据输入

三角网平差均是按方向进行平差的,因此需将观测角度化为归零方向值。例如,A 点照准 B、E、D 的方向值分别为 0°00′00.0″、31°33′40.7″、90°06′54.5″。

首先在控制点编辑区选中 A 点,在观测值数据编辑区输入 B、E、D 的方向值,如图 10-4 所示。

观测值数据编辑区的"C"字段代表观测值的类型,NASEW 软件观测值的属性值及其含义如表 10-4 所示。

观测值数据编辑区的"A"字段代表观测值在平差中所起的作用,作用字符的属性值及其含义如表 10-5 所示。

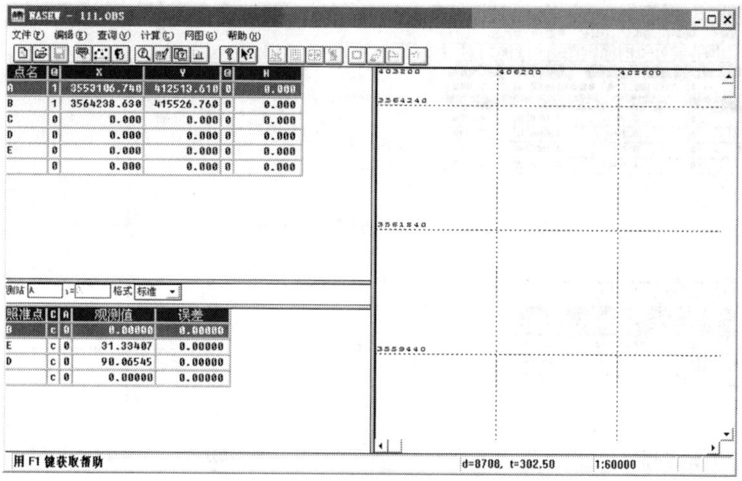

图 10-4

表 10-4 观测值的属性值及其含义

属性值	含义	属性值	含义
c	归零观测值	h	直接高差
a	方位角	$	间接高差
<	水平角	n	高差路线站数
d	平距	l	高差路线长度
s	斜距	1	测站偏心距
z	天顶距	2	测站偏心角
b	竖直角	3	照准偏心距
i	仪器高	4	照准偏心角
v	照准高	#	对指定两点进行相对误差椭圆计算

表 10-5 观测值作用字符的属性值及其含义

属性值	含义
0	0 类观测值,平差时,其先验误差可指定
1	固定观测值,平差时,其权为 0 类观测值的一百万倍
4	4 类观测值,平差时,其先验误差可指定
2	假定观测值,只参加坐标或高程推算,不参加平差
3	反算值,由坐标或高程反算出指定的观测值,常用于控制网设计中
7	无效值,该值不参加任何计算,也不参加平差等

依次在控制点编辑区选中 B、C、D、E 点,输入各点观测数据,如图 10-5 ~ 图 10-8 所示。将文件保存为 *.OBS 文件。

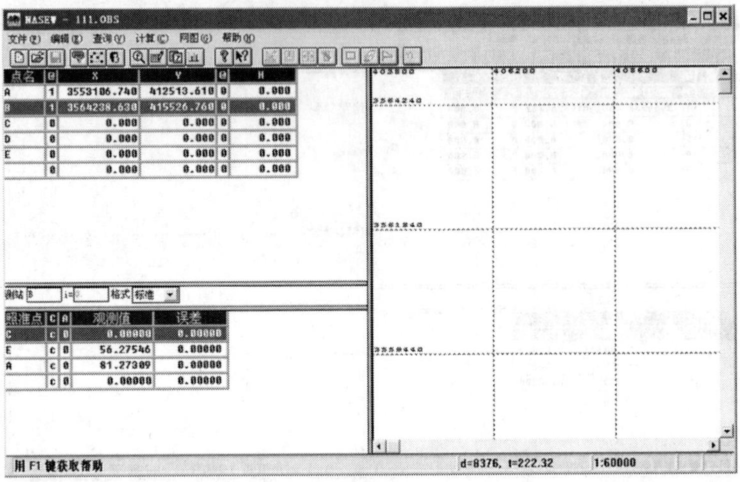

图 10-5

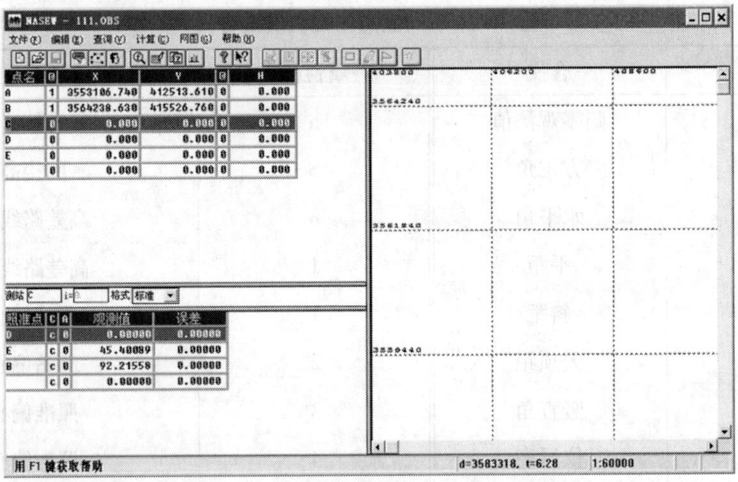

图 10-6

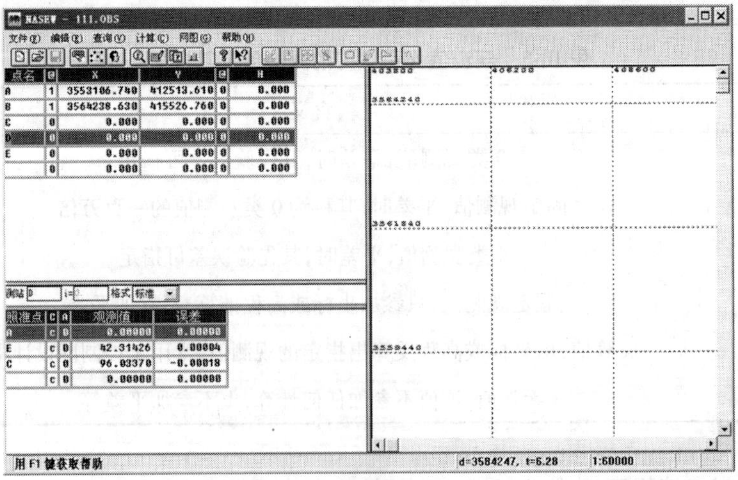

图 10-7

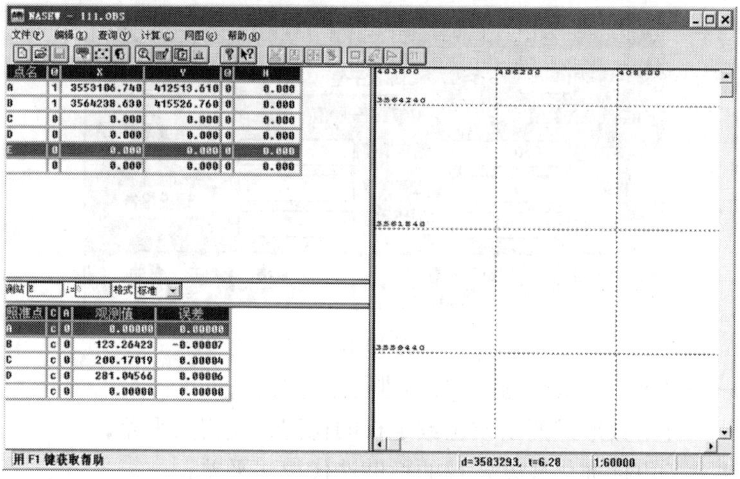

图 10-8

10.1.2.2 控制网概算

控制网概算的目的是利用已知点数据和观测数据推算控制网各待定点的近似坐标,用来计算坐标平差时误差方程的系数。

选择菜单"计算"→"坐标概算"菜单项,控制网概算结果如图 10-9 所示。坐标概算后,软件利用近似坐标展绘出控制网图形。

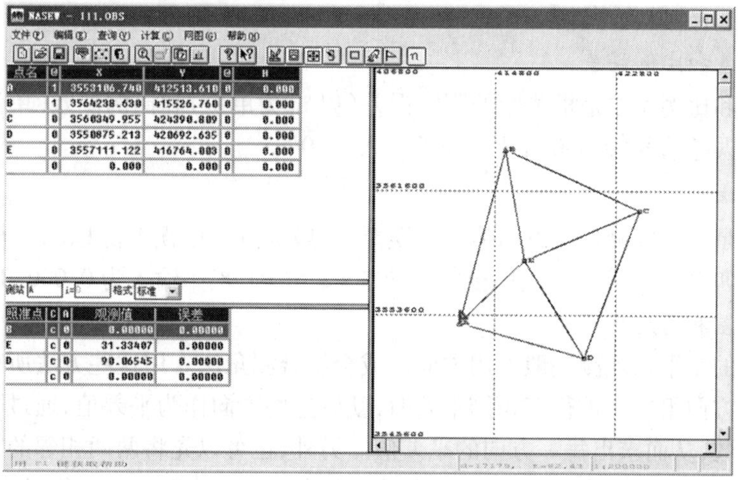

图 10-9

10.1.2.3 平差计算

单击"计算"→"选择平差"菜单项,弹出"平面网平差方法选择"对话框,如图 10-10 所示。

1. 迭代次数

NASEW 平差法方程解算采用迭代法,"迭代次数"取决于计算精度。本次平差选择迭代次数为 10 次。

2. 平差方法

对控制网平差时可选择:

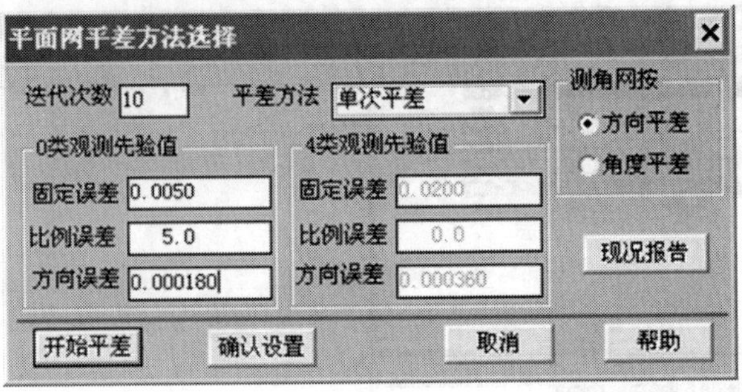

图 10-10

单次平差——仅进行一次普通平差,不进行粗差分析;

丹麦法——一种指数形式的由改正数定权的稳健迭代权法平差;

带权探测法——由标准化残差定权的稳健迭代权法平差;

HUBER 法——由改正数定权的稳健迭代权法平差;

周江文法——由改正数确定变权或剔除的稳健迭代权法平差;

多粗差后剔——由标准化残差逐次剔除粗差的向后剔除法;

纯迭代平差——不修改权而仅由新坐标修正误差方程的迭代法;

验后定权法——不同类观测值混合平差时由各类测值的验后方差确定相应类权的平差方法。

本次计算选择“单次平差”。

3. 固定误差和比例误差

固定误差和比例误差是指测距的固定误差(以 m 为单位)和比例误差(单位:1×10^{-6})。本例固定误差输入“0. 050”,比例误差输入“5. 0”。

4. 方向误差

方向误差是指角度测量中方向值的中误差,一般为测角中误差除以$\sqrt{2}$。可按相应的等级套算。如对四等三角网,方向中误差 =0. 707×2. 5″=1. 8″。输入为 0. 000 180。

5. 方向平差和角度平差

三角测量的水平角观测一般采用方向法或全组合测角法。用这些方法所得的结果都可化为一组完全方向组。在进行三角网平差时,就以这些方向作为平差值,通过平差求出各个方向值的改正数,从而求出每一方向的平差值。另外,也可以先将两两相邻的方向值相减以求出它们之间的夹角,并且就以这些角度作为观测值,通过平差求出各角度的改正数,从而求出每一角度的平差值。前者称为按方向平差,后者称为按角度平差。从理论上讲,前者是完全严密的方法,后者是一种简化的方法,但按角度平差的计算工作要比方向平差简便,而且实践证明,两种平差的结果虽有差别,但相差很小。因此,在手工计算时,往往是用角度代替方向来进行平差的,而电算时多选用方向平差。

本例选择“方向平差”。

10.1.2.4 结果输出

单击“开始平差”,弹出“平差结果”对话框,如图 10-11 所示。

单击“文件”→“成果输出”(见图 10-12),弹出“成果输出管理”对话框(见图 10-13),单击“建立”,在观测数据目录下建立的平差结果文件可以通过记事本打开查看,如图 10-14 所示。

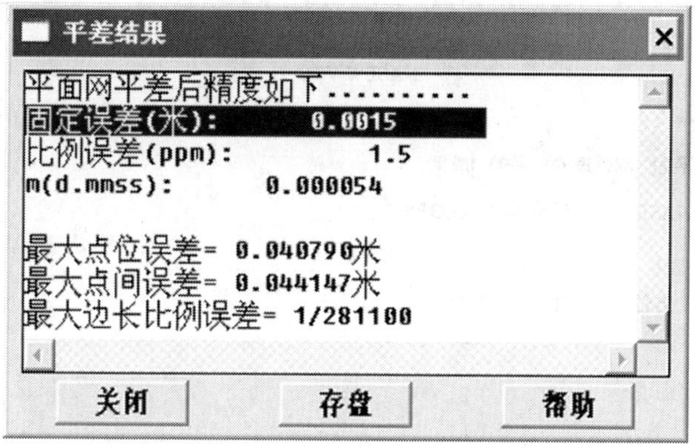

图 10-11

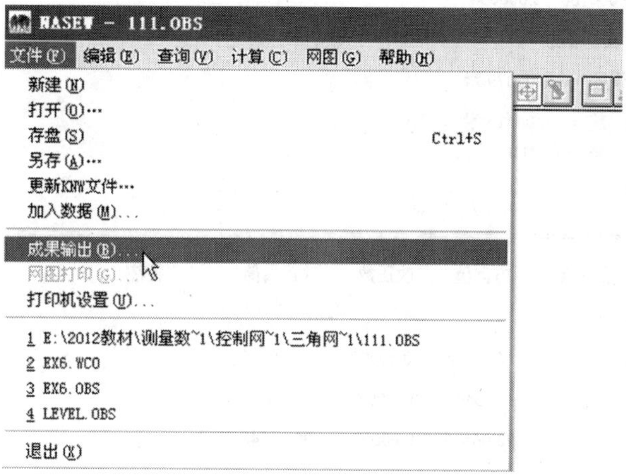

图 10-12

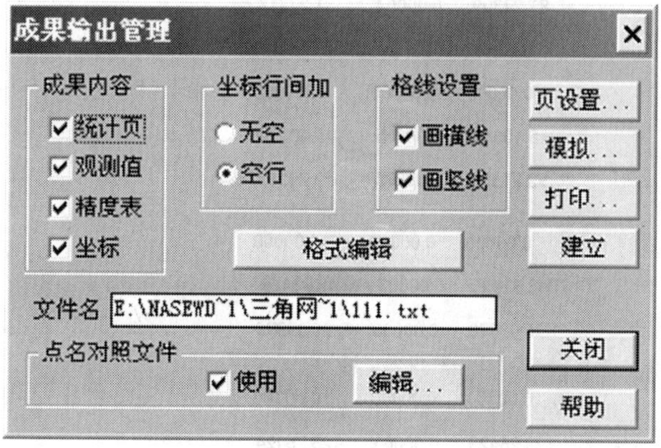

图 10-13

-- NASEW V3.0 --

** 控制网概况 **

1. 本成果为按[平面]网处理的[平差]成果

数据库为: E:\NASEWD~1\三角网~1\111.OBS

2. 控制网中:

	方向	方位	平距	XY点
待定	16	0	0	3
固定	0	0	0	2
特类	0	0	0	0

3. 平差前后基本观测量中误差情况:

观测值	平差前	平差后
方向误差:	0.000180	0.000054

4. 控制网中最大误差情况:

最大点位误差 = 0.04079 米

最大点间误差 = 0.04415 米

最大边长比例误差 = 1/281100

[方向观测成果表]

测站	照准点	方向值	改正数	改正后值	备注
A	B	0.00000	0.00000	0.00000	
	E	31.33407	-0.00003	31.33404	
	D	90.06545	0.00003	90.06548	
B	C	0.00000	0.00000	0.00000	
	E	56.27546	-0.00005	56.27541	
	A	81.27309	0.00004	81.27313	
C	D	0.00000	0.00000	0.00000	
	E	45.40089	0.00005	45.40094	
	B	92.21558	0.00005	92.21563	
D	A	0.00000	0.00000	0.00000	
	E	42.31426	-0.00003	42.31423	
	C	96.03370	0.00006	96.03376	
E	A	0.00000	0.00000	0.00000	
	B	123.26423	0.00001	123.26424	
	C	200.17019	-0.00005	200.17014	
	D	281.04566	0.00001	281.04567	

图 10-14

[平面点位误差表]

点名	长轴	短轴	长轴方位	点位中误差	备注
C	0.030	0.028	-34.3708	0.041	
D	0.030	0.025	88.1435	0.039	
E	0.020	0.011	24.0257	0.023	

[平面点间误差表]

点名	点名	MT	MD	D/MD	T-方位	D-距离	备注
A	E	0.0125	0.0189	308000	46.4225	5839.644	
A	D	0.0251	0.0299	283000	105.1539	8477.987	
B	C	0.0285	0.0292	331000	113.4113	9679.486	
B	E	0.0143	0.0177	409000	170.0907	7234.064	
C	D	0.0336	0.0287	354000	201.1917	10170.932	
D	E	0.0192	0.0262	281000	327.4722	7370.288	

[控制点成果表]

点名	等级	标石	X	Y	H	备注
A			3553106.740	412513.610		固定点
B			3564238.630	415526.760		固定点
C			3560349.986	424390.783		
D			3550875.200	420692.637		
E			3557111.159	416764.030		

续图 10-14

10.2 导线(网)平差计算

导线测量(Traverse Survey)是指将一系列测点依相邻次序连成折线形式,并测定各折线边的边长和转折角,再根据起始数据推算各测点平面位置的技术与方法。

导线网是目前工程测量控制网较常用的一种布设形式,它包括单一导线和具有一个或多个结点的导线网。网中的观测值是角度和边长。独立导线网的起算数据是:一个起算点的坐标和一个方向的方位角。

导线网与三角网相比,主要优点在于:

(1)受通视要求的限制较小,易于选点和降低觇标高度,甚至无须造标。

(2)导线网的图形非常灵活,选点方便。

(3)网中的边长都是直接测定的,因此边长的精度较均匀。

导线网的缺点主要是:导线网中的多余观测数较同样规模的三角网要少,有时不易发现观测中的粗差。

10.2.1 导线(网)已知数据和观测数据

单一附合导线如图10-15所示,观测了4个角度和3条边长。已知数据列于表10-6中,观测值见表10-7。已知测角中误差 $\sigma_\beta = 5''$,测边中误差 $\sigma_{S_i} = \pm(1 + 1\times10^{-6}S_i)(\text{mm})$,$S_i$ 以km为单位,试按间接平差法,求:

(1)各导线点的坐标平差值及点位精度;

(2)各观测值的平差值。

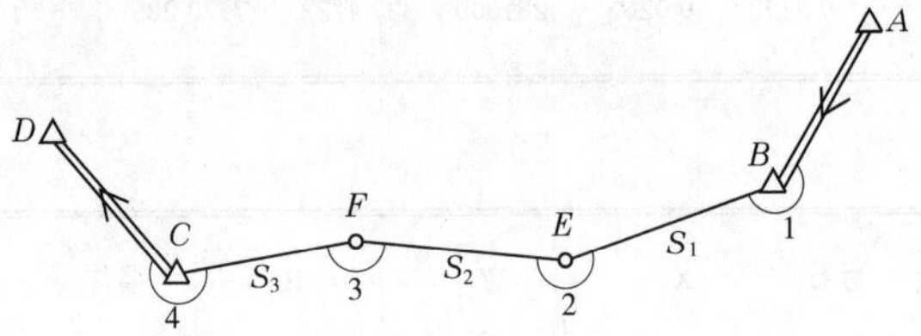

图10-15

表10-6

点名	坐标(m)		方位角
	X	Y	
B	203 020.348	−59 049.801	$\alpha_{AB} = 226°44'59''$
C	203 059.503	−59 796.549	$\alpha_{CD} = 324°46'03''$

表10-7

角号	角度观测(° ′ ″)	边号	边观测值
1	230 32 37	1	204.952
2	180 00 42	2	200.130
3	170 39 22	3	345.153
4	236 48 37		

10.2.2 利用 NASEW 平差导线(网)

10.2.2.1 数据输入

1.控制点信息输入

首先在控制点信息输入区输入各控制点点号、已知点坐标,如图 10-16 所示。

点名	@	X	Y	@	H
A	1	203157.385	-58904.127	0	0.000
B	1	203020.348	-59049.801	0	0.000
E	0	0.000	0.000	0	0.000
F	0	0.000	0.000	0	0.000
C	1	203059.503	-59796.549	0	0.000
D	1	203222.867	-59911.928	0	0.000
	0	0.000	0.000	0	0.000

图 10-16

2.观测数据输入

在观测值输入区输入 B、E、F、C 点观测数据,如图 10-17 ~ 图 10-20 所示。与前述的三角网数据输入不同的是,导线测量的边长属性用"d"表示。

测站 B　i= 0.　格式 标准

照准点	C	A	观测值	误差
A	c	0	0.00000	0.00000
E	c	0	230.32370	-0.00044
E	d	0	204.95200	0.00411
	c	0	0.00000	0.00000

图 10-17

测站 E　i= 0.　格式 标准

照准点	C	A	观测值	误差
B	c	0	0.00000	0.00000
F	c	0	180.00420	-0.00041
F	d	0	200.13000	0.00411
	c	0	0.00000	0.00000

图 10-18

测站 F　i= 0.　格式 标准

照准点	C	A	观测值	误差
E	c	0	0.00000	0.00000
C	c	0	170.39220	-0.00039
C	d	0	345.15300	0.00520
	c	0	0.00000	0.00000

图 10-19

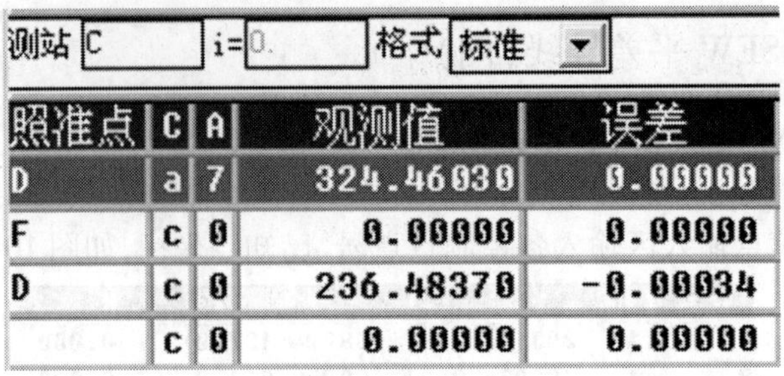

图 10-20

10.2.2.2 控制网概算

单击“计算”→“坐标概算”,概算结果如图 10-21 所示。

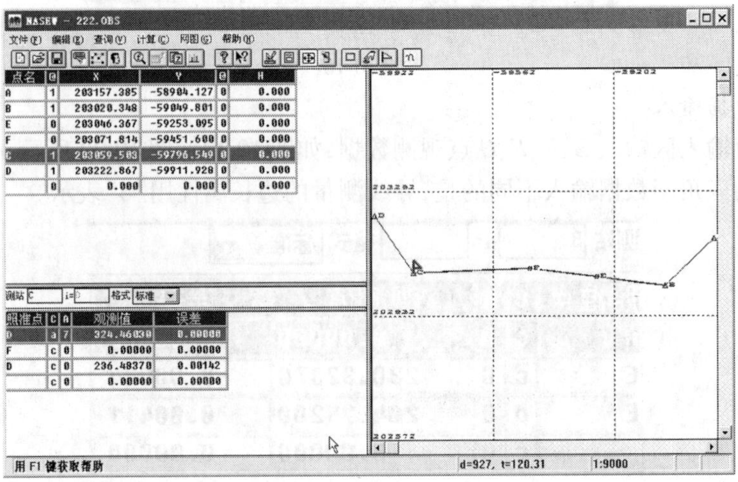

图 10-21

10.2.2.3 平差计算

单击“计算”→“选择平差”,弹出“平面网平差方法选择”对话框,如图 10-22 所示。

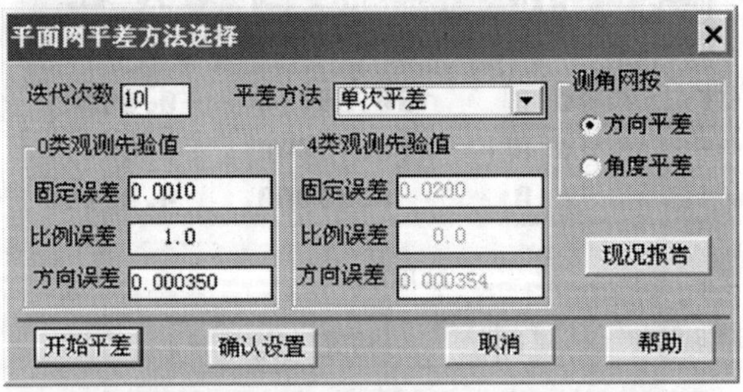

图 10-22

在“平面网平差方法选择”对话框中,“迭代次数”处输入“10”,“固定误差”和“比例误差”处分别输入“0.0010”、“1.0”,“方向误差”处输入“0.000350”。单击“确认设置”完成控制网平差设置。

再次单击“计算”→“选择平差”,在“平面网平差方法选择”对话框中,单击“开始平差”,弹出“平差结果”对话框,如图 10-23 所示。

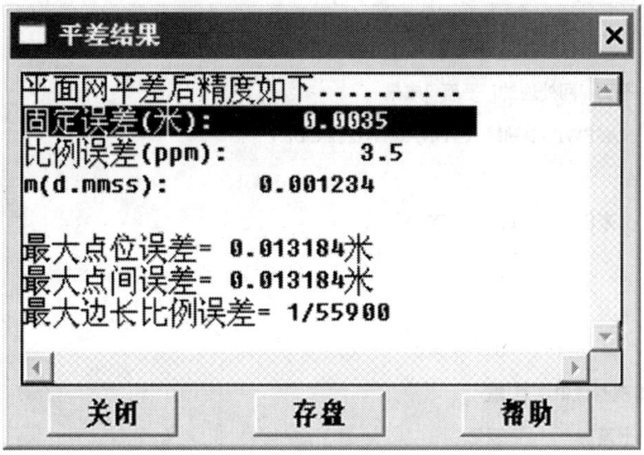

图 10-23

10.2.2.4 结果输出

单击“文件”→“成果输出(B)”(见图 10-24),弹出“成果输出管理”对话框(见图 10-25)。单击“建立”,计算结果如图 10-26 所示。

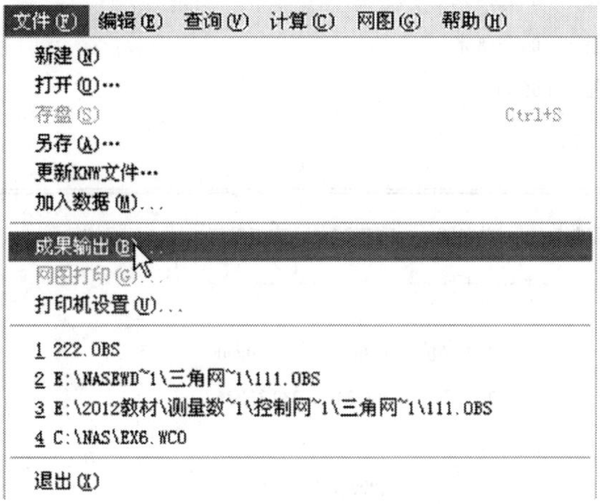

图 10-24

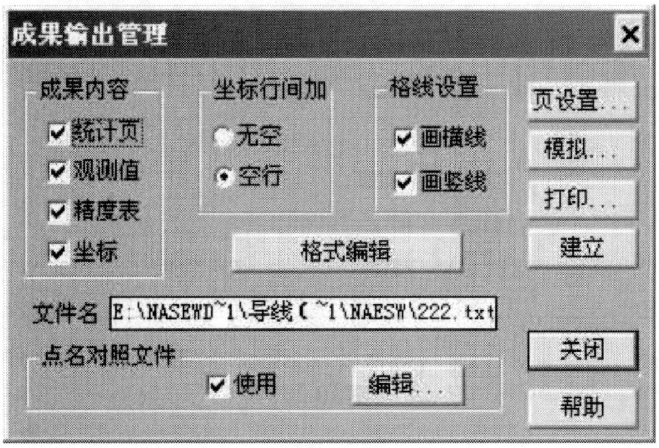

图 10-25

* 控制网概况 **

1. 本成果为按[平面]网处理的[平差]成果

数据库为: E:\NASEWD~1\导线(~1\NAESW\222.OBS

2. 控制网中:

	方向	方位	平距	XY 点
待定	8	0	3	2
固定	0	0	0	4
特类	0	0	0	0

3. 平差前后基本观测量中误差情况:

观测值	平差前	平差后
方向误差:	0.000350	0.001234
固定误差:	0.00100	0.00353
比例误差 PPM:	1.00	3.53

4. 控制网中最大误差情况:

最大点位误差 = 0.01318 米

最大点间误差 = 0.01318 米

最大边长比例误差 = 1/55900

[方向观测成果表]

测站	照准点	方向值	改正数	改正后值	备注
B	A	0.00000	0.00000	0.00000	
	E	230.32370	-0.00084	230.32286	
E	B	0.00000	0.00000	0.00000	
	F	180.00420	-0.00028	180.00392	
F	E	0.00000	0.00000	0.00000	
	C	170.39220	0.00026	170.39246	
C	F	0.00000	0.00000	0.00000	
	D	236.48370	-0.00056	236.48314	

图 10-26

[距离观测成果表]

测站	照准点	距离值	改正数	改正后值	备注
B	E	204.9520	0.0038	204.9558	
E	F	200.1300	0.0038	200.1338	
F	C	345.1530	0.0048	345.1578	

[边长]=750.235 边数=3 平均边长=250.078

[平面点位误差表]

点名	长轴	短轴	长轴方位	点位中误差	备注
E	0.010	0.004	4.3039	0.011	
F	0.013	0.004	1.2843	0.013	

[平面点间误差表]

点名	点名	MT	MD	D/MD	T-方位	D-距离	备注
B	E	0.0104	0.0036	57000	277.1728	204.956	
E	F	0.0086	0.0036	55000	277.1807	200.134	
F	C	0.0126	0.0038	90000	267.5732	345.158	

[控制点成果表]

点名	等级	标石	X	Y	H	备注
A			203157.385	-58904.127		固定点
B			203020.348	-59049.801		固定点
E			203046.359	-59253.100		
F			203071.796	-59451.610		
C			203059.503	-59796.549		固定点
D			203222.867	-59911.928		固定点

续图 10-26

10.3 水准网平差计算

水准网(Leveling Network)是由一系列水准点所构成的高程控制网。

城市和工程建设高程控制网一般按水准测量方法来建立。为了统一水准测量规格,考虑到城市和工程建设的特点,城市测量和工程测量技术规范规定:水准测量一次分为二、三、四等3个等级。首级高程控制网一般要求布设成闭合图形,加密时可布设成附合路线和结点图形。

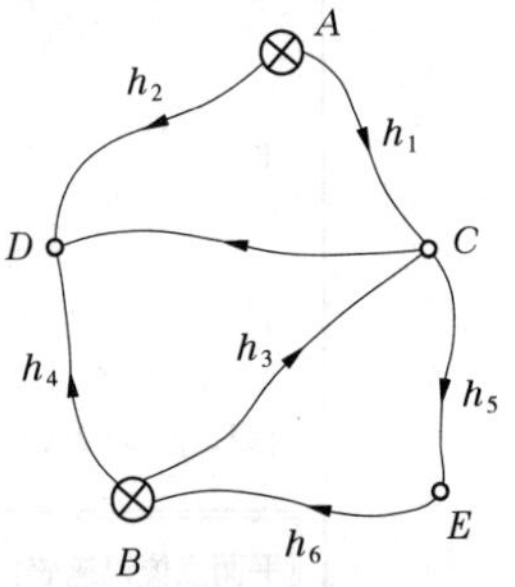

图 10-27

10.3.1 水准网已知数据和观测数据

在如图10-27所示的水准网中,A、B为已知高程的水准点,C、D、E为待定点,观测数据和已知数据见表10-8,试按条件平差求:

(1)各待定点的最或然高程;

(2)C点至D点间平差后高差的中误差。

表 10-8

线路	观测高差(m)	路线长(km)	已知点高程(m)	线路	观测高差(m)	路线长(km)	已知点高程(m)
1	+1.359	1.1	$H_A=5.016$	5	+0.657	2.4	
2	+2.009	1.7	$H_B=6.016$	6	+0.238	1.4	
3	+0.363	2.3		7	-0.595	2.6	
4	+1.012	2.7					

10.3.2 利用NASEW平差水准网

10.3.2.1 数据输入

1. 控制点信息输入

首先在控制点信息输入区输入各控制点点号、已知点高程,如图10-28所示。

点名	@	X	Y	@	H
A	0	0.000	0.000	1	5.016
B	0	0.000	0.000	1	6.016
C	0	0.000	0.000	0	0.000
D	0	0.000	0.000	0	0.000
E	0	0.000	0.000	0	0.000
	0	0.000	0.000	0	0.000

图 10-28

2. 观测数据输入

在A、B、C、E各测站输入观测高差及水准路线长度。如图10-29~图10-32所示。其中,测段高差和水准路线长度都是以m为单位的。

测站 A　i=0.　格式 标准

照准点	C	A	观测值	误差
C	h	0	1.35900	-0.00024
D	h	0	2.00900	0.00286
C	l	0	1100.00000	0.00000
D	l	0	1700.00000	0.00000
	c	0	0.00000	0.00000

图 10-29

测站 B　i=0.　格式 标准

照准点	C	A	观测值	误差
C	h	0	0.36300	-0.00424
D	h	0	1.01200	-0.00014
C	l	0	2300.00000	0.00000
D	l	0	2700.00000	0.00000
	c	0	0.00000	0.00000

图 10-30

测站 C　i=0.　格式 标准

照准点	C	A	观测值	误差
D	h	0	0.65700	-0.00390
D	l	0	2400.00000	0.00000
E	h	0	-0.59500	-0.00114
E	l	0	2600.00000	0.00000
	c	0	0.00000	0.00000

图 10-31

测站 E　i=0.　格式 标准

照准点	C	A	观测值	误差
B	h	0	0.23800	-0.00062
B	l	0	1400.00000	0.00000
	c	0	0.00000	0.00000

图 10-32

10.3.2.2　控制网概算

单击“计算”→“坐标概算”，概算结果如图 10-33 所示。

10.3.2.3　平差计算

单击“计算”→“选择平差”，弹出“高程网平差方法选择”对话框，如图 10-34 所示。

在“高程网平差方法选择”对话框中，“迭代次数”处输入“10”，其他选择默认设置。单击“确认设置”完成控制网平差设置。

再次单击“计算”→“选择平差”，在“高程网平差方法选择”对话框中，单击“开始平差”，弹出“平差结果”对话框，如图 10-35 所示。

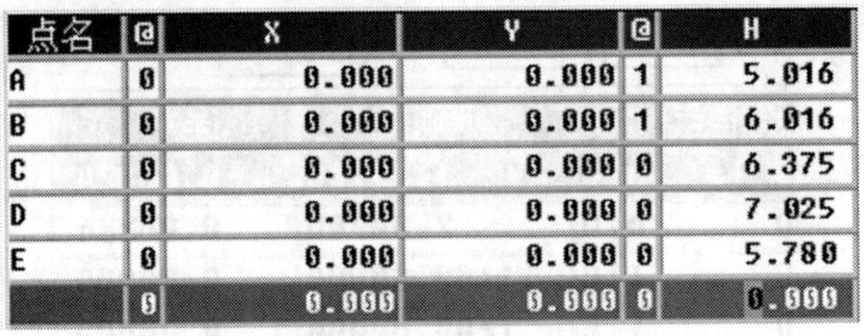

点名	@	X	Y	@	H
A	0	0.000	0.000	1	5.016
B	0	0.000	0.000	1	6.016
C	0	0.000	0.000	0	6.375
D	0	0.000	0.000	0	7.025
E	0	0.000	0.000	0	5.780
	0	0.000	0.000	0	0.000

图 10-33

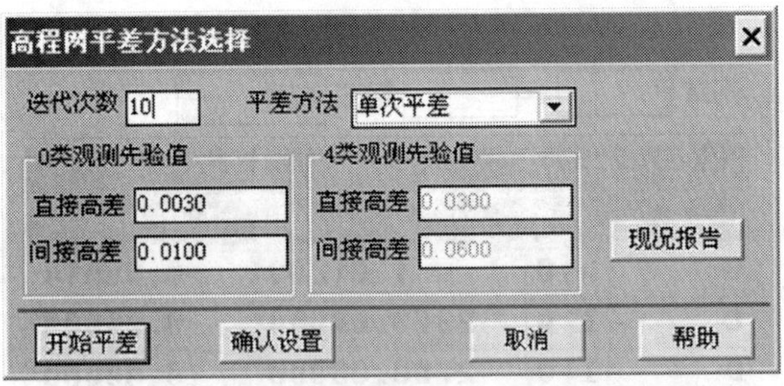

图 10-34

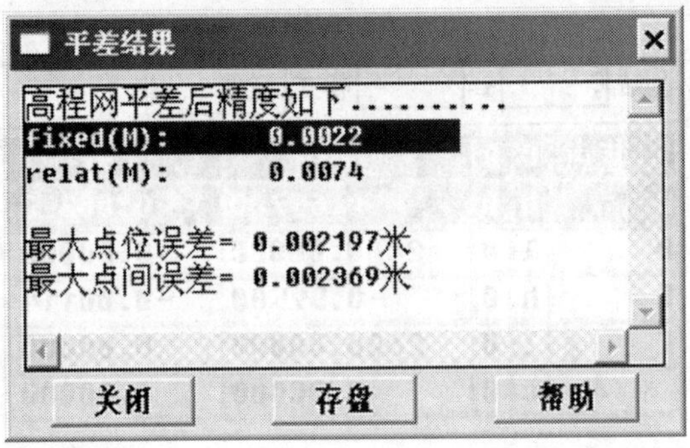

图 10-35

10.3.2.4　**结果输出**

单击"文件"→"成果输出",弹出"成果输出管理"对话框,如图 10-36 所示。单击"建立",计算结果如图 10-37 所示。

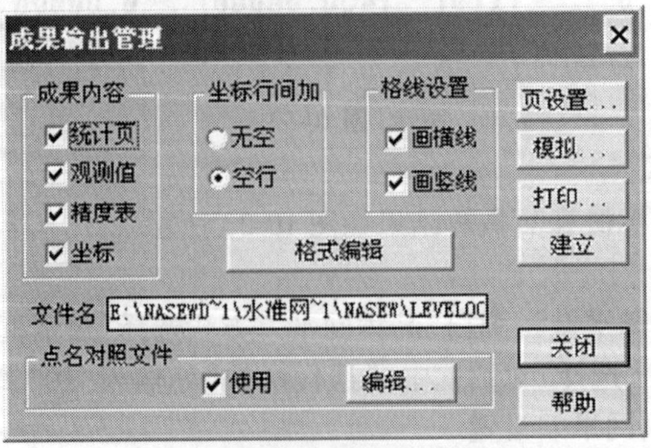

图 10-36

-- NASEW V3.0 --

** 控制网概况 **

1. 本成果为按[高程]网处理的[平差]成果

数据库为: E:\NASEWD~1\水准网~1\NASEW\LEVEL000.OBS

2. 控制网中:

	直高	间高	H点
待定	7	0	3
固定	0	0	2
特类	0	0	0

3. 平差前后基本观测量中误差情况:

观测值	平差前	平差后
直接高差:	0.003000	0.002225

4. 控制网中最大误差情况:

最大点位误差 = 0.00220 米

最大点间误差 = 0.00237 米

[水准测量成果表]

前视点	后视点	高差值	改正数	改正后值	路线长	备注
A	C	1.3590	-0.0002	1.3588		
	D	2.0090	0.0029	2.0119		
B	C	0.3630	-0.0042	0.3588		
	D	1.0120	-0.0001	1.0119		
C	D	0.6570	-0.0039	0.6531		
	E	-0.5950	-0.0011	-0.5961		
E	B	0.2380	-0.0006	0.2374		

[和]=0　段数=0

[高差误差表]

点名	点名	高差中误差	高差	备注
A	C	0.0016	1.3588	
A	D	0.0020	2.0119	
B	C	0.0016	0.3588	
B	D	0.0020	1.0119	

图 10-37

```
C         D          0.0022   0.6531
C         E          0.0024  -0.5961
E         B          0.0022   0.2374
==============================================
[高程成果表]
=====================================================
   点名   等级   标石     H          MH                备注
-------+-----+-----+---------+---------+------------------
A                         5.016              固定点
B                         6.016              固定点
C                         6.375      0.002
D                         7.028      0.002
E                         5.779      0.002
=====================================================
```

续图 10-37

第 11 章　COSA－CODAPS 软件应用

COSA－CODAPS 是地面工程测量、控制测量数据处理通用软件包的简称。系统能对任意地面网（导线网、边角网、自由网、高铁 CPⅢ网和高程网）进行严密平差。

系统除具有概算、平差、精度评定及成果输出等功能外，还提供了许多实用的功能，如网图显绘、粗差剔除、方差分量估计、贯通误差影响值计算及闭合差计算等。

该系统的特点是自动化程度高，通用性强，处理速度快，解算容量大。其自动化表现在通过和 COSA 子系统 COSA－HC 相配合，可以做到由外业数据采集、检查到内业概算、平差和成果报表输出的自动化数据处理流程；其通用性表现在对控制网的网形、等级和网点编号没有任何限制，可以处理任意结构的水准网和平面网，无须给出冗余的附加信息；其处理速度快、解算容量大表现在采用稀疏矩阵压缩存储、网点优化排序和虚拟内存等技术，在主频 166 MHz 的 586 计算机上，解算 500 个点的平面控制网和水准控制网不到 1 min；在具有 20 MB 剩余硬盘空间的计算机上，可以解算多达 5 000 个点的平面控制网。

COSA－CODAPS 在国内许多城市和各行各业的工程控制网中得到应用，包括城市首级控制网、导线加密网、等级导线、测图控制网、房地产测量控制网和建筑方格网等。

11.1　三角网平差计算

11.1.1　三角网已知数据和观测数据

【例 11-1】　如图 11-1 所示的三角网，已知数据和观测数据如表 11-1、表 11-2 所示。

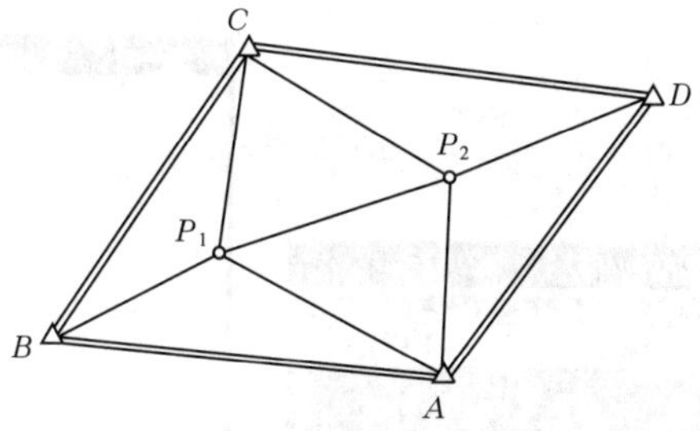

图 11-1

11.1.2　利用 COSA－CODAPS 平差三角网

11.1.2.1　数据输入

单击“文件”→“新建”，打开空白窗口，如图 11-2、图 11-3 所示。

在空白窗口输入表 11-3 第二列的数据。

表 11-1

测站	照准点	方向值 (° ′ ″)	测站	照准点	方向值 (° ′ ″)
A	*B*	0 00 00.0	*D*	*A*	0 00 00.0
	P_1	23 39 46.9		P_2	31 10 22.6
	P_2	90 42 36.3		*C*	59 04 21.9
	D	122 09 26.3	P_1	*A*	0 00 00.0
B	*C*	0 00 00.0		*B*	126 14 24.1
	P_1	29 52 55.4		*C*	246 22 55.2
	A	59 58 42.1		P_2	312 57 49.9
C	*D*	0 00 00.0	P_2	*A*	0 00 00.0
	P_2	22 02 43.0		P_1	65 55 00.8
	P_1	88 48 51.2		*C*	112 33 57.2
	B	118 47 26.7		*D*	242 37 11.4

表 11-2

等级	点名	坐标	
		X(m)	*Y*(m)
Ⅱ	*A*	9 684.280	43 836.820
Ⅱ	*B*	10 649.550	31 996.500
Ⅱ	*C*	19 063.660	37 818.860
Ⅱ	*D*	17 814.630	49 923.190

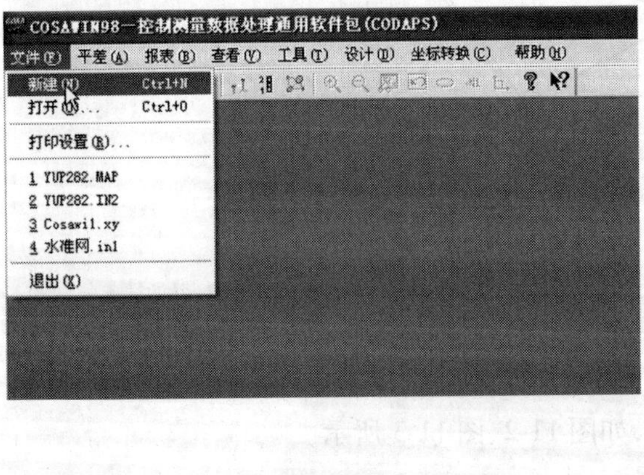

图 11-2

图 11-3

表 11-3

数据格式	输入数据	含义
第一部分:先验精度	5,1,1	方向中误差,固定误差,比例误差
第二部分:已知数据	A,9 684. 28,43 836. 82 B,10 649. 55,31 996. 50 C,19 063. 66,37 818. 86 D,17 814. 63,49 923. 19	已知点号,x,y
第三部分:测站观测数据	P_1 A,L,0 B,L,126. 142 41 C,L,246. 225 52 P_2,L,312. 574 99 P_2 A,L,0 P_1,L,65. 550 08 C,L,112. 335 72 D,L,242. 371 14 A B,L,0 P_1,L,23. 394 69 P_2,L,90. 423 63 D,L,122. 092 63 B C,L,0 P_1,L,29. 525 54 A,L,59. 584 21 C D,L,0 P_2,L,22. 024 3 P_1,L,88. 485 12 B,L,118. 472 67 D A,L,0 P_2,L,31. 102 26 C,L,59. 042 19	测站点点号 照准点点号,观测值类型,观测值[观测值精度]

将文件保存为 *. IN2 文件。. IN2 是 COSA－CODAPS 平面控制网平差数据输入文件的扩展名。输入数据观测值类型字母及含义见表 11-4。

表 11-4

观测值字符	观测值含义	单位
L	方向	度 分 秒
S	边长	米
A	方位角	度 分 秒

11.1.2.2 **生成概算文件**

控制网概算的目的是利用已知点数据和观测数据推算控制网各待定点的近似坐标，用来计算坐标平差时误差方程的系数。

选择菜单“平差”→“生成概算文件”菜单项（见图11-4），弹出“输入平面观测文件”对话框（见图11-5）。选择观测文件，单击“打开”。弹出信息提示对话框“没有近似高程，只输出平面近似坐标”（见图11-6），单击“确定”按钮，弹出如图11-7所示对话框。

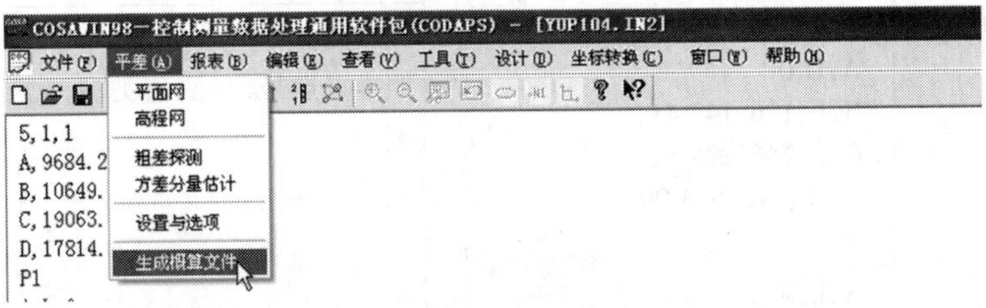

图11-4

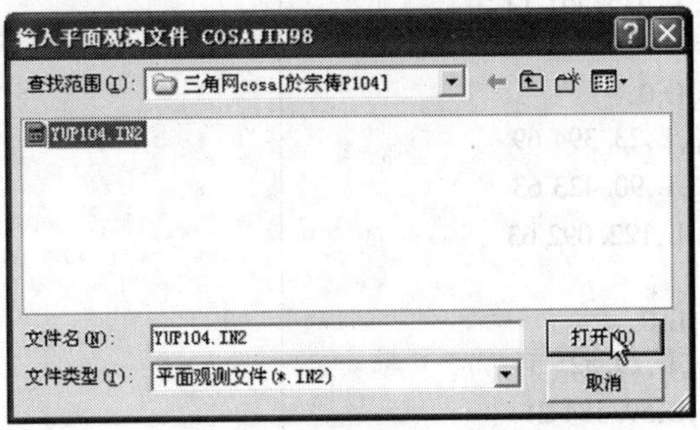

图11-5

图11-6

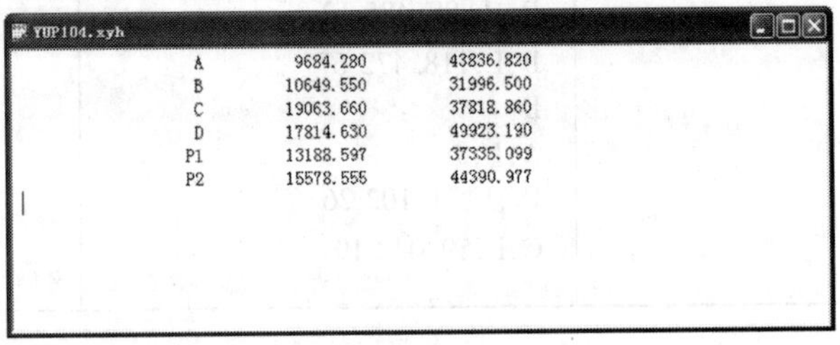

图11-7

11.1.2.3 **平差计算**

单击“平差”→“设置与选项”菜单项（见图11-8），弹出“设置与选项”对话框（见图11-9）。在“平差”选项的“单位权选择”选项中，选择“先验单位权”。

单击“平差”→“平面网”菜单项（见图11-10），弹出“输入平面观测文件”对话框（见图11-11）。选中观测值文件后，软件进行计算，显示迭代结果并提示“继续迭代否?”，单击“是(Y)”（见图11-12），弹出“平差完毕！”信息提示对话框，如图11-13所示。

平差结果如图11-14所示。

图 11-8

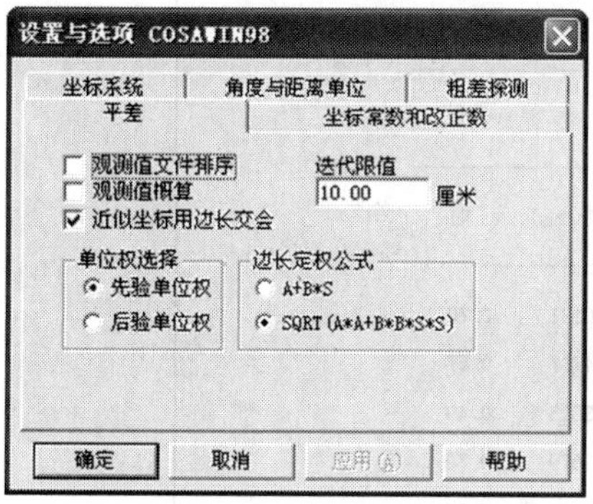

图 11-9

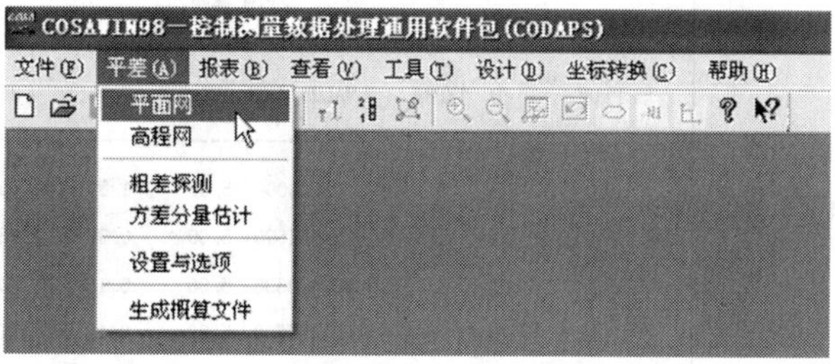

图 11-10

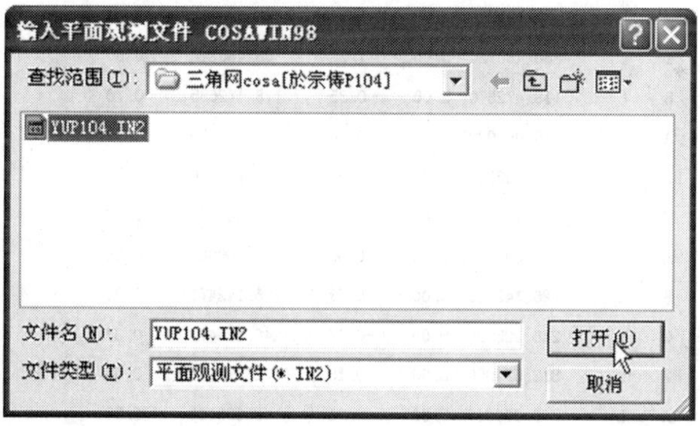

图 11-11

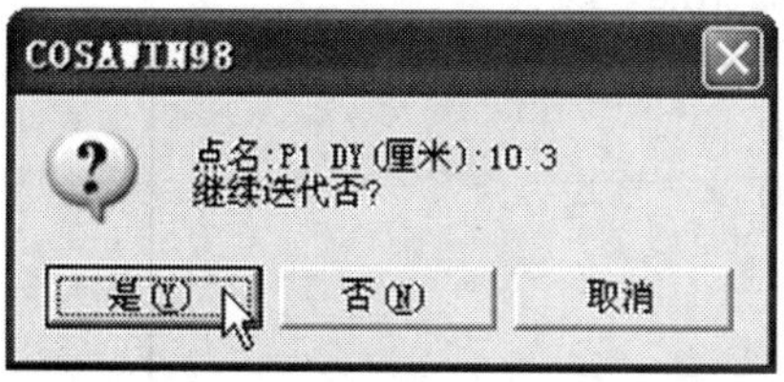

图 11-12

图 11-13

近似坐标

Name	X(m)	Y(m)
A	9684.280	43836.820
B	10649.550	31996.500
C	19063.660	37818.860
D	17814.630	49923.190
P1	13188.597	37335.099
P2	15578.555	44390.977

方向平差结果

FROM	TO	TYPE	VALUE(dms)	M(sec)	V(sec)	RESULT(dms)	Ri
A	B	L	0.000000	5.00	-1.31	-0.000131	0.70
A	P1	L	23.394690	5.00	0.97	23.394787	0.57
A	P2	L	90.423630	5.00	-0.15	90.423615	0.49
A	D	L	122.092630	5.00	0.49	122.092679	0.70
B	C	L	0.000000	5.00	-0.24	-0.000024	0.63
B	P1	L	29.525540	5.00	0.41	29.525581	0.53
B	A	L	59.584210	5.00	-0.18	59.584192	0.63
C	D	L	0.000000	5.00	-0.78	-0.000078	0.70
C	P2	L	22.024300	5.00	-0.10	22.024290	0.57
C	P1	L	88.485120	5.00	1.22	88.485242	0.50
C	B	L	118.472670	5.00	-0.35	118.472635	0.70
D	A	L	0.000000	5.00	0.10	0.000010	0.63
D	P2	L	31.102260	5.00	-0.90	31.102170	0.53
D	C	L	59.042190	5.00	0.80	59.042270	0.63
P1	A	L	0.000000	5.00	0.00	0.000000	0.45
P1	B	L	126.142410	5.00	0.61	126.142471	0.33
P1	C	L	246.225520	5.00	-0.47	246.225473	0.37
P1	P2	L	312.574990	5.00	-0.13	312.574977	0.58
P2	A	L	0.000000	5.00	-0.31	-0.000031	0.38
P2	P1	L	65.550080	5.00	0.37	65.550117	0.58
P2	C	L	112.335720	5.00	-0.59	112.335661	0.45
P2	D	L	242.371140	5.00	0.53	242.371193	0.34

方向最小多余观测分量:0.33(　P1--->　B)

方向最大多余观测分量:0.70(　C--->　D)

方向平均多余观测分量:0.55

方向多余观测数总和:　12.00

图 11-14

平差坐标及其精度

Name	X(m)	Y(m)	MX(cm)	MY(cm)	MP(cm)	E(cm)	F(cm)	T(dms)
A	9684.2800	43836.8200						
B	10649.5500	31996.5000						
C	19063.6600	37818.8600						
D	17814.6300	49923.1900						
P1	13188.6034	37335.2021	8.64	9.59	12.91	10.17	7.95	57.5404
P2	15578.4794	44390.9844	8.54	9.81	13.01	10.25	8.01	62.1908

Mx均值: 8.59　My均值: 9.70　Mp均值: 12.96

最弱点及其精度

Name	X(m)	Y(m)	MX(cm)	MY(cm)	MP(cm)	E(cm)	F(cm)	T(dms)
P2	15578.4794	44390.9844	8.54	9.81	13.01	10.25	8.01	62.1908

网点间边长、方位角及其相对精度

FROM	TO	A(dms)	MA(sec)	S(m)	MS(cm)	S/MS	E(cm)	F(cm)	T(dms)
A	P1	298.192761	2.70	7385.8864	8.54	86000	10.17	7.95	57.5404
A	P2	5.221589	3.36	5920.1929	8.73	68000	10.25	8.01	62.1908
B	P1	64.335231	2.79	5911.7283	10.14	58000	10.17	7.95	57.5404
C	P2	117.561281	2.66	7439.0391	8.78	85000	10.25	8.01	62.1908
C	P1	184.422233	3.30	5894.9313	8.81	67000	10.17	7.95	57.5404
D	P2	247.592813	2.78	5967.0486	10.23	58000	10.25	8.01	62.1908
P1	A	118.192761	2.70	7385.8864	8.54	86000	10.17	7.95	57.5404
P1	B	244.335231	2.79	5911.7283	10.14	58000	10.17	7.95	57.5404
P1	C	4.422233	3.30	5894.9313	8.81	67000	10.17	7.95	57.5404
P1	P2	71.171737	2.72	7449.5350	13.30	56000	13.30	9.82	69.0943
P2	A	185.221589	3.36	5920.1929	8.73	68000	10.25	8.01	62.1908
P2	P1	251.171737	2.72	7449.5350	13.30	56000	13.30	9.82	69.0943
P2	C	297.561281	2.66	7439.0391	8.78	85000	10.25	8.01	62.1908
P2	D	67.592813	2.78	5967.0486	10.23	58000	10.25	8.01	62.1908

最弱边及其精度

FROM	TO	A(dms)	MA(sec)	S(m)	MS(cm)	S/MS	E(cm)	F(cm)	T(dms)
P1	P2	71.171737	2.72	7449.5350	13.30	56000	13.30	9.82	69.0943

续图 11-14

单位权中误差和改正数带权平方和

先验单位权中误差:5.00

后验单位权中误差:0.83

多余观测值总数:12

平均多余观测值数:0.55

PVV1 = 8.36 PVV2 = 8.36

YUP104控制网总体信息

已知点数: 4 未知点数: 2

方向角数: 0 固定边数: 0

方向观测值数: 22 边长观测值数: 0

续图 11-14

11.2 导线(网)平差计算

11.2.1 导线(网)已知数据和观测数据

单一附合导线如图 11-15 所示,观测了 4 个角度和 3 条边长。已知数据列于表 11-5,观测值见表 11-6。已知测角中误差 $\sigma_\beta = 5''$,测边中误差 $\sigma_{S_i} = \pm(5 + 3 \times 10^{-6} S_i)$ mm。

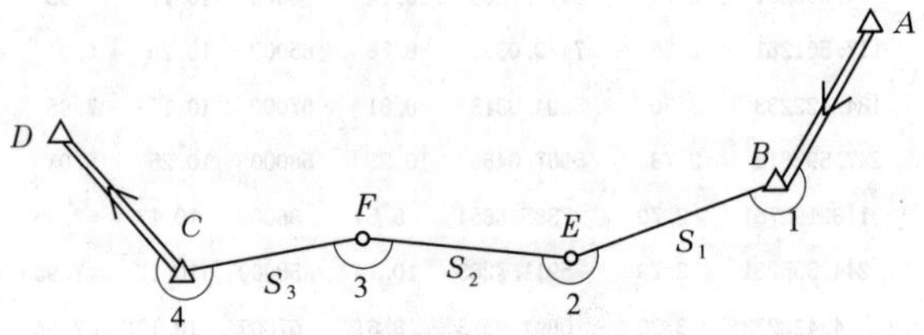

图 11-15

表 11-5

点名	坐标(m)		方位角
	X	Y	
B	203 020.348	-59 049.801	$\alpha_{AB} = 226°44'59''$
C	203 059.503	-59 796.549	$\alpha_{CD} = 324°46'03''$

表 11-6

角号	角度观测(° ′ ″)	边号	边观测值(m)
1	230 32 37	1	204.952
2	180 00 42	2	200.130
3	170 39 22	3	345.153
4	236 48 37		

11.2.2 利用 COSA－CODAPS 平差导线(网)

11.2.2.1 数据输入

单击“文件”→“新建”,打开空白窗口。在空白窗口输入表 11-7 的数据。

表 11-7

```
5,5,3
A,203 157.385,－58 904.127
B,203 020.348,－59 049.801
C,203 059.503,－59 796.549
D,203 222.867,－59 911.928
B
A,L,0
E,L,230.323 7
E,S,204.952
E
B,L,0
F,L,180.004 2
F,S,200.130
F
E,L,0
C,L,170.392 2
C,S,345.153
C
F,L,0
D,L,236.483 7
```

11.2.2.2 生成概算文件

选择菜单“平差”→“生成概算文件”菜单项,弹出“输入平面观测文件”对话框。选择观测文件,单击“打开”。弹出信息提示对话框“没有近似高程,只输出平面近似坐标”,单击“确定”。生成的概算文件如图 11-16 所示。

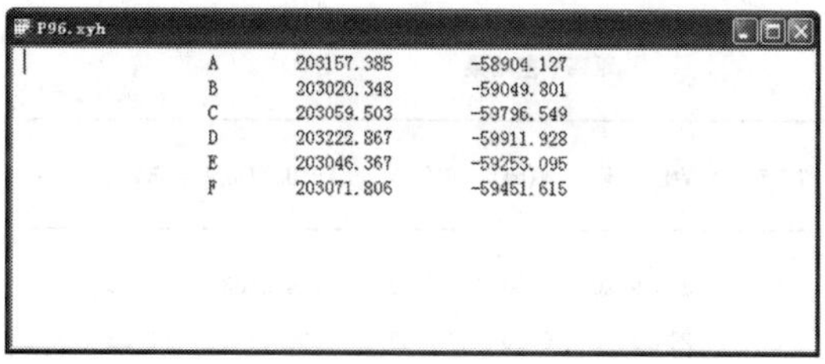

图 11-16

11.2.2.3 平差计算

单击“平差”→“设置与选项”菜单项,弹出“设置与选项”对话框。在“平差”选项的“单位权选择”选项中,选择“先验单位权”。

单击“平差”→“平面网”菜单项,弹出“输入平面观测文件”对话框。选中观测值文件后,软件进行计算,显示迭代结果并提示“继续迭代否?”,单击“是(Y)。”弹出“平差完毕!”信息提示对话框。

平差结果如图 11-17 所示。

近似坐标

Name	X(m)	Y(m)
A	203157.385	-58904.127
B	203020.348	-59049.801
C	203059.503	-59796.549
D	203222.867	-59911.928
E	203046.367	-59253.095
F	203071.806	-59451.615

方向平差结果

FROM	TO	TYPE	VALUE(dms)	M(sec)	V(sec)	RESULT(dms)	Ri
B	A	L	0.000000	5.00	2.63	0.000263	0.31
B	E	L	230.323700	5.00	-2.63	230.323437	0.31
C	F	L	0.000000	5.00	1.27	0.000127	0.40
C	D	L	236.483700	5.00	-1.27	236.483573	0.40
E	B	L	0.000000	5.00	1.94	0.000194	0.15
E	F	L	180.004200	5.00	-1.94	180.004006	0.15
F	E	L	0.000000	5.00	1.26	0.000126	0.13
F	C	L	170.392200	5.00	-1.26	170.392074	0.13

方向最小多余观测分量:0.13(F---> C)

方向最大多余观测分量:0.40(C---> F)

方向平均多余观测分量:0.25

方向多余观测数总和: 2.01

距离平差结果

FROM	TO	TYPE	VALUE(m)	M(cm)	V(cm)	RESULT(m)	Ri
B	E	S	204.9520	0.50	0.43	204.9563	0.33
E	F	S	200.1300	0.50	0.43	200.1343	0.33
F	C	S	345.1530	0.51	0.45	345.1575	0.34

边长最小多余观测分量:0.33(E---> F)

边长最大多余观测分量:0.34(F---> C)

边长平均多余观测分量:0.33

边长多余观测数总和: 0.99

图 11-17

平差坐标及其精度

Name	X(m)	Y(m)	MX(cm)	MY(cm)	MP(cm)	E(cm)	F(cm)	T(dms)
A	203157.3850	-58904.1270						
B	203020.3480	-59049.8010						
C	203059.5030	-59796.5490						
D	203222.8670	-59911.9280						
E	203046.3624	-59253.0997	0.43	0.41	0.59	0.43	0.41	165.1247
F	203071.8015	-59451.6107	0.53	0.42	0.67	0.53	0.42	179.1642

Mx均值: 0.48　　My均值: 0.41　　Mp均值: 0.63

最弱点及其精度

Name	X(m)	Y(m)	MX(cm)	MY(cm)	MP(cm)	E(cm)	F(cm)	T(dms)
F	203071.8015	-59451.6107	0.53	0.42	0.67	0.53	0.42	179.1642

网点间边长、方位角及其相对精度

FROM	TO	A(dms)	MA(sec)	S(m)	MS(cm)	S/MS	E(cm)	F(cm)	T(dms)
B	E	277.173130	4.30	204.9563	0.41	50000	0.43	0.41	165.1247
C	F	87.572892	3.17	345.1575	0.42	83000	0.53	0.42	179.1642
E	B	97.173130	4.30	204.9563	0.41	50000	0.43	0.41	165.1247
E	F	277.180943	3.62	200.1343	0.41	48000	0.41	0.35	99.0930
F	E	97.180943	3.62	200.1343	0.41	48000	0.41	0.35	99.0930
F	C	267.572892	3.17	345.1575	0.42	83000	0.53	0.42	179.1642

最弱边及其精度

FROM	TO	A(dms)	MA(sec)	S(m)	MS(cm)	S/MS	E(cm)	F(cm)	T(dms)
E	F	277.180943	3.62	200.1343	0.41	48000	0.41	0.35	99.0930

单位权中误差和改正数带权平方和

先验单位权中误差:5.00

后验单位权中误差:5.30

多余观测值总数:3

平均多余观测值数:0.27

PVV1 = 84.43　PVV2 = 84.43

P96控制网总体信息

已知点数:	4	未知点数:	2
方向角数:	0	固定边数:	0
方向观测值数:	8	边长观测值数:	3

续图 11-17

11.3 水准网平差计算

11.3.1 水准网已知数据和观测数据

在如图 11-18 所示的水准网中，已知水准点 A、B 的高程分别为 $H_A = 5.000$ m，$H_B = 6.008$ m，P_1、P_2、P_3 为待定点，高差观测值及水准路线长度见表 11-8。

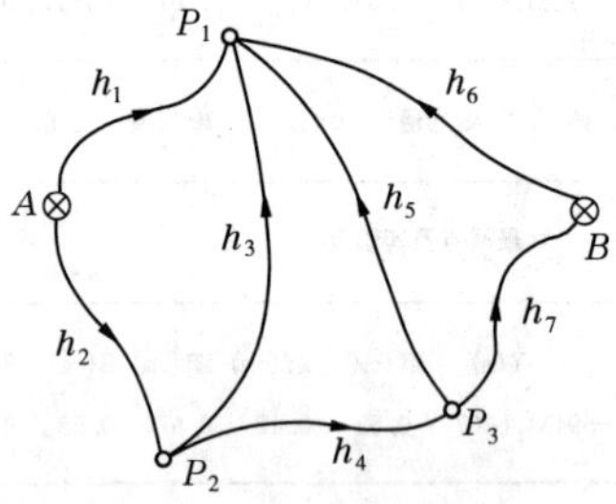

图 11-18

表 11-8

水准路线 i	1	2	3	4	5	6	7
高差观测值 h_i(m)	1.010	1.003	0.005	0.501	-0.500	0.004	-0.502
路线长度 S_i(km)	2	2	1	1	1	1	1

11.3.2 利用 COSA - CODAPS 平差水准网

11.3.2.1 数据输入

单击"文件"→"新建"，打开空白窗口。

在新窗口中键入表 11-9 的数据。

表 11-9

```
A,5.000
B,6.008
A,P1,1.010,2
A,P2,1.003,2
P2,P1,0.005,1
P2,P3,0.501,1
P3,P1,-0.500,1
B,P1,0.004,1
P3,B,-0.502,1
```

11.3.2.2 平差计算

单击"平差"→"高程网"菜单项（见图 11-19），弹出"输入高程观测文件"对话框（见

图 11-20)。选中观测值文件后,软件进行计算,显示迭代结果并提示“继续迭代否?”,单击“是(Y)”。弹出“高程网平差完毕!”信息提示对话框(见图 11-21),平差结果如图 11-22 所示。

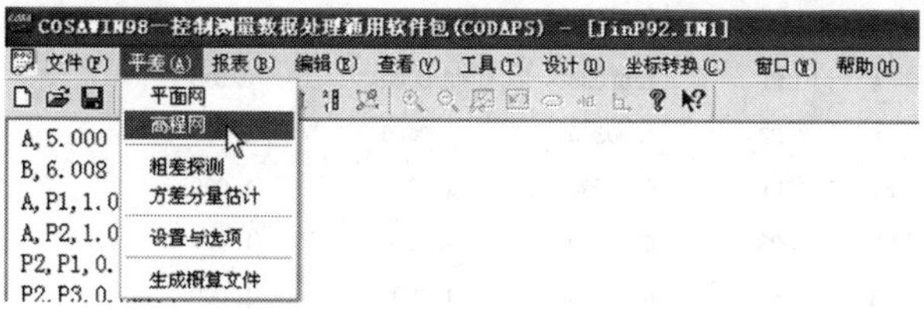

图 11-19

图 11-20

图 11-21

```
---------------------------------------------------------
              APPROXIMATE    HEIGHT
---------------------------------------------------------
             No.    Name          Height(m)
---------------------------------------------------------
              1        A              5.0000
              2        B              6.0080
              3       P1              6.0100
              4       P2              6.0030
              5       P3              6.5040
---------------------------------------------------------
                   KNOWN   HEIGHT
---------------------------------------------------------
             No.    Name          Height(m)
---------------------------------------------------------
              1        A             5.00000
              2        B             6.00800
---------------------------------------------------------
```

图 11-22

MEASURING DATA OF HEIGHT DIFFERENCE

No.	From	To	Observe(m)	Distance(km)	Weight
1	A	P1	1.01000	2.0000	0.500
2	A	P2	1.00300	2.0000	0.500
3	P2	P1	0.00500	1.0000	1.000
4	P2	P3	0.50100	1.0000	1.000
5	P3	P1	-0.50000	1.0000	1.000
6	B	P1	0.00400	1.0000	1.000
7	P3	B	-0.50200	1.0000	1.000

ADJUSTED HEIGHT

No.	Name	Height(m)	Mh(mm)
1	A	5.0000	
2	B	6.0080	
3	P1	6.0107	1.23
4	P2	6.0062	1.49
5	P3	6.5093	1.34

ADJUSTED HEIGHT DIFFERENCE

No.	From	To	Adjusted_dh(m)	V(mm)	Mdh(mm)
1	A	P1	1.0107	0.72	1.23
2	A	P2	1.0062	3.21	1.49
3	P2	P1	0.0045	-0.49	1.36
4	P2	P3	0.5031	2.10	1.38
5	P3	P1	-0.4986	1.41	1.30
6	B	P1	0.0027	-1.28	1.23
7	P3	B	-0.5013	0.69	1.34

UNIT WEIGHT AND PVV

PVV=	14.164
Free Degree=	4
Unit Weight=	1.882
[s]=	9.000(km)
Total Point Number=	5
Height Difference Number=	7

续图 11-22

第 12 章　南方平差易 PA2005 软件应用

南方平差易(Power Adjust 2005,简称 PA2005)是由南方测绘仪器公司开发的数据处理软件。它是在 Windows 系统下用 VC 开发的控制测量数据处理软件,也是南方平差易 PA2002 产品的升级。它一改过去单一的表格输入,采用了 Windows 风格的数据输入技术和多种数据接口(南方系列产品接口、其他软件文件接口),同时辅以网图动态显示,实现了数据采集、数据处理和成果打印的一体化。成果输出丰富、强大、多种多样,平差报告完整详细,报告内容也可根据用户需要自行定制,另有详细的精度统计和网形分析信息等。其界面友好,功能强大,是理想的控制测量数据处理工具。

12.1　三角网平差计算

12.1.1　三角网已知数据和观测数据

如图 12-1 所示,表 12-1 为起算数据,表 12-2 所列为观测值。

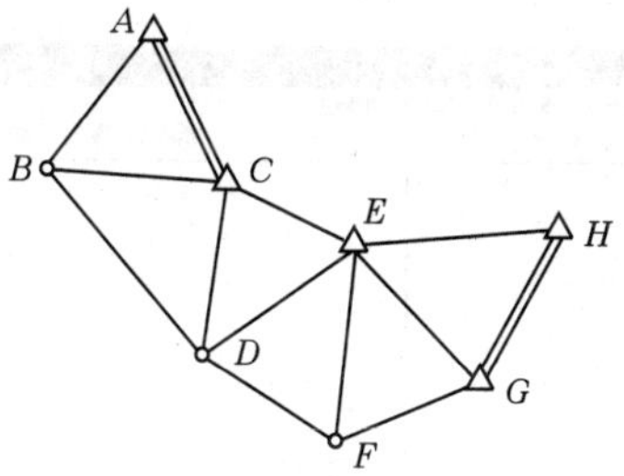

图 12-1

12.1.2　利用 PA2005 平差三角网

12.1.2.1　数据输入

南方平差易 2005 分为三部分,即控制网点区、观测数据区和控制网略图显示区,如图 12-2所示。

表 12-1

点名	坐标		坐标方位角 α (°　′　″)	边长 (m)
	X(m)	Y(m)		
A	73 659.510	-151 928.040	152　33　21.717	26 209.697 55
C	50 435.400	-139 848.490		
G	19 395.190	-99 133.400	29　45　35.122	27 504.857 13
H	43 272.550	-85 480.970		

表 12-2

测站	照准点	方向值 (° ′ ″)	测站	照准点	方向值 (° ′ ″)
A	*C*	0 00 00.0	*E*	*H*	0 00 00.0
	B	67 12 46.1		*G*	50 54 45.0
B	*A*	0 00 00.0		*F*	99 21 30.7
	C	54 00 04.4		*D*	148 36 28.7
	D	98 53 19.6		*C*	210 00 21.9
C	*E*	0 00 00.0	*F*	*D*	0 00 00.0
	D	72 33 34.0		*E*	63 37 08.7
	B	158 13 57.5		*G*	125 47 28.4
	A	217 01 09.1	*G*	*F*	0 00 00.0
D	*B*	0 00 00.0		*E*	69 22 52.5
	C	49 26 21.0		*H*	142 41 48.6
	E	95 28 55.2	*H*	*G*	0 00 00.0
	F	162 36 49.1		*E*	55 46 22.3

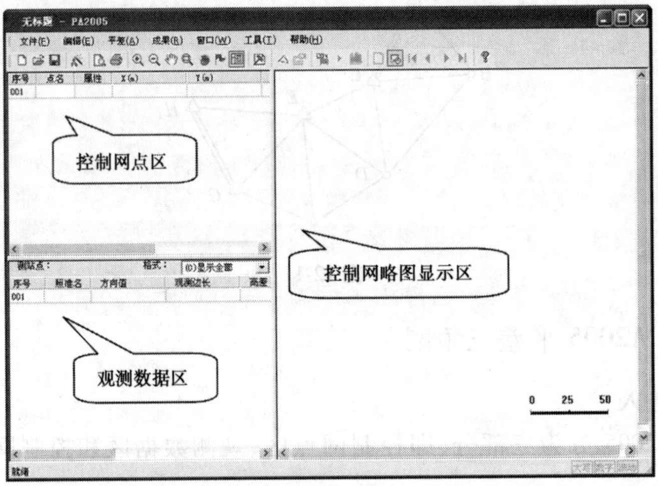

图 12-2

在控制网点区输入各控制点序号、点名、属性及坐标，如图 12-3 所示。

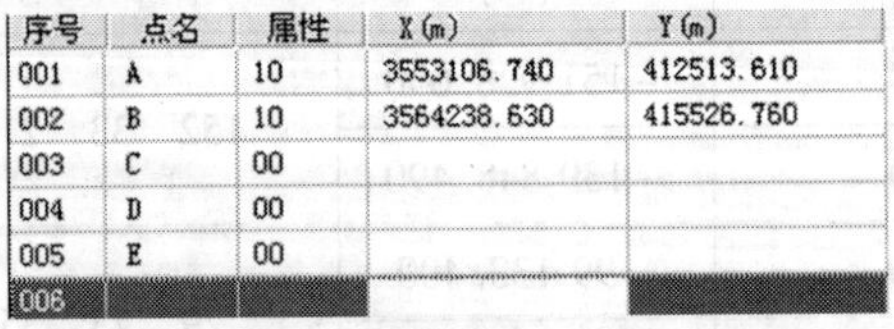

序号	点名	属性	X (m)	Y (m)
001	A	10	3553106.740	412513.610
002	B	10	3564238.630	415526.760
003	C	00		
004	D	00		
005	E	00		
006				

图 12-3

PA2005 控制点属性代码含义见表 12-3。

表 12-3

控制点属性代码	代码含义
11	坐标已知,高程已知
10	坐标已知,高程未知
01	坐标未知,高程已知
00	坐标未知,高程未知

依次选中控制点 A、B、C、D、E、F、G、H,在观测值输入区输入各测站观测数据,如图 12-4 ~ 图 12-11 所示。

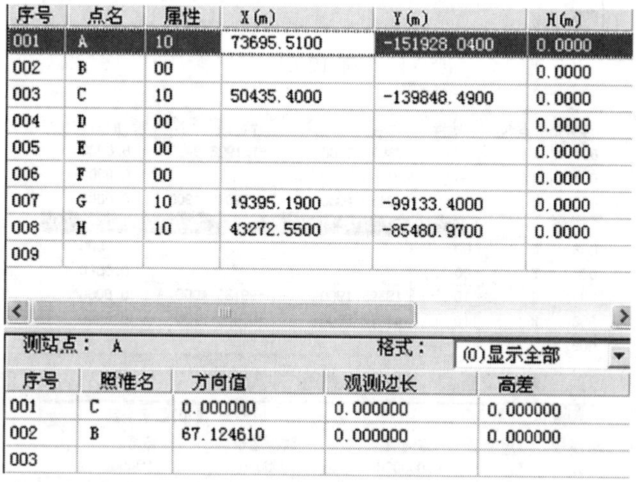

序号	点名	属性	X(m)	Y(m)	H(m)
001	A	10	73695.5100	-151928.0400	0.0000
002	B	00			0.0000
003	C	10	50435.4000	-139848.4900	0.0000
004	D	00			0.0000
005	E	00			0.0000
006	F	00			0.0000
007	G	10	19395.1900	-99133.4000	0.0000
008	H	10	43272.5500	-85480.9700	0.0000
009					

测站点: A　　格式: (0)显示全部

序号	照准名	方向值	观测边长	高差
001	C	0.000000	0.000000	0.000000
002	B	67.124610	0.000000	0.000000
003				

图 12-4

序号	点名	属性	X(m)	Y(m)	H(m)
001	A	10	73695.5100	-151928.0400	0.0000
002	B	00			0.0000
003	C	10	50435.4000	-139848.4900	0.0000
004	D	00			0.0000
005	E	00			0.0000
006	F	00			0.0000
007	G	10	19395.1900	-99133.4000	0.0000
008	H	10	43272.5500	-85480.9700	0.0000
009					

测站点: B　　格式: (0)显示全部

序号	照准名	方向值	观测边长	高差
001	A	0.000000	0.000000	0.000000
002	C	54.000440	0.000000	0.000000
003	D	98.531960	0.000000	0.000000
004				

图 12-5

序号	点名	属性	X(m)	Y(m)	H(m)
001	A	10	73695.5100	-151928.0400	0.0000
002	B	00			0.0000
003	C	10	50435.4000	-139848.4900	0.0000
004	D	00			0.0000
005	E	00			0.0000
006	F	00			0.0000
007	G	10	19395.1900	-99133.4000	0.0000
008	H	10	43272.5500	-85480.9700	0.0000
009					

测站点： C　　格式： (0)显示全部

序号	照准名	方向值	观测边长	高差
001	E	0.000000	0.000000	0.000000
002	D	72.333400	0.000000	0.000000
003	B	158.135750	0.000000	0.000000
004	A	217.010910	0.000000	0.000000
005				

图 12-6

序号	点名	属性	X(m)	Y(m)	H(m)
001	A	10	73695.5100	-151928.0400	0.0000
002	B	00			0.0000
003	C	10	50435.4000	-139848.4900	0.0000
004	D	00			0.0000
005	E	00			0.0000
006	F	00			0.0000
007	G	10	19395.1900	-99133.4000	0.0000
008	H	10	43272.5500	-85480.9700	0.0000
009					

测站点： D　　格式： (0)显示全部

序号	照准名	方向值	观测边长	高差
001	B	0.000000	0.000000	0.000000
002	C	49.262100	0.000000	0.000000
003	E	95.285520	0.000000	0.000000
004	F	162.364910	0.000000	0.000000
005				

图 12-7

序号	点名	属性	X(m)	Y(m)	H(m)
001	A	10	73695.5100	-151928.0400	0.0000
002	B	00			0.0000
003	C	10	50435.4000	-139848.4900	0.0000
004	D	00			0.0000
005	E	00			0.0000
006	F	00			0.0000
007	G	10	19395.1900	-99133.4000	0.0000
008	H	10	43272.5500	-85480.9700	0.0000
009					

测站点： E　　格式： (0)显示全部

序号	照准名	方向值	观测边长	高差
001	H	0.000000	0.000000	0.000000
002	G	50.544500	0.000000	0.000000
003	F	99.213070	0.000000	0.000000
004	D	148.362870	0.000000	0.000000
005	C	210.002190	0.000000	0.000000
006				

图 12-8

序号	点名	属性	X(m)	Y(m)	H(m)
001	A	10	73695.5100	-151928.0400	0.0000
002	B	00			0.0000
003	C	10	50435.4000	-139848.4900	0.0000
004	D	00			0.0000
005	E	00			0.0000
006	F	00			0.0000
007	G	10	19395.1900	-99133.4000	0.0000
008	H	10	43272.5500	-85480.9700	0.0000
009					

测站点：F　　格式：(0)显示全部

序号	照准名	方向值	观测边长	高差
001	D	0.000000	0.000000	0.000000
002	E	63.370870	0.000000	0.000000
003	G	125.472840	0.000000	0.000000
004				

图 12-9

序号	点名	属性	X(m)	Y(m)	H(m)
001	A	10	73695.5100	-151928.0400	0.0000
002	B	00			0.0000
003	C	10	50435.4000	-139848.4900	0.0000
004	D	00			0.0000
005	E	00			0.0000
006	F	00			0.0000
007	G	10	19395.1900	-99133.4000	0.0000
008	H	10	43272.5500	-85480.9700	0.0000
009					

测站点：G　　格式：(0)显示全部

序号	照准名	方向值	观测边长	高差
001	F	0.000000	0.000000	0.000000
002	E	69.225250	0.000000	0.000000
003	H	142.414860	0.000000	0.000000
004				

图 12-10

序号	点名	属性	X(m)	Y(m)	H(m)
001	A	10	73695.5100	-151928.0400	0.0000
002	B	00			0.0000
003	C	10	50435.4000	-139848.4900	0.0000
004	D	00			0.0000
005	E	00			0.0000
006	F	00			0.0000
007	G	10	19395.1900	-99133.4000	0.0000
008	H	10	43272.5500	-85480.9700	0.0000
009					

测站点：H　　格式：(0)显示全部

序号	照准名	方向值	观测边长	高差
001	G	0.000000	0.000000	0.000000
002	E	55.462230	0.000000	0.000000
003				

图 12-11

12.1.2.2　坐标推算

坐标推算的目的是利用已知点数据和观测数据推算控制网各待定点的近似坐标,用来计算坐标平差时误差方程的系数。

选择“平差”→“坐标推算”菜单项(见图 12-12),坐标推算完成,控制点显示区显示各待定点推算坐标,控制网略图显示在软件窗口右侧,如图 12-13 所示。

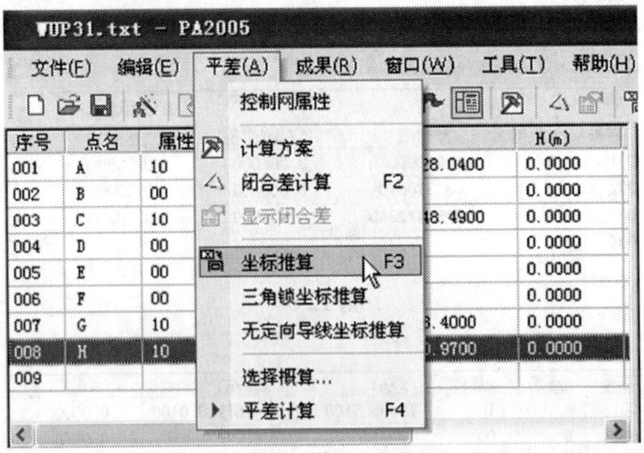

图 12-12

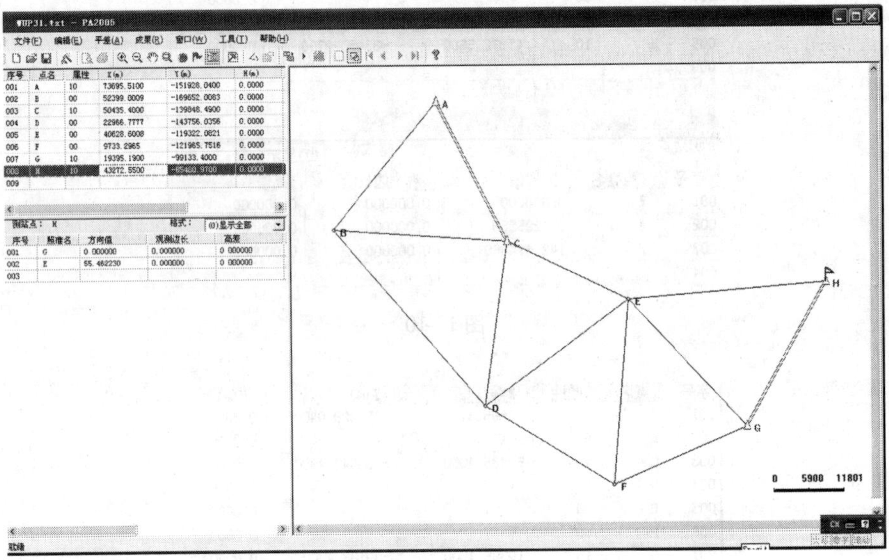

图 12-13

12.1.2.3　选择概算

控制网概算的目的是将地面观测值(水平方向值,边长)化至高斯平面上。这个化算通常分为两个步骤:第一步将地面观测值归算至参考椭球面,第二步将参考椭球面观测值归算至高斯平面。

在三、四等三角测量概算时,在某些情况下(比如垂线偏差分量 $\xi < 10''$, $\eta < 10''$, $H <$ 2 000 m时),一般可将大地水准面上的观测值直接看做参考椭球面上的观测量。这样控制网概算就可以简化为观测值至高斯平面上的化算。

对于控制网概算,可选择“平差”→“选择概算”菜单项。选择概算的项目有归心改正、气象改正、方向改化、边长投影改正、边长高斯改化、边长加乘常数改正和 Y 含 500 km。需要参入概算时就在项目前打“✓”即可。

1. 归心改正

归心改正根据归心元素对控制网中的相应方向做归心计算。在平差易软件中,只有在输入了测站偏心或照准偏心的偏心角和偏心距等信息时才能够进行此项改正。如果没有进行偏心测量,则概算时就不进行此项改正。

2. 气象改正

气象改正就是改正测量时温度、气压和湿度等因素对测距边的影响。

(1)实际气象条件(外业控制测量时的气象条件)。每条边的温度和气压在测站的观测信息区中输入。

绝对湿度:控制测量时的当地湿度,单位为 mmHg。此项改正值非常小,一般不参入改正。

测距仪波长:测距仪发射的电子波波长,单位为 μm。

(2)参考气象条件(在此条件下测距仪所测的距离为真值,没有误差,也是标定的气象条件)。

摄氏温度:测距仪的标定温度,单位为℃。

绝对湿度:测距仪的标定湿度,单位为 mmHg。

大气压强:测距仪的标定气压,单位为 hPa。

注意:如果外业作业时已经对边长进行了气象改正或忽略气象条件对测距边的影响,那么就不用选择此项改正。如果选择了气象改正,就必须输入每条观测边的温度和气压值,否则将每条边的温度和气压分别当做零来处理。

3. 方向改化

方向改化是将椭球面上方向值归算到高斯平面上。

4. 边长投影改正

边长投影改正的方法有两种:一种为已知测距边所在地区大地水准面对于参考椭球面的高度而对测距边进行投影改正,另一种为将测距边投影到城市平均高程面的高程上。

5. 边长高斯改化

边长高斯改化也有两种方法,它根据“测距边水平距离的高程归化”的选择不同而不同。

6. 边长加乘常数改正

利用测距仪的加乘常数对测边进行改正。

改正数:

$$\Delta S = a + b \times S$$

式中 a——固定误差值,其值在“计算方案”的“测距仪固定误差”中输入;

b——比例误差值,其值在“计算方案”的“测距仪比例误差”中输入。

7. Y 含 500 km

若 Y 坐标包含了 500 km 常数,则在高斯改化时,软件将 Y 坐标减去 500 km 后再进行相关的改化和平差。

8. 坐标系

坐标系分为54系(54年坐标系)、80系(80年坐标系)和84系(84年坐标系)。

12.1.2.4　选择计算方案

选择“平差”→“计算方案”菜单项(见图12-14),弹出“计算方案”设置对话框(见图12-15),保存默认设置。

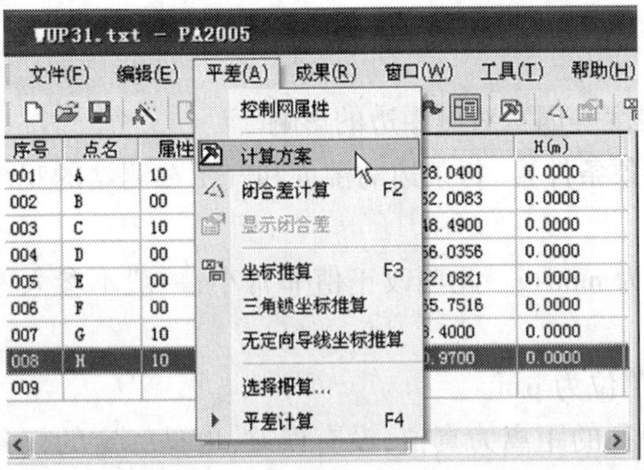

图12-14

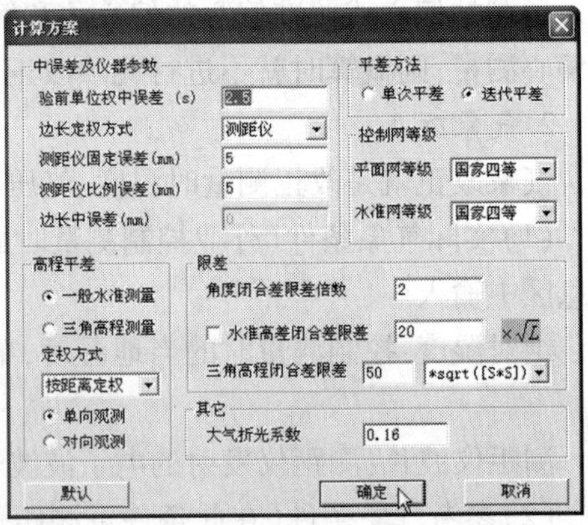

图12-15

12.1.2.5　平差计算

单击“平差”→“平差计算”菜单项,如图12-16所示,完成平差计算。

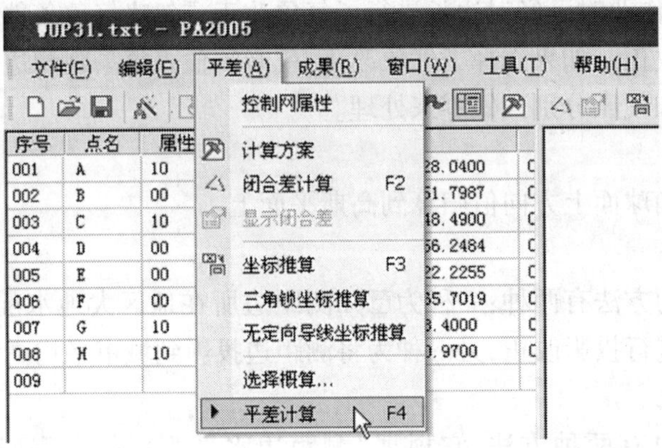

图12-16

12.1.2.6　报表输出

1. 输出CASS坐标文件

单击“成果”→“输出CASS坐标文件”菜单项(见图12-17),弹出“另存为”对话框,选择保存路径及文件名,如图12-18所示。

输出的CASS坐标文件见图12-19。

2. 输出到WORD

单击“成果”→“输出到WORD”菜单项,结果如下所示。

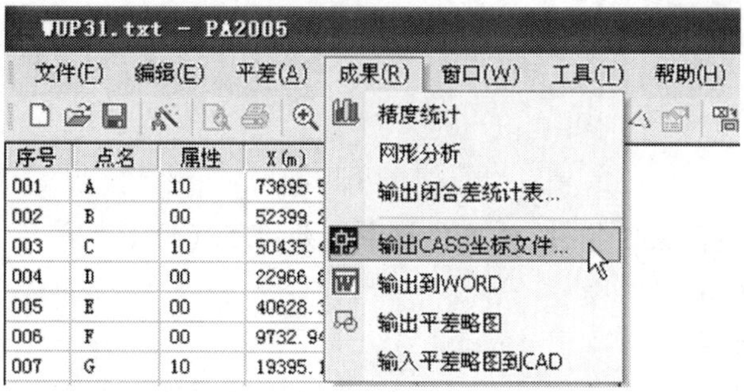

图 12-17

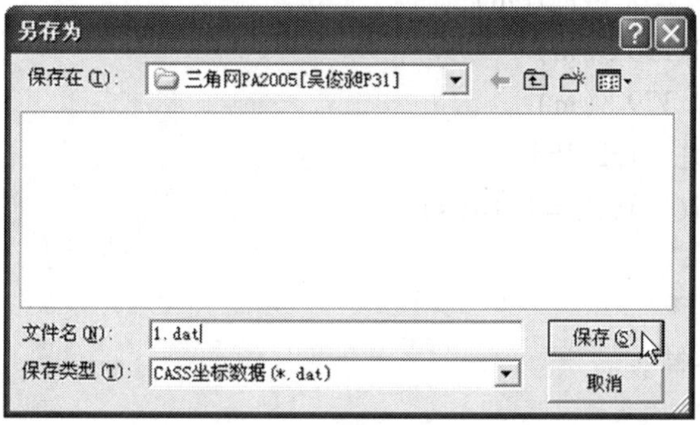

图 12-18

```
8
A,131100,-151928.040,73695.510,0.000
B,131100,-169651.799,52399.241,0.000
C,131100,-139848.490,50435.400,0.000
D,131100,-143756.248,22966.875,0.000
E,131100,-119322.225,40628.325,0.000
F,131100,-121965.702,9732.941,0.000
G,131100,-99133.400,19395.190,0.000
H,131100,-85480.970,43272.550,0.000
```

图 12-19

控制网平差报告

[控制网概况]

计算软件:南方平差易 2005

网名:

计算日期:2012-06-06

观测人:

记录人:

计算者:
检查者:
测量单位:
备注:
平面控制网等级:国家四等,验前单位权中误差:2.50(s)
已知坐标点个数:4
未知坐标点个数:4
未知边数:0
最大点位误差[B]=0.220 0(m)
最小点位误差[E]=0.147 3(m)
平均点位误差=0.196 5(m)
最大点间误差=0.379 8(m)
最大边长比例误差=152 455
平面网验后单位权中误差=1.16(s)

[闭合差统计报告]
序号:<1>:闭合导线
路径:[B—C—A]
角度闭合差=2.10(s),限差=±8.66(s)

序号:<2>:闭合导线
路径:[G—H—E]
角度闭合差=3.40(s),限差=±8.66(s)

序号:<3>:闭合导线
路径:[C—D—B]
角度闭合差=0.30(s),限差=±8.66(s)

序号:<4>:闭合导线
路径:[D—E—C]
角度闭合差=1.40(s),限差=±8.66(s)

序号:<5>:闭合导线
路径:[E—F—D]
角度闭合差=-0.60(s),限差=±8.66(s)

序号:<6>:闭合导线
路径:[F—G—E]
角度闭合差=-2.10(s),限差=±8.66(s)

序号：<7>：附合导线

路径：[G—H—E—C—A]

角度闭合差 =6.71(s)，限差 = ±8.66(s)

[起算点数据表]

点名	X(m)	Y(m)	H(m)	备注
A	73 695.510 0	−151 928.040 0		
C	50 435.400 0	−139 848.490 0		
G	19 395.190 0	−99 133.400 0		
H	43 272.550 0	−85 480.970 0		

[方向观测成果表]

测站	照准	方向值(dms)	改正数(s)	平差后值(dms)	备注
A	C	0.000 000			
	B	67.124 610	−0.06	67.124 604	
B	A	0.000 000			
	C	54.000 440	−0.29	54.000 411	
	D	98.531 960	0.12	98.531 972	
C	E	0.000 000			
	D	72.333 400	−1.15	72.333 285	
	B	158.135 750	−1.07	158.135 643	
	A	217.010 910	−2.82	217.010 628	
D	B	0.000 000			
	C	49.262 100	−0.20	49.262 080	
	E	95.285520	0.48	95.285 568	
	F	162.364 910	0.23	162.364 933	
E	H	0.000 000			
	G	50.544 500	−1.80	50.544 320	
	F	99.213 070	−1.05	99.212 965	
	D	148.362 870	−1.48	148.362 722	
	C	210.002 190	−2.40	210.001 950	

测站	照准	方向值(dms)	改正数(s)	平差后值(dms)	备注
F	*D*	0. 000 000			
	E	63. 370 870	0. 07	63. 370 877	
	G	125. 472 840	0. 61	125. 472 901	
G	*F*	0. 000 000			
	E	69. 225 250	0. 81	69. 225 331	
	H	142. 414 860	0. 70	142. 414 930	
H	*G*	0. 000 000			
	E	55. 462 230	-1. 48	55. 462 082	

[平面点位误差表]

点名	长轴(m)	短轴(m)	长轴方位(dms)	点位中误差(m)	备注
B	0. 165 8	0. 144 6	32. 172 658	0. 220 0	
D	0. 152 6	0. 128 9	146. 094 298	0. 199 7	
E	0. 127 9	0. 072 9	111. 192 996	0. 147 3	
F	0. 185 7	0. 116 0	82. 565 785	0. 218 9	

[平面点间误差表]

点名	点名	长轴 *MT*(m)	短轴 *MD*(m)	*D/MD*	长轴方位 *T*(dms)	平距 *D*(m)	备注
A	*B*	0. 220 0	0. 165 5	167 407	32. 172 658	27 706. 726 4	
B	*C*	0. 220 0	0. 165 5	167 407	32. 172 658	29 867. 940 7	
B	*D*	0. 220 0	0. 149 7	199 554	32. 172 658	39 202. 598 1	
C	*E*	0. 268 5	0. 197 7	198 323	165. 550 445	22 748. 764 0	
C	*D*	0. 147 3	0. 127 7	178 137	111. 192 996	27 745. 097 7	
D	*E*	0. 199 7	0. 142 5	194 747	146. 094 298	30 148. 769 2	
D	*F*	0. 220 0	0. 149 7	199 554	32. 172 658	25 494. 409 8	
E	*H*	0. 268 5	0. 197 7	198 323	165. 550 445	33 944. 403 1	
E	*G*	0. 199 7	0. 142 5	194 747	146. 094 298	29 299. 056 0	
E	*F*	0. 194 2	0. 132 8	227 039	94. 523 990	31 008. 268 4	
F	*G*	0. 213 4	0. 167 2	152 455	97. 255 190	24 792. 601 1	

[控制点成果表]

点名	X(m)	Y(m)	H(m)	备注
A	73 695. 510 0	-151 928. 040 0		已知点
B	52 399. 241 2	-169 651. 798 7		
C	50 435. 400 0	-139 848. 490 0		已知点
D	22 966. 875 0	-143 756. 248 4		
E	40 628. 324 6	-119 322. 225 5		
F	9 732. 940 8	-121 965. 701 9		
G	19 395. 190 0	-99 133. 400 0		已知点
H	43 272. 550 0	-85 480. 970 0		已知点

3. 输出平差略图

单击“成果”→“输出平差略图”，输入保存图像路径和图像名称，如图 12-20 所示。输出的平面略图如图 12-21 所示。

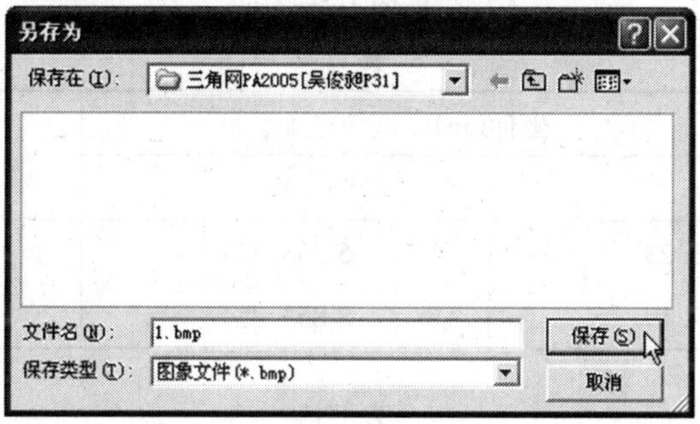

图 12-20

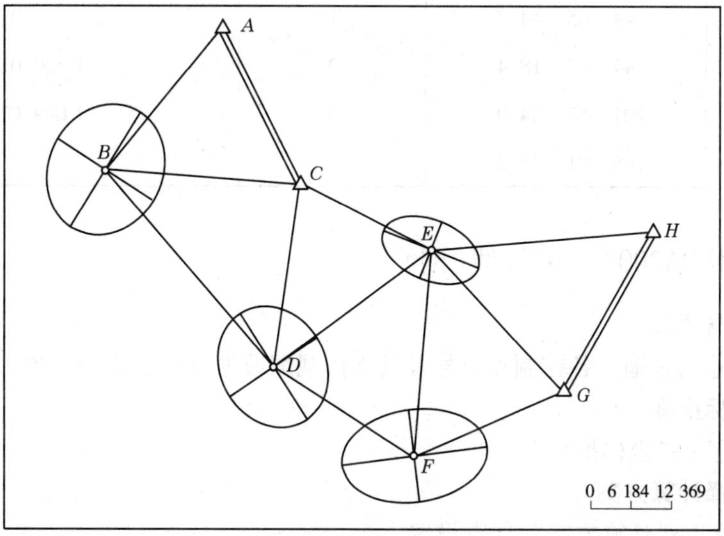

图 12-21

4. 输出平差略图到 CAD

单击“成果”→“输出平差略图到 CAD”，输入保存图形路径和图形名称。

12.2 导线(网)平差计算

12.2.1 导线(网)已知数据和观测数据

单一附合导线如图 12-22 所示，观测了 4 个角度和 3 条边长。已知数据列于表 12-4，观测值见表 12-5。

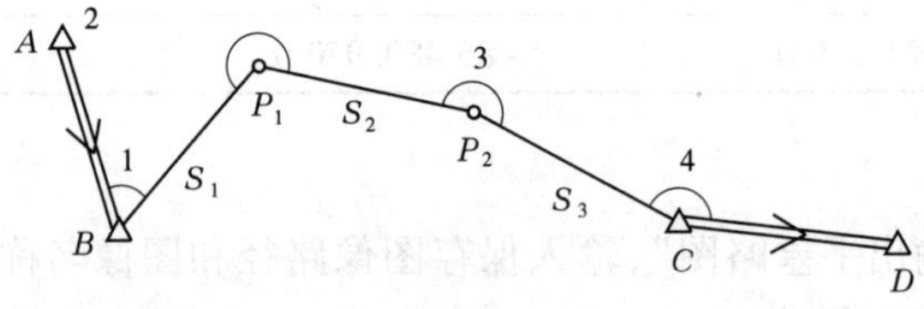

图 12-22

表 12-4

点名	坐标(m)		方位角
	X	Y	
B	3 143.237	5 260.334	$\alpha_{AB}=170°54'27.0''$
C	4 157.197	8 853.254	$\alpha_{CD}=109°31'44.9''$

表 12-5

角号	角度观测 (° ′ ″)	边号	边长观测值(m)
1	44 05 44.8	1	2 185.070
2	244 32 18.4	2	1 500.017
3	201 57 34.0	3	1 009.021
4	168 01 45.2		

12.2.2 利用 PA2005 平差导线(网)

12.2.2.1 数据输入

在控制点输入区输入各控制点点号及其坐标观测数据，如图 12-23 ~ 图 12-27 所示。

12.2.2.2 坐标推算

单击“平差”→“坐标推算”。

12.2.2.3 选择计算方案

单击“平差”→“计算方案”，保存设置。

序号	点名	属性	X(m)	Y(m)
001	A	10	4130.6720	5102.3050
002	B	10	3143.2370	5260.3340
003	P1	00		
004	P2	00		
005	C	10	4157.1970	8853.2540
006	D	10	3822.9110	9795.7260
007				

图 12-23

序号	点名	属性	X(m)	Y(m)
001	A	10	4130.6720	5102.3050
002	B	10	3143.2370	5260.3340
003	P1	00		
004	P2	00		
005	C	10	4157.1970	8853.2540
006	D	10	3822.9110	9795.7260
007				

测站点： B　　格式：(0)显示全部

序号	照准名	方向值	观测边长	高差
001	A	0.000000	0.000000	0.00
002	P1	44.054480	2185.070000	0.00
003				

图 12-24

序号	点名	属性	X(m)	Y(m)
001	A	10	4130.6720	5102.3050
002	B	10	3143.2370	5260.3340
003	P1	00		
004	P2	00		
005	C	10	4157.1970	8853.2540
006	D	10	3822.9110	9795.7260
007				

测站点： P1　　格式：(0)显示全部

序号	照准名	方向值	观测边长	高差
001	B	0.000000	0.000000	0.00
002	P2	244.321840	1500.017000	0.00
003				

图 12-25

序号	点名	属性	X(m)	Y(m)
001	A	10	4130.6720	5102.3050
002	B	10	3143.2370	5260.3340
003	P1	00		
004	P2	00		
005	C	10	4157.1970	8853.2540
006	D	10	3822.9110	9795.7[illegible]0
007				

测站点： P2　　格式： (0)显示全部

序号	照准名	方向值	观测边长	高差
001	P1	0.000000	0.000000	0.00
002	C	201.573400	1009.021000	0.00
003				

图 12-26

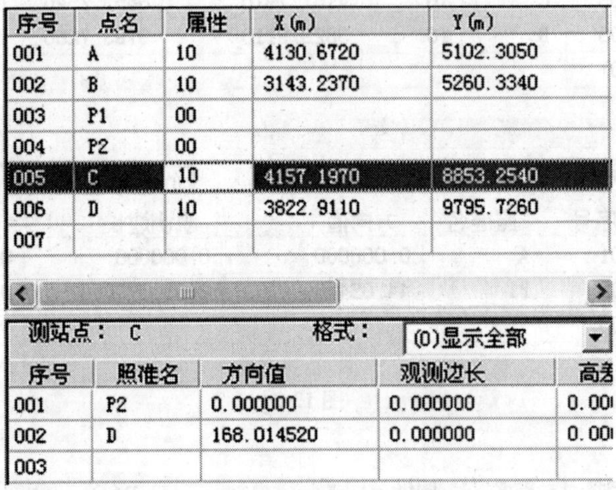

序号	点名	属性	X(m)	Y(m)
001	A	10	4130.6720	5102.3050
002	B	10	3143.2370	5260.3340
003	P1	00		
004	P2	00		
005	C	10	4157.1970	8853.2540
006	D	10	3822.9110	9795.7260
007				

测站点： C　　格式： (0)显示全部

序号	照准名	方向值	观测边长	高差
001	P2	0.000000	0.000000	0.00
002	D	168.014520	0.000000	0.00
003				

图 12-27

12.2.2.4 选择平差

单击“平差”→“平差计算”。

12.2.2.5 成果输出

(1)输出平差略图,如图 12-28 所示。

(2)输出平差报告到 WORD。

控制网平差报告

[控制网概况]

计算软件:南方平差易 2005

网名:

计算日期:2012-06-06

观测人:

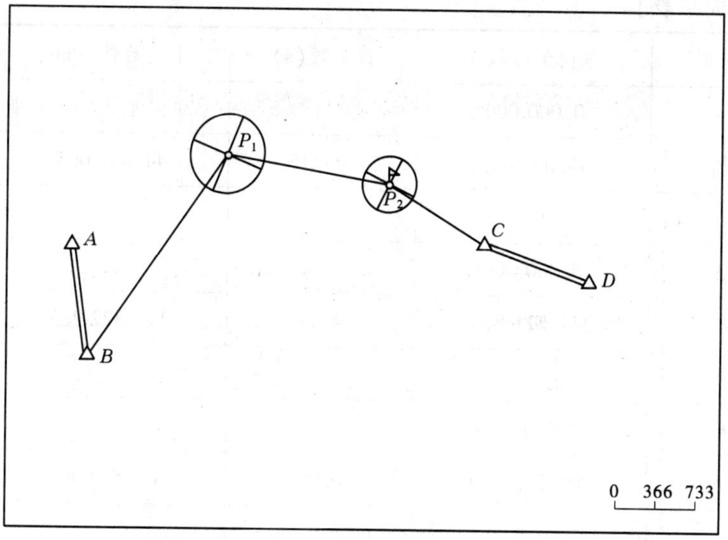

图 12-28

记录人:
计算者:
检查者:
测量单位:
备注:
平面控制网等级:国家四等,验前单位权中误差:2.50(s)
已知坐标点个数:4
未知坐标点个数:2
未知边数:3
最大点位误差[P_1]=0.034 1(m)
最小点位误差[P_2]=0.024 1(m)
平均点位误差=0.029 1(m)
最大点间误差=0.048 2(m)
最大边长比例误差=75 832
平面网验后单位权中误差=4.31(s)
[边长统计]总边长:4 694.108(m),平均边长:1 564.703(m),最小边长:1 009.021(m),最大边长:2 185.070(m)

闭合差统计报告

[起算点数据表]

点名	X(m)	Y(m)	H(m)	备注
A	4 130.672 0	5 102.305 0		
B	3 143.237 0	5 260.334 0		
C	4 157.197 0	8 853.254 0		
D	3 822.911 0	9 795.726 0		

[方向观测成果表]

测站	照准	方向值(dms)	改正数(s)	平差后值(dms)	备注
B	A	0. 000 000			
	P_1	44. 054 480	-4. 15	44. 054 065	
P_1	B	0. 000 000			
	P_2	244. 321 840	4. 45	244. 322 285	
P_2	P_1	0. 000 000			
	C	201. 573 400	0. 04	201. 573 404	
C	P_2	0. 000 000			
	D	168. 014 520	-4. 89	168. 014 031	

[距离观测成果表]

测站	照准	距离(m)	改正数(m)	平差后值(m)	方位角(dms)
B	P_1	2 185. 070 0	-0. 024 5	2 185. 045 5	35. 000 763
P_1	P_2	1 500. 017 0	-0. 015 5	1 500. 001 5	99. 323 049
P_2	C	1 009. 021 0	-0. 007 1	1 009. 013 9	121. 300 452

[平面点位误差表]

点名	长轴(m)	短轴(m)	长轴方位(dms)	点位中误差(m)	备注
P_1	0. 025 0	0. 023 2	21. 422 797	0. 034 1	
P_2	0. 017 5	0. 016 6	26. 565 234	0. 024 1	

[平面点间误差表]

点名	点名	长轴 MT(m)	短轴 MD(m)	D/MD	长轴方位 T(dms)	平距 D(m)	备注
B	P_1	0. 034 1	0. 024 9	87 753	21. 422 797	2 185. 045 5	
P_1	P_2	0. 034 1	0. 024 9	87 753	21. 422 797	1 500. 001 5	
P_2	C	0. 028 9	0. 019 8	75 832	6. 511 649	1 009. 013 9	

[控制点成果表]

点名	X(m)	Y(m)	H(m)	备注
A	4 130.672 0	5 102.305 0		已知点
B	3 143.237 0	5 260.334 0		已知点
P_1	4 933.075 1	6 513.690 8		
P_2	4 684.424 2	7 992.939 8		
C	4 157.197 0	8 853.254 0		已知点
D	3 822.911 0	9 795.726 0		已知点

12.3　水准网平差计算

12.3.1　水准网已知数据和观测数据

在图 12-29 中,观测高差及路线长度列于表 12-6 中。已知 $H_A=5.016$ m,$H_B=6.016$ m。

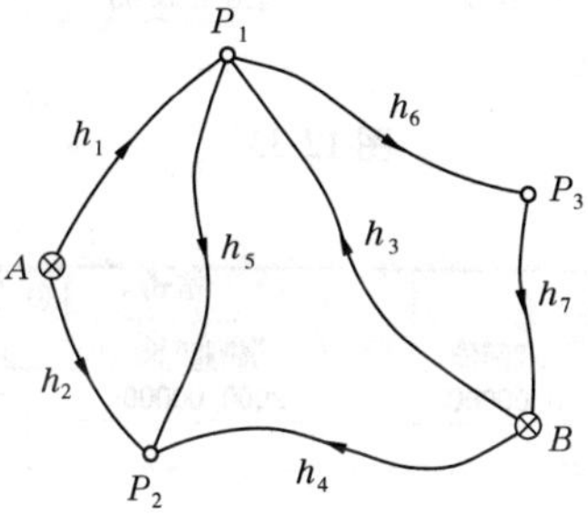

图 12-29

表 12-6

序号	1	2	3	4	5	6	7
h_i(m)	+1.359	+2.009	+0.363	+1.012	+0.657	+0.238	-0.595
S_i(km)	1.1	1.7	2.3	2.7	2.4	1.4	2.6

12.3.2　利用 PA2005 平差水准网

12.3.2.1　数据输入

在控制点区输入各已知点及待定点点号、高程,如图 12-30 所示。

序号	点名	属性	X(m)	Y(m)	H(m)
001	A	01	0.0000	0.0000	5.0160
002	B	01	0.0000	0.0000	6.0160
003	P1	00	0.0000	0.0000	
004	P2	00	0.0000	0.0000	
005	P3	00	0.0000	0.0000	
006					

图 12-30

在观测值输入区输入各测段高差及水准路线长度,如图 12-31 ~ 图 12-34 所示。

测站点: A　　格式: (0)显示全部

序号	照准名	方向值	观测边长	高差
001	P1	0.000000	1100.000000	1.359000
002	P2	0.000000	1700.000000	2.009000
003				

图 12-31

测站点: B　　格式: (0)显示全部

序号	照准名	方向值	观测边长	高差
001	P1	0.000000	2300.000000	0.363000
002	P2	0.000000	2700.000000	1.012000
003				

图 12-32

测站点: P1　　格式: (0)显示全部

序号	照准名	方向值	观测边长	高差
001	P2	0.000000	2000.000000	0.657000
002	P3	0.000000	1400.000000	0.238000
003				

图 12-33

测站点: P3　　格式: (0)显示全部

序号	照准名	方向值	观测边长	高差
001	B	0.000000	2600.000000	-0.595000
002				

图 12-34

12.3.2.2　坐标推算

单击“平差”→“坐标推算”,以计算各待定水准点近似高程,如图 12-35 所示。

序号	点名	属性	X(m)	Y(m)	H(m)
001	A	01	0.0000	0.0000	5.0160
002	B	01	0.0000	0.0000	6.0160
003	P1	00	0.0000	0.0000	6.3750
004	P2	00	0.0000	0.0000	7.0250
005	P3	00	0.0000	0.0000	6.6110
006					

图 12-35

12.3.2.3　选择计算方案

单击“平差”→“计算方案”,保存设置。

12.3.2.4　选择平差

单击“平差”→“平差计算”。

12.3.2.5　成果输出

单击“成果”→“输出到 WORD”。平差报告如下。

控制网平差报告

[控制网概况]

计算软件:南方平差易 2005

网名:

计算日期:2012-06-06

观测人:

记录人:

计算者:

检查者:

测量单位:

备注:

高程控制网等级:国家四等

已知高程点个数:2

未知高程点个数:3

每公里高差中误差 =2.29(mm)

最大高程中误差[P_3] =1.72(mm)

最小高程中误差[P_1] =1.17(mm)

平均高程中误差 =1.43(mm)

规范允许每公里高差中误差 =10(mm)

[边长统计]总边长:13 800.000(m),平均边长:1 971.429(m),最小边长:1 100.000(m),最大边长:2 700.000(m)

观测测段数:7

闭合差统计报告

[起算点数据表]

点名	X(m)	Y(m)	H(m)	备注
A			5.016 0	
B			6.016 0	

[高差观测成果表]

测段起点号	测段终点号	测段距离(m)	测段高差(m)	高差较差(m)	较差限差(m)
A	P_1	1 100.000 0	1.359 0		
A	P_2	1 700.000 0	2.009 0		

测段起点号	测段终点号	测段距离(m)	测段高差(m)	高差较差(m)	较差限差(m)
B	P_1	2 300.000 0	0.363 0		
B	P_2	2 700.000 0	1.012 0		
P_1	P_2	2 000.000 0	0.657 0		
P_1	P_3	1 400.000 0	0.238 0		
P_3	B	2 600.000 0	-0.595 0		

［高程平差结果表］

点号	高差改正数(m)	改正后高差(m)	高程中误差(m)	平差后高程(m)	备注
A			0.000 0	5.016 0	已知点
P_1	-0.000 4	1.358 6	0.001 2	6.374 6	
A			0.000 0	5.016 0	已知点
P_2	0.003 0	2.012 0	0.001 4	7.028 0	
B			0.000 0	6.016 0	已知点
P_1	-0.004 4	0.358 6	0.001 2	6.374 6	
B			0.000 0	6.016 0	已知点
P_2	0.000 0	1.012 0	0.001 4	7.028 0	
P_1			0.001 2	6.374 6	
P_2	-0.003 6	0.653 4	0.001 4	7.028 0	
P_1			0.001 2	6.374 6	
P_3	-0.000 6	0.237 4	0.001 7	6.612 1	
P_3			0.001 7	6.612 1	
B	-0.001 1	-0.596 1	0.000 0	6.016 0	已知点

［控制点成果表］

点名	H(m)	备注	点名	H(m)	备注
A	5.016 0	已知点	B	6.016 0	已知点
P_1	6.374 6		P_2	7.028 0	
P_3	6.612 1				

第3篇　地形地籍图绘制

第13章　CASS软件绘图

13.1　南方CASS9.1软件概述

CASS地形地籍成图软件是基于AutoCAD平台技术的GIS前端数据处理系统,广泛应用于地形成图、地籍成图、工程测量应用、空间数据建库、市政监管等领域,全面面向GIS,彻底打通数字化成图系统与GIS接口,使用骨架线实时编辑、简码用户化、GIS无缝接口等先进技术。自CASS软件推出以来,已经成为用户量最大、升级最快、服务最好的主流成图系统。

随着计算机辅助设计(CAD)与地理信息系统(GIS)技术的飞速发展,同时社会对空间信息的采集、动态更新的速度要求越来越快,特别是对城市建设所需的大比例尺空间数据方便获取方面的要求越来越高,GIS数据的建设已成为"数字城市"发展的短板。与空间信息获取密切相关的测绘行业在近十年来也发生了巨大而深刻的变化,基于GIS对数据的新要求,测绘成图软件也正由单纯的"电子地图"功能转向全面的GIS数据处理,从数据采集、数据质量控制到数据无缝进入GIS系统,GIS前端处理软件扮演着越来越重要的角色。

CASS9.1版本相对于以前各版本除平台、基本绘图功能上作了进一步升级外,根据最新发表的图式、地籍等标准,更新完善了图式符号库和相应的功能,增加了属性面板等大量的超值贴心的工具。CASS针对特定行业,还推出了行业版本,如勘测定界版、矿山版、工程版、管线版。本章主要介绍CASS的基本版本CASS地形地籍成图。

13.2　CASS9.1的安装

13.2.1　CASS软件的安装环境

13.2.1.1　软件运行的硬件需求

处理器:32位Intel Pentium 4或AMD Athlon Dual Core,1.6 GHz或更高,采用SSE2技术Intel Pentium 4或AMD Athlon Dual Core,3.0 GHz或更高,采用SSE2技术。

RAM(内存):2 GB。

图形卡(显卡):1 024×768 真彩色,需要一个支持 Windows 的显示适配器。对于支持硬件加速的图形卡,必须安装 DirectX 9.0c 或更高版本。

硬盘:32 位,安装需要使用 1.5 GB。

13.2.1.2 软件运行的软件需求

32 位

Microsoft Windows Vista Business SP1

Microsoft Windows Vista Enterprise SP1

Microsoft Windows Vista Home Premium SP1

Microsoft Windows Vista Ultimate SP1

Microsoft Windows XP Home SP2 或更高版本

Microsoft Windows XP Professional SP2 或更高版本

64 位

Microsoft Windows Vista Business SP1

Microsoft Windows Vista Enterprise SP1

Microsoft Windows Vista Home Premium SP1

Microsoft Windows Vista Ultimate SP1

Microsoft Windows XP Professional x64 Edition SP2 或更高版本

13.2.2 CASS9.1 的安装

CASS9.1 适用于 AutoCAD 2002/2004/2005/2006/2007/2008/2010。下面以 AutoCAD 2010 为例,说明 AutoCAD 的安装。AutoCAD 2010 是美国 AutoDesk 公司的产品,用户需找相应代理商自行购买。AutoCAD 2010 的主要安装过程请参考其产品安装说明。

13.2.2.1 AutoCAD 2010 的安装

(1)AutoCAD 2010 软件光盘放入光驱后执行安装程序,AutoCAD 将出现如图 13-1 所示信息, 选择“安装产品”和说明语言。

(2)点击“安装产品”,就会出现如图 13-2 所示界面,选择“下一步”。

图 13-1 AutoCAD 2010 软件安装界面

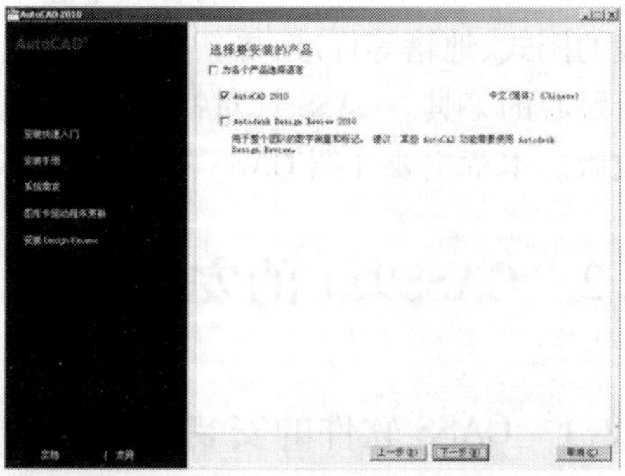

图 13-2 点击“下一步”进行安装

(3)接受授权许可协议界面如图 13-3 所示,选择“我接受”,点击“下一步”。

(4)输入产品和用户信息,如图 13-4 所示。输入产品序列号和密匙,点击“下一步”。

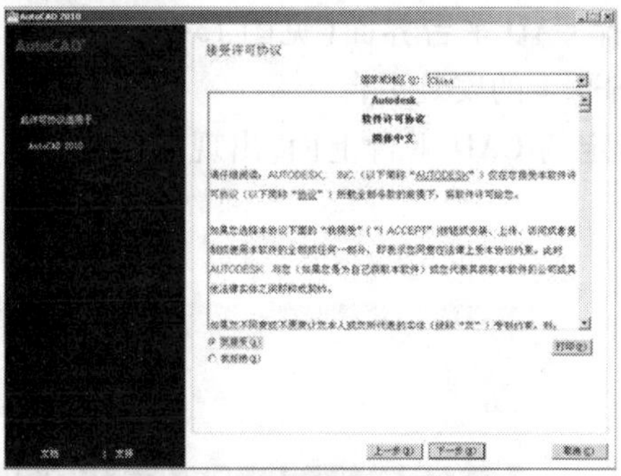

图 13-3　接受协议,继续安装

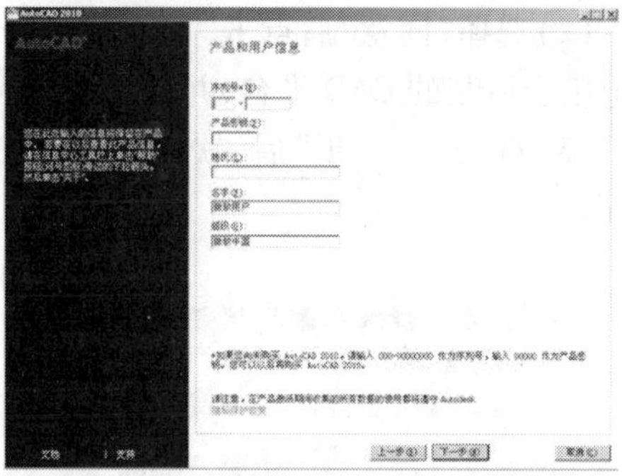

图 13-4　输入产品序列号和密匙

(5)配置安装路径,在图 13-5 中配置安装路径,点击“安装”,出现如图 13-6 所示界面。

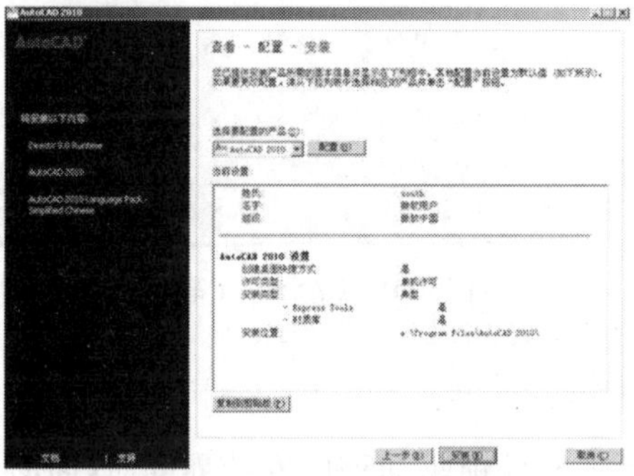

图 13-5　选择软件安装路径

图 13-6　进行软件安装

(6)稍等几分钟,会出现如图 13-7 所示“安装完成”界面,点击“完成”,按提示操作重启电脑,再启动 AutoCAD 2010 程序。

13.2.2.2　CASS9.1 的安装

(1)CASS9.1 的安装应该在安装完 AutoCAD 2010 并运行一次后再进行。打开 CASS9.1 文件夹,找到 setup.exe 文件并双击,屏幕上将出现如图 13-8 所示的“欢迎”界面。

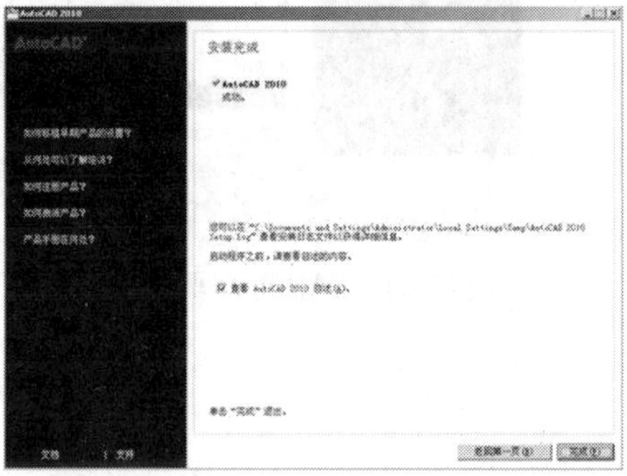

图 13-7　AutoCAD 2010 完成安装

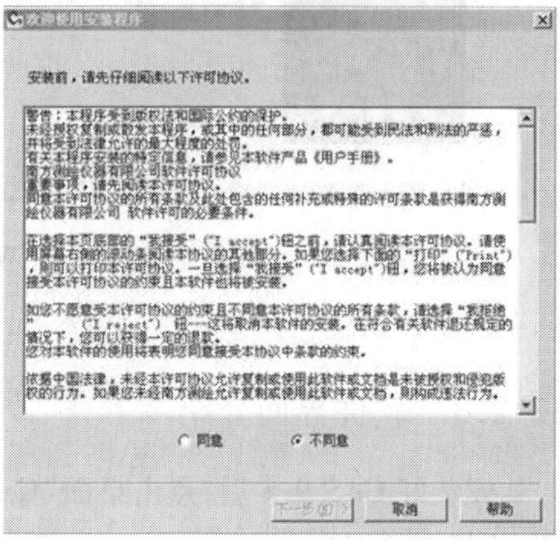

图 13-8　CASS 9.1 软件安装“欢迎”界面

(2)选择“同意”后点击“下一步”,会出现选择 CAD 平台界面(见图 13-9),软件自动检测电脑上所装的 CAD 平台,并提示选择一个 CASS9.1 的安装平台。

(3)点击“下一步”后,软件会自动安装在指定的 CAD 平台上面,出现如图 13-10 所示界面。

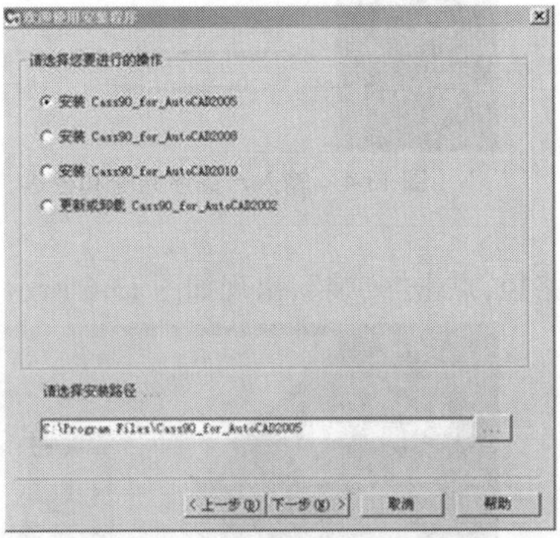

图 13-9　软件安装“选择 CAD 平台”界面

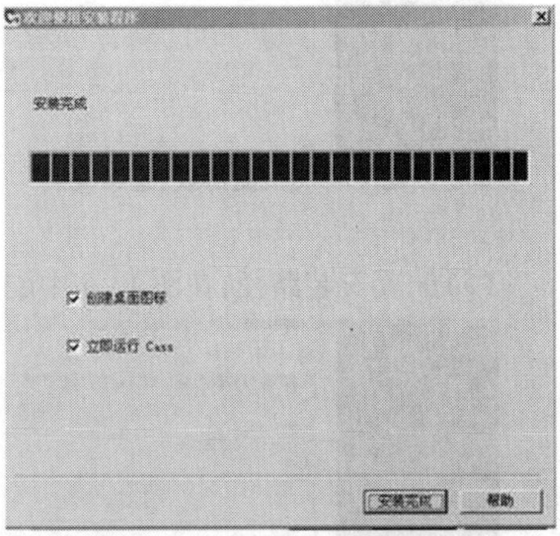

图 13-10　CASS 9.1 软件安装界面

(4)点击“安装完成”后,会出现如图 13-11 所示软件锁驱动程序安装界面,这时必须确保已经插上软件锁。点击“完成”,结束 CASS 9.1 的安装,如图 13-12 所示。

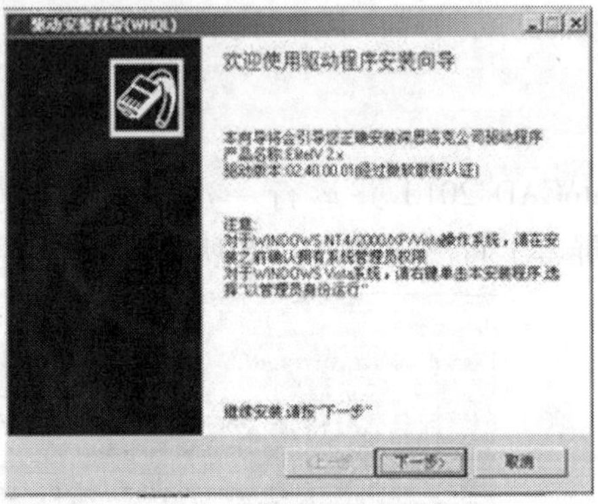

图 13-11　CASS9.1“驱动安装”界面

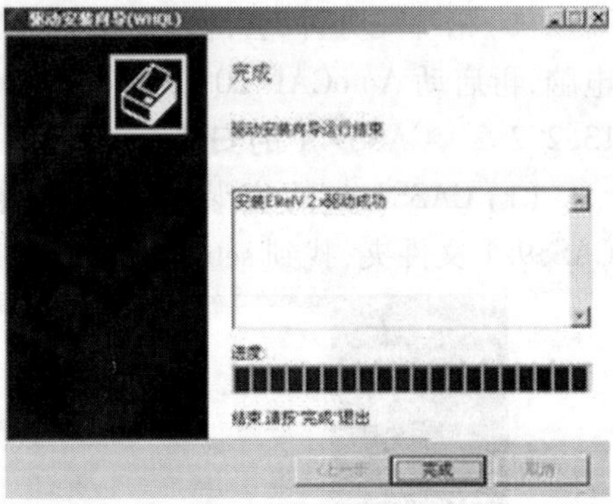

图 13-12　CASS9.1“驱动安装完成”界面

13.2.3　软件界面介绍

安装好 CASS9.1 后,点击桌面“Cass91 For AutoCAD 2010”图标,即可启动 CASS9.1,如图 13-13 所示。

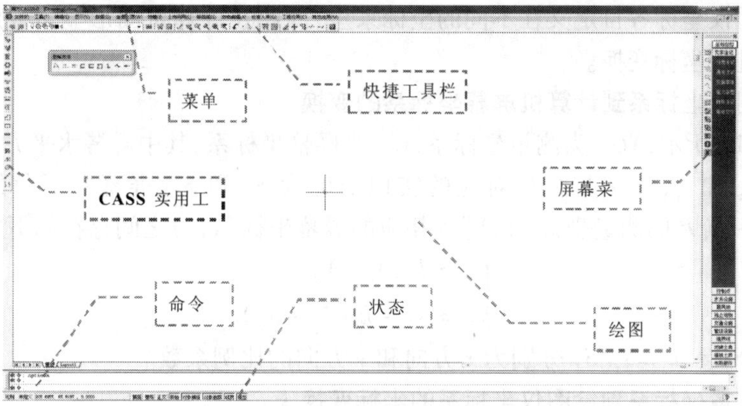

图 13-13　CASS9.1 软件界面

13.3　坐标系统与数据传输

13.3.1　测量坐标系与屏幕坐标系

大比例尺测图中测量坐标系采用高斯－克吕格坐标系或独立坐标系，它们都是一种平面直角坐标系统。其中，高斯－克吕格坐标系以 X 轴为纵轴，表示南北方向；以 Y 轴为横轴，表示东西方向。在测量坐标系中一般以 m 为单位，从理论上讲取值范围可以是所有实数，在实际工作中它的取值往往与某一地理区域有关。

数学中的平面直角坐标系，以水平方向 X 轴为横轴，正方向由左到右；以竖直方向 Y 轴为纵轴，正方向由下向上，以 mm 为单位，取值范围是实数域。

计算机屏幕坐标系与测量坐标系有所不同，如图 13-14 所示，它的坐标原点在屏幕的左上角，以从左至右的水平方向为 x 轴，以从上至下的垂直方向为 y 轴的直角坐标系，屏幕坐标系的坐标单位为像素，其取值一般只能是 0 和正整数，具体取值范围与屏幕分辨率有关，如对分辨率为 1 920 × 1 080的显示器而言，X 的取值范围为 0 ~ 1919，Y 的取值范围为 0 ~ 1 079。

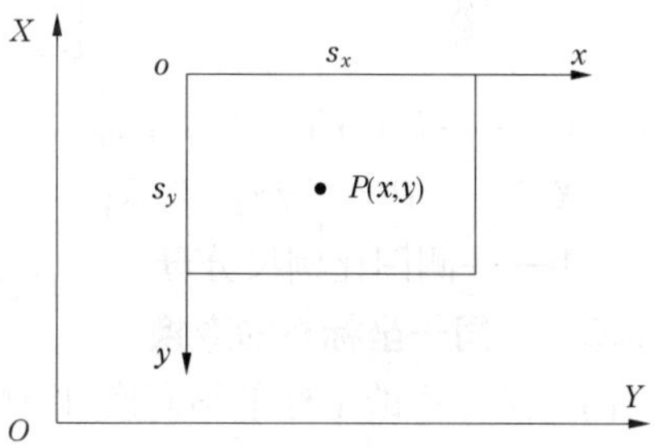

图 13-14　计算机屏幕坐标系与测量坐标系的关系

绘图仪坐标系和数学平面直角坐标系是相同的，它的坐标原点对不同的绘图仪硬件的缺省值不尽相同，有的位于绘图仪幅面的左下角，有的位于绘图仪幅面的中心，但一般都可通过软件将绘图仪的坐标原点设于绘图仪有效绘图区的任一位置。绘图仪的坐标单位为绘图仪脉冲当量，多数绘图仪的一个脉冲当量等于 0.025 mm。

13.3.2　坐标变换

数字测图是将碎部点的坐标和图形信息输入计算机，在计算机屏幕上显示地物、地貌图形，经人机交互式编辑，生成数字地形图或由绘图仪绘制地形图。由于测量坐标、计算机屏幕坐标和绘图仪坐标各自定义在不同的坐标系里,因此在计算机图形显示或绘图仪绘制地形图时必须进行坐标变换。

13.3.2.1 **测量坐标系到计算机屏幕坐标系的变换**

如图 13-14 所示,XOY 为测量坐标系,xoy 为屏幕坐标系,其中屏幕水平方向和垂直方向长度分别为 s_x 和 s_y,分别与之相对应的实地长度为 S_Y 和 S_X,屏幕左下角的测量坐标为 (X_0,Y_0),任一点 P 的测量坐标 (X,Y) 和相应的屏幕坐标 (x,y) 之间存在如下关系:

$$\begin{cases} x = k_x(Y - Y_0) \\ y = s_y - k_y(X - X_0) \end{cases} \tag{13-1}$$

式中,$k_x = s_x/S_Y$ 和 $k_y = s_y/S_X$ 分别为 x 方向和 y 方向的比例系数。

13.3.2.2 **测量坐标系到绘图仪坐标系的坐标变换**

如图 13-15 所示,XOY 为测量坐标系,xoy 为绘图仪坐标系,$A(X_1,Y_1)$、$B(X_2,Y_2)$、$C(X_3,Y_3)$ 和 $D(X_4,Y_4)$ 是 4 个图廓点的测量坐标,则图幅中心的测量坐标为:

$$\begin{cases} X_0 = \dfrac{1}{4}\sum_{i=1}^{4} X_i \\ Y_0 = \dfrac{1}{4}\sum_{i=1}^{4} Y_i \end{cases} \tag{13-2}$$

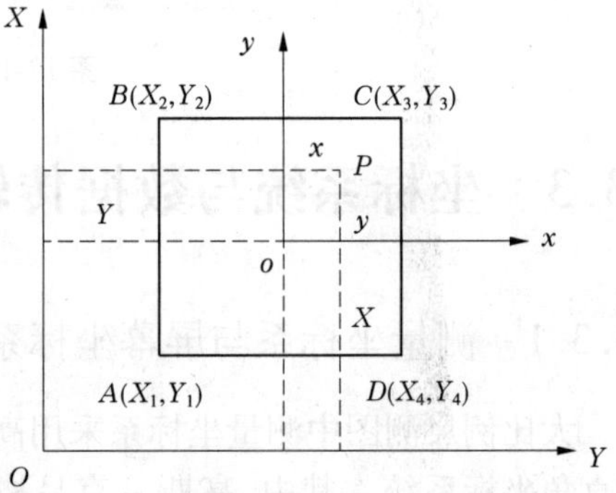

图 13-15 测量坐标系与绘图仪坐标系的关系

则图幅中任一点 P 的测量坐标与相应的绘图仪坐标存在如下关系:

$$\begin{cases} x = 40\,000(Y - Y_0)\dfrac{1}{M} \\ y = 40\,000(X - X_0)\dfrac{1}{M} \end{cases} \tag{13-3}$$

式中 x、y——P 点的绘图仪坐标;

X、Y——P 点的测量坐标;

M——测图比例尺分母。

13.3.2.3 **同一坐标系的变换**

同一坐标系的坐标平移变换、比例变换和旋转变换对于二维平面图形是比较简单的,相应的变换公式如下:

(1)坐标平移变换。

$$\begin{cases} x' = x - \Delta x \\ y' = y - \Delta y \end{cases} \tag{13-4}$$

式中 x、y——原坐标系的坐标;

x'、y'——平移后的坐标系的坐标;

Δx、Δy——新坐标原点在原坐标系中的位置。

(2)坐标比例变换。

$$\begin{cases} x' = k_x x \\ y' = k_y y \end{cases} \tag{13-5}$$

式中　x、y——原坐标系的坐标；

x'、y'——变换后的坐标系的坐标；

k_x、k_y——X 轴和 Y 轴方向上原坐标与变换后坐标单位长度之比。

(3)坐标旋转变换。

$$\begin{cases} x' = x\cos\theta + y\sin\theta \\ y' = y\cos\theta - x\sin\theta \end{cases} \tag{13-6}$$

式中,坐标旋转变换时新旧坐标系的原点为同一点,而相应坐标轴之间的角度为 θ,设定逆时针方向为 θ 的正方向。

13.3.3　数据传输

使用 CASS9.1 进行数据传输,这里以尼康 DTM－352 型全站仪为例,介绍计算机和全站仪间数据传输相关参数设置和传输流程。

13.3.3.1　全站仪参数设置(以尼康 DTM－352 型全站仪为例)

(1)通过通信电缆把全站仪和计算机连接起来。

(2)设置全站仪通信参数:

菜单→设置→通信→输入参数→确定(返回菜单界面)→通信→下载,如图 13-16 ~ 图 13-19所示。

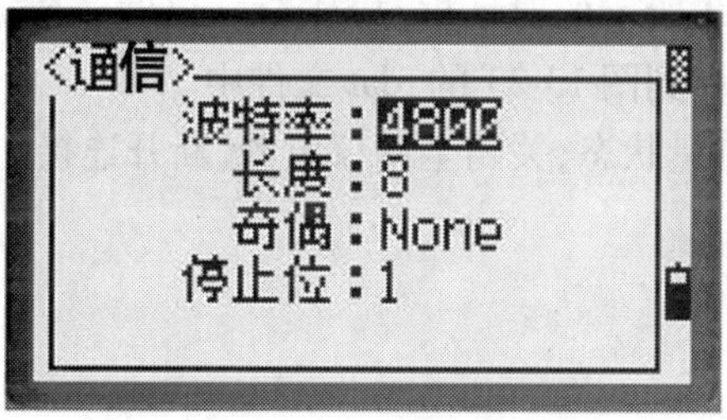

图 13-16　设置通信参数

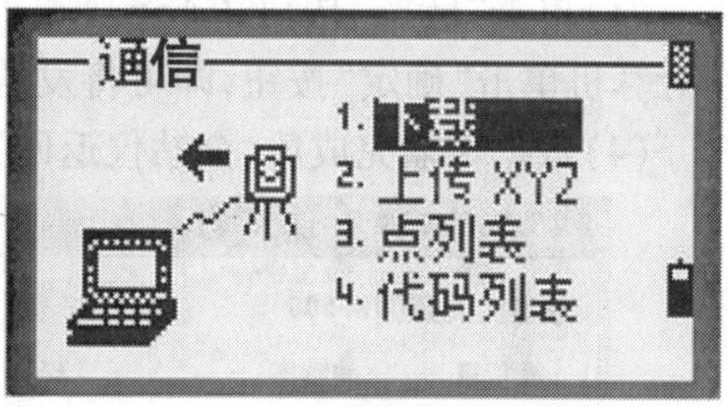

图 13-17　选择“下载”选项

图 13-18　数据格式为“NIKON”

图 13-19　按“开始”对应的 F4 执行数据下载

13.3.3.2　数据传输下载(以南方 CASS9.1 为例)

(1)打开南方 CASS9.1 数字化成图软件。

(2)单击“数据(D)”菜单,在弹出的下拉菜单中选择“读取全站仪数据”,如图 13-20 所示。

弹出如图 13-21 所示的“全站仪数据下载”对话框操作如下:

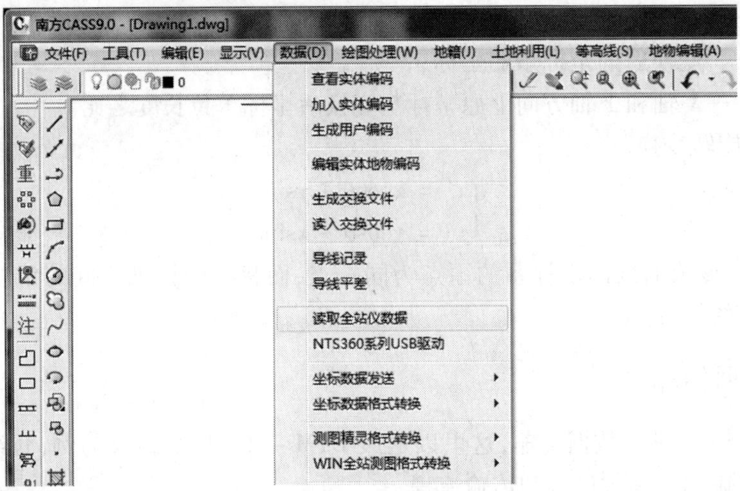

图 13-20 调出“读取全站仪数据”菜单

(1)在“仪器”下拉列表中选择对应的全站仪型号。

(2)设置全站仪的通信参数(通信口、波特率、数据位、停止位、校验位等),这里一定要与仪器上的通信参数保持一致,这样才能保证进行正常的数据通信;选择“联机”复选框;单击“选择文件”按钮,在弹出的“标准文件选择”对话框中选择保存路径和输入文件名。

(3)单击“转换”按钮,CASS 弹出如图 13-22 所示的对话框,操作全站仪发送数据,然后在计算机单击“确定”按钮,即可将发送数据保存到图 13-23 的. dat 文件中。

(4)数据传输完成后,全站仪返回到基本测量状态,关闭全站仪电源,断开连接。

图 13-21 全站仪数据下载

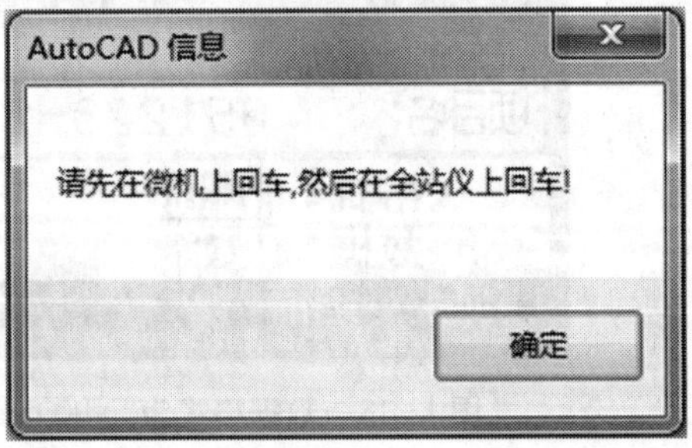

图 13-22

数据传输后,数据文件后缀名为. dat,可以记事本形式打开,CASS 每一个点的数据占据一行,数据格式如下(见图 13-23)。

1 点点名,1 点编码,1 点 Y(东)坐标,1 点 X(北)坐标,1 点高程

…

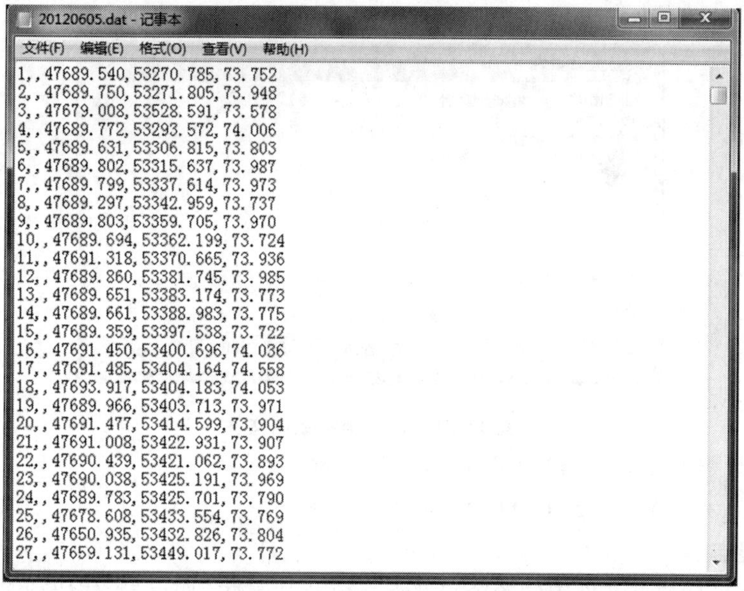
20120605.dat - 记事本
文件(F) 编辑(E) 格式(O) 查看(V) 帮助(H)
1,,47689.540,53270.785,73.752
2,,47689.750,53271.805,73.948
3,,47679.008,53528.591,73.578
4,,47689.772,53293.572,74.006
5,,47689.631,53306.815,73.803
6,,47689.802,53315.637,73.987
7,,47689.799,53337.614,73.973
8,,47689.297,53342.959,73.737
9,,47689.803,53359.705,73.970
10,,47689.694,53362.199,73.724
11,,47691.318,53370.665,73.936
12,,47689.860,53381.745,73.985
13,,47689.651,53383.174,73.773
14,,47689.661,53388.983,73.775
15,,47689.359,53397.538,73.722
16,,47691.450,53400.696,74.036
17,,47691.485,53404.164,74.558
18,,47693.917,53404.183,74.053
19,,47689.966,53403.713,73.971
20,,47691.477,53414.599,73.904
21,,47691.008,53422.931,73.907
22,,47690.439,53421.062,73.893
23,,47690.038,53425.191,73.969
24,,47689.783,53425.701,73.790
25,,47678.608,53433.554,73.769
26,,47650.935,53432.826,73.804
27,,47659.131,53449.017,73.772

图 13-23 CASS 数据格式示例

N 点点名,*N* 点编码,*N* 点 *Y*(东)坐标,*N* 点 *X*(北)坐标,*N* 点高程

13.4 数字地形图的绘制

根据外业测图模式不同,CASS 成图分为测记法和编码法两种。测记法就是在外业采集碎部点数据的同时,绘制工作草图,在工作草图上记录地形要素名称、碎部点连接关系,然后回到室内根据工作草图将碎部点展绘在计算机屏幕上,生成和输出各种专题图形。编码法则是在野外采集碎部点的同时,根据 CASS 编码规则,在采集设备(如全站仪)中输入该点对应的编码,回到室内使用 CASS 软件根据编码可自动成图。CASS9.1 提供了多种绘图方法,如屏幕坐标定位成图法、测点点号定位成图法、引导文件自动成图法、简编码自动成图法等。其中使用屏幕坐标定位法、测点点号定位法和引导文件自动法三种方法时,外业在采集每一个碎部点坐标时不用在电子手簿或全站仪里输入地物编码,故又称为“无码方式”。简编码自动成图法即编码法成图。

13.4.1 坐标定位法成图

屏幕坐标定位法成图是将“坐标数据文件”中的碎部点展在计算机屏幕上,利用对象捕捉功能,对照草图上标明的点位、地物属性和连接关系,用鼠标在屏幕上捕捉点位,完成平面图的绘制。

13.4.1.1 定显示区

定显示区的作用是根据输入坐标数据文件的数据大小定义屏幕显示区域的大小,以保证所有碎部点都能显示在屏幕上。单击“绘图处理”菜单,在弹出的下拉菜单中选择“定显示区”命令,然后在弹出的“输入坐标数据文件名”对话框(见图 13-24)中选择或输入已采集的原始坐标文件相应的原始坐标文件,单击打开后系统将自动检索文件中所有点的坐标,找到最大坐标值和最小坐标值，并在屏幕命令区显示坐标范围，如下所示：

图 13-24　输入坐标数据文件

最小坐标(米)：X = 53 242.950，Y = 47 151.386

最大坐标(米)：X = 53 584.860，Y = 47 917.718

13.4.1.2　展点

展点是将坐标数据文件中的各个碎部点点位及其属性（如点号、代码或高程等）显示在计算机屏幕上，以便绘图过程中能够更加直观地在图形编辑区内看到各测点之间的关系。操作方法是单击“绘图处理(W)”菜单，在弹出的下拉菜单中选择“展野外测点点号”命令，这时命令行窗口会提示要求输入绘图比例尺，直接输入比例尺分母，回车后在弹出的“输入坐标数据文件名”对话框中选择或输入要展出的坐标数据文件名，然后单击“打开”按钮，则数据文件中所有点以注记点号形式展现在屏幕上，如图 13-25 所示。

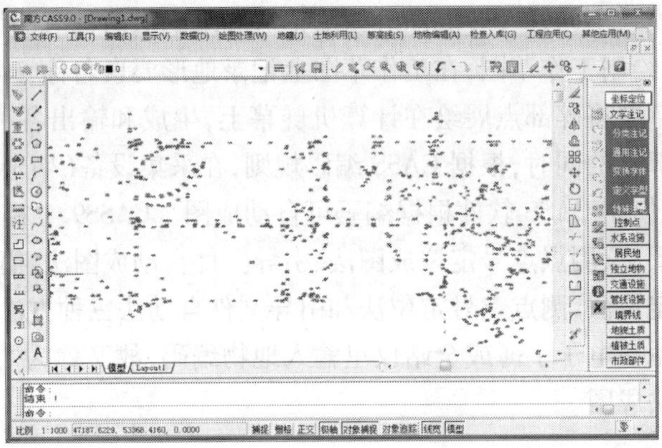

图 13-25　展野外测点点号

13.4.1.3　选择“坐标定位法”

移动鼠标至屏幕右侧菜单区选定“坐标定位”项，即进入“坐标定位”项的绘图菜单。

13.4.1.4　绘制平面图

CASS 软件将所有地物要素细分为文字注记、控制点、居民地等菜单，系统中所有地形图图式符号都是按照图层来管理的，每一个菜单都对应一个图层，如沟渠、湖泊、池塘、水井等地物均放在“水系设施”这一层，所有表示植被的符号都放在“植被园林”这一层。绘图时，根据野外作业时绘制的工作草图，首先选择右侧屏幕菜单中对应的选项，然后从该选项所弹出的界面中选择相应的地形图图式符号，点击后根据弹出的提示进行绘制，在绘制过程中为了定位准确要启用对象捕捉中的捕捉节点功能来拾取点，其他捕捉模式如捕捉端点、交点等可根据实际情况选择。另外，也可以直接输入该点的坐标。下面举例说明。

1. 绘制普通矩形房屋

如图 13-26 所示是外业草图中的普通房屋。在右侧屏幕菜单处选择“居民地”，此时屏幕中弹出“居民地和垣栅”对话框，如图 13-27 所示。从中选择与草图相应的图式“四点混房屋”，图标变亮表示该图标已被选中，单击“确定”确认后，命令区提示：

图 13-26　外业草图房屋编号

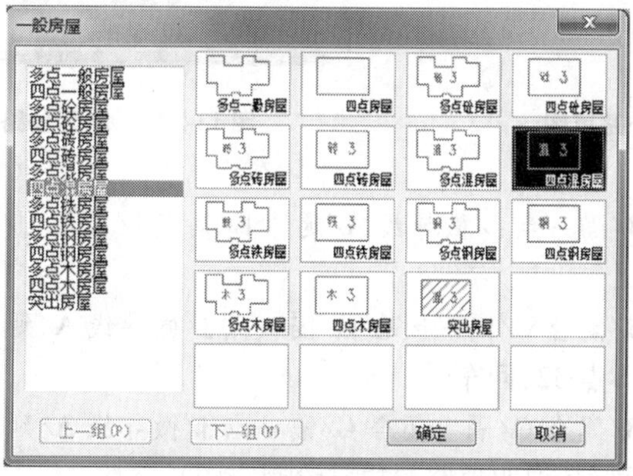

图 13-27　“居民地和垣栅”对话框

1. 已知三点/2. 已知两点及宽度/3. 已知四点 <1>：

“已知三点”是指测矩形房子时测了三个点，“已知两点及宽度”则是指测矩形房子时测了两个点及房子的一条边，“已知四点”则是测了房子的四个角点。这里输入 1，回车（或直接回车默认选 1）。

输入点：首先选择“捕捉方式”中的“NOD”（节点）捕捉方式，然后移鼠标至绘图区 76 号点附近，出现黄色标记（不同的捕捉方式会出现不同形式的黄颜色光标），单击鼠标左键，完成捕捉工作。

输入点：同上操作捕捉 75 号点。

输入点：同上操作捕捉 77 号点。

这样，即将 75、76、77 号点连成一间普通房屋。

这里需要注意的是，绘制已知三点的房屋时，捕捉点的顺序不同，生成的图形可能不同。图 13-26 中的房屋在绘制的时候三点必须连续顺时针或逆时针连接才能生成对应的图形。若选择“已知两点及宽度”绘制四点房屋，在连接已知两点后输入宽度时，沿连接两点时的前进方向，若该房屋在连线的左侧（或上侧），则宽度输入正值，若该房屋在连线的右侧（或下侧），则宽度输入负值。

2. 绘制平行专用公路

如图 13-28 所示为外业草图绘制的平行专用公路。结合草图，移动鼠标至右侧屏幕菜单“交通设施”处单击鼠标左键，系统便弹出如图 13-29 所示的对话框。然后选择“平行专用公路”，命令区提示：

第一点：使用对象捕捉选定节点 29，回车。

曲线 Q/边长交会 B/ < 指定点 >：选定节点 30，回车。

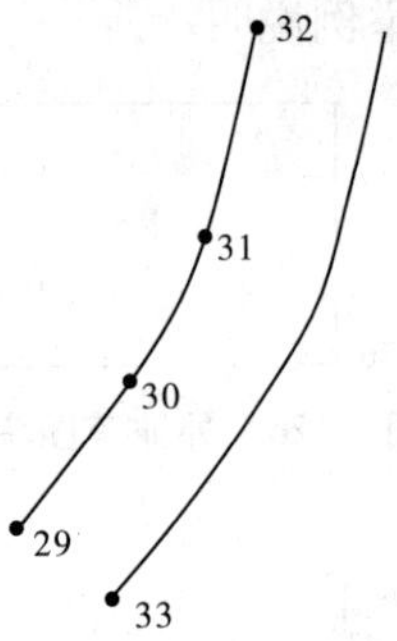

图 13-28　平行专用公路草图

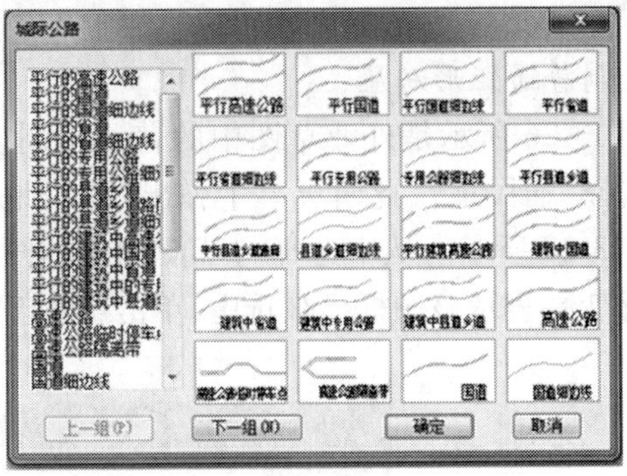

图 13-29　“城际公路”对话框

曲线 Q/边长交会 B/隔一点 J/微导线 A/延伸 E/插点 I/回退 U/换向 H < 指定点 >：选定节点 31，回车。

曲线 Q/边长交会 B/闭合 C/隔一闭合 G/隔一点 J/微导线 A/延伸 E/插点 I/回退 U/换向 H < 指定点 >：选定节点 32，回车。

曲线 Q/边长交会 B/闭合 C/隔一闭合 G/隔一点 J/微导线 A/延伸 E/插点 I/回退 U/换向 H < 指定点 >：直接回车（说明道路一边已绘制完毕）。

拟合线 < N > ？输入 Y，回车。（将该边拟合成光滑曲线，若直接回车，则不拟合该线）。

1. 边点式/2. 边宽式/（按 ESC 键退出）：<1 >

选 1（缺省为 1），回车（若选 2，要求输入公路宽度，输入宽度时沿道路前进方向左侧为正，右侧为负）。对面一点：输入 33，回车。

这时平行专用公路就绘好了。

3. 绘制陡坎

陡坎的坎毛是沿前进方向的左侧自动生成的，故在绘制陡坎时一定要注意拾取点的先后顺序。绘制方法与绘制房屋、道路相同。在右侧屏幕菜单中选择“地貌土质”项，系统弹出“地貌和土质”对话框。然后选择“未加固陡坎”，对照草图 13-30 输入坎高并依次连续拾取各点，完毕后对于下一个提示“曲线 Q/边长交会 B/闭合 C/隔一闭合 G/隔一点 J/微导线 A/延伸 E/插点 I/回退 U/换向 H < 指定点 >”直接按回车键即可。当命令行提示是否拟合时，如果要把点间连线拟合成光滑曲线，则键入“Y”，否则键入“N”或直接按回车确认。若坎毛的方向画反，还可以通过“地物编辑”菜单下的“线型换向”命令改正过来，不必重新绘制。

4. 植被填充

上面三个例子都是线状符号的绘制方法，对于点状符号，只需从右侧屏幕菜单选择相应的地物后在绘图区捕捉拾取单个点，系统根据该地物的代码自动生成相应的符号，而植被填充属于面状符号的绘制，下面以绘制一块果园为例进行讲解。

如图 13-31 所示为外业草图绘制的一片果园，结合草图，移动鼠标至右侧屏幕菜单选择“植被园林”，系统便弹出如图 13-32 所示的“植被类”对话框。然后选择“果园”，这时命令行提示：

请选择：(1)绘制区域边界 (2)绘出单个符号 (3)查找封闭区域 <1>

三种绘制方法可根据实际情况选择,这里直接按回车(缺省值为1)。

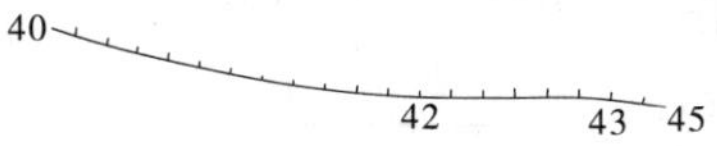

图 13-30 陡坎绘制草图

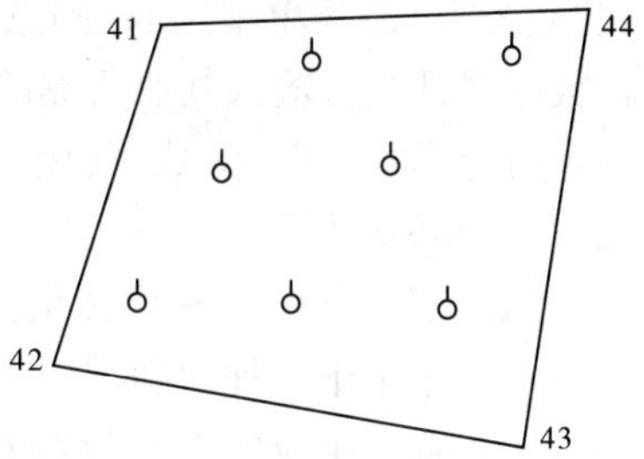

图 13-31 果园外业草图

图 13-32 "植被类"对话框

第一点:拾取节点41,

曲线Q/边长交会B/<指定点> 拾取节点42,

曲线Q/边长交会B/隔一点J/微导线A/延伸E/插点I/回退U/换向H<指定点> 拾取节点43,

曲线Q/边长交会B/闭合C/隔一闭合G/隔一点J/微导线A/延伸E/插点I/回退U/换向H<指定点> 拾取节点44,

曲线Q/边长交会B/闭合C/隔一闭合G/隔一点J/微导线A/延伸E/插点I/回退U/换向H<指定点> 拾取节点41(或直接输入C闭合),

此时命令行会提示"是否需要拟合",如果要把点间连线拟合成光滑曲线,则键入"Y",否则键入"N"或直接按回车确认,最后选择"是否要保留边界"后确认,这样果园就绘成了。

13.4.2 测点点号定位法成图

测点点号定位法成图原理类似于屏幕坐标定位成图法,所不同的是测点点号定位法成图时点位的获取是通过点号而不是利用"捕捉"功能直接在屏幕上捕捉所展的点罢了。利用该法绘制平面图,只需把上述"坐标数据文件"中的碎部点点号展在屏幕上,利用屏幕测点点号,对照草图上标明的点号、地物属性和连接关系,将每个地物绘出。

13.4.2.1 **定显示区**

具体操作同13.4.1.1。

13.4.2.2 **展点**

具体操作同前所述。

13.4.2.3　**选择“测点点号法”**

在“定位方式”菜单中选取“测点点号”项，系统将弹出一个对话窗，提示选择点号对应的坐标数据文件名。输入外业所测的坐标数据文件名，确认后，系统将所有数据读入内存，并且命令行会提示“读点完成，共读入多少个点”。

13.4.2.4　**绘制平面图**

“点号定位成图法”绘平面图就是根据野外草图选择右侧屏幕菜单中各种地物图层里的地物符号，再依命令提示，输入相应的点号绘制成图。下面以图13-33为例绘制一个多点砖房屋，测定了65、66、67、68四点点位，同时又丈量了两条边长。在右侧屏幕菜单处选择“居民地”，在弹出的“居民地和垣栅”对话框中选择与草图相对应的图式符号“多点砖房屋”，单击“确认”后，命令行提示及操作如下：

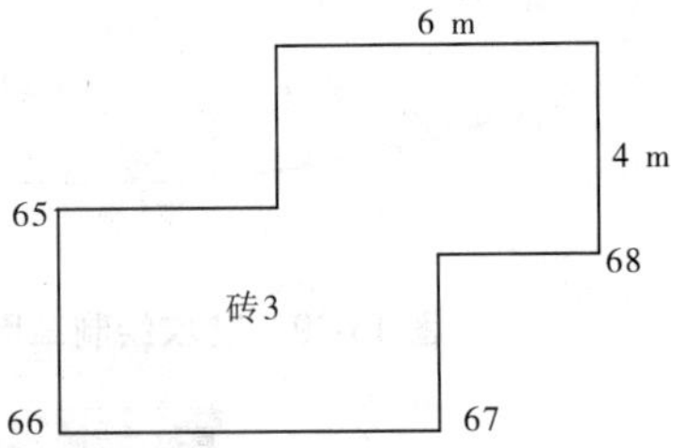

图 13-33　多点砖房外业草图

鼠标定点 P/ <点号> 输入点号65，回车。

曲线 Q/边长交会 B/点 P/ <点号>：输入点号66，回车。

闭合 C/隔一闭合 G/隔一点 J/微导线 A/曲线 Q/边长交会 B/回退 U/点 P/ <点号>：输入点号67，回车。

闭合 C/隔一闭合 G/隔一点 J/微导线 A/曲线 Q/边长交会 B/回退 U/点 P/ <点号>：这时67和68之间隔了一个点，不能直接输入点号68，需要使用“隔一点 J”命令，输入 J 回车后，命令行提示：

鼠标定点 P/ <点号>：输入点号68，回车，

闭合 C/隔一闭合 G/隔一点 J/微导线 A/曲线 Q/边长交会 B/回退 U/点 P/ <点号> 接下来两个点都是通过直角量距确定的，类似于测支导线，此时需使用“微导线 A”命令，微导线功能就是通过输入当前点至下一点的左角(°)和距离(m)后计算机自动连成线的，它适合于知道角度和距离但看不到点的位置的情况。输入 A 回车后，命令行继续提示：

微导线 – 键盘输入角度(K)/ <指定方向点(只确定平行和垂直方向)>：这时输入角度90回车或者用鼠标点击直线的前进方向。

距离 <m>：输入距离4，回车。

微导线 – 键盘输入角度(K)/ <指定方向点(只确定平行和垂直方向)>：输入90按回车或者用鼠标点击确定。

距离 <m>：输入6，回车。

闭合 C/隔一闭合 G/隔一点 J/微导线 A/曲线 Q/边长交会 B/回退 U/点 P/ <点号>：输入 G 隔一点闭合，回车后命令行提示输入层数，这时只需键入3回车，系统自动生成注记“砖3”，这样一个三层的多点砖房就绘制好了。

在实际工作中，屏幕坐标定位法和测点点号定位法两种方法可以结合使用，例如在绘制一些独立地物(如路灯)时，由于它都是单个的点，不用考虑点间连线正确与否，因此在绘制过程中我们就可以选择测点点号法，不需要在绘图区找寻与草图对应的点位，只用输入点号即可。这样既提高了工作效率，又不容易出错。绘图过程中可以通过点击屏幕菜单顶部的“CASS坐标”或“CASS点号”返回到主菜单后进行切换。

以上两种绘图方式各有特点，区别就在于选择点的方式不同，一个是捕捉的方式定点，一个是输入点号的方式定点，其他操作过程和参数选择都是一样的，通常坐标定位法用得更多。需要特别指出的是，在绘制一些线性的时候，在线性转折处若用圆弧连接，可在直圆点、圆直点和圆弧上各测一点，用 CASS9.1 绘制时，只需用参数列表中的“曲线 Q”即可绘制出与实地一致、顺滑的线型（见图 13-34），这个参数在绘制各种弯曲线型时经常用到。

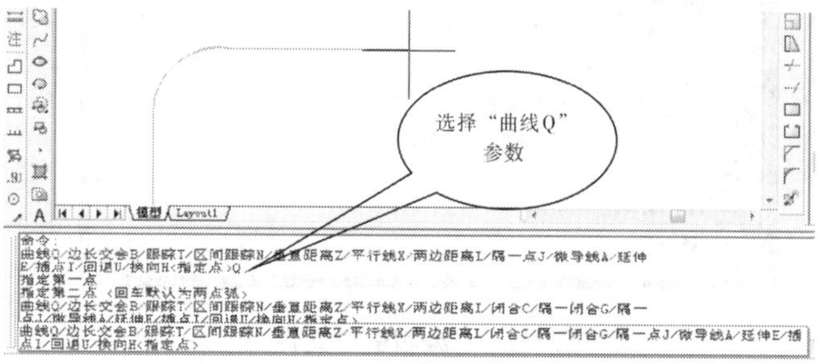

图 13-34　使用“曲线 Q”参数绘制线型转折处

13.4.3　利用引导文件自动成图

利用引导文件自动成图方式也称为“编码引导文件 + 无码坐标数据文件自动绘图方式”，该法主要根据碎部点间的连接关系及地物属性来编写引导文件，引导文件是一个包含了地物编码、地物的连接点号和连接顺序的文本文件，它是根据草图在室内人工编辑而成的。然后将引导文件和坐标数据文件合并，生成一个包含地物全部信息的“简编码数据文件”。利用“简编码数据文件”即可把各种地物自动绘制成图。

13.4.3.1　编辑引导文件

在绘图之前应编辑一个编码引导文件，该文件的主文件名一般取与坐标数据文件相同的文件名，后缀一般用“ * . YD”，以区别其他文件项。编写引导文件时，有以下要求：

（1）每一行只表示一个地物，如一幢房子、一条道路、一个独立地物、一个控制点；

（2）每一行的第一个数据位为地物代码，以后按照地物各点的连接顺序依次输入各顺序点点号，格式如下：代码，点号 1，点号 2，…，点号 n；

（3）同一行的各个数据之间必须用逗号“，”隔开；

（4）地物代码的输入需参考 CASS 的野外操作码，且第一个字母必须大写；

（5）平行体写法为：P，14，15——将第 14 点所在实体平行到第 15 点；

（6）控制点写法为：C0ABC，18——第 18 点是图根点，点名是图根点，点名为 ABC（点名可以为空）。

编写引导文件时，单击下拉菜单“编辑”下的“文本编辑”或在命令行键入命令“EDIT”并按回车后，系统提示输入要编辑的文件名，确定合适的路径和文件名，此处以 C：\CASS50\DEMO\WMSJ. YD 为例，回车，文本编辑器便打开，键入引导文件，编辑完成，如图 13-35 所示。

13.4.3.2　定显示区

具体操作同前所述。

13.4.3.3　展点

为了使图形显示更加直观，便于进行图形的检查与编辑，最好把测点点号展在屏幕上。具体操作同前所述。

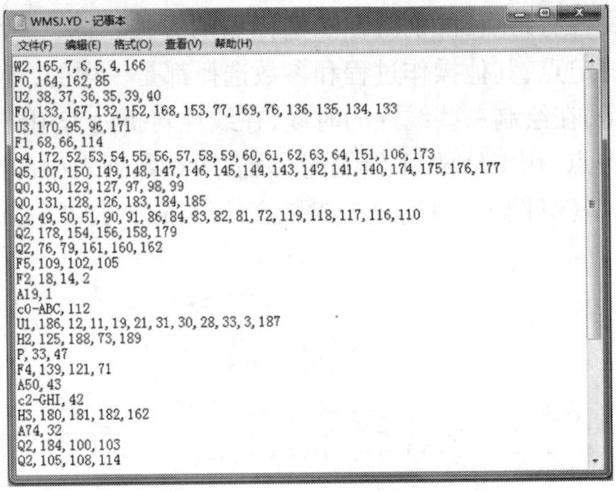

图 13-35　编辑引导文件

13.4.3.4　编码引导

"编码引导"的功能是自动将坐标数据文件(如为 WMSJ. DAT)和前面编辑好的引导文件(如 WMSJ. YD)通过点号建立联系,在读取数据的过程中生成简码坐标文件并以此自动完成平面图的绘制。如图 13-36、图 13-37 所示,首先打开引导文件,然后打开数据文件。

图 13-36　打开引导文件

图 13-37　打开数据文件

由引导文件得到的简编码坐标数据文件在形式上与野外采集的简编码坐标数据文件相同,但其实质有所不同,该文件每一行最前面的数字仅仅是顺序号,而不是点号。前者各个点已经经过重新排序,把同一地物点均放在一块,变成一个地物点存放,很有规律,其实质是把引导文件和坐标数据文件合二为一,包含了各个地物的全部信息。后者各个坐标是按采集时的观测顺序进行记录的,同一地物点不一定放在一块,多个地物点可能相互混杂。其每行最前面的数字表示该点点号。

编码引导时,具体操作如下:

选择"绘图处理"下拉菜单中的"编码引导"命令,弹出如图 13-36 所示的对话框,找到引导文件"WMSJ. YD",然后软件自动打开选择数据文件对话框,如图 13-37 所示,找到数据文件"WMSJ. DAT"并打开。当命令行提示简码引导完毕时,系统已自动生成图形如图 13-38 所示。

13.4.4　简编码自动成图

简编码自动成图方法也称做"带简编码格式的坐标数据文件自动绘图法",与"草图法"在野外测量不同的是,每测一个地物点时都要在电子手簿或全站仪上输入地物点的简编码,

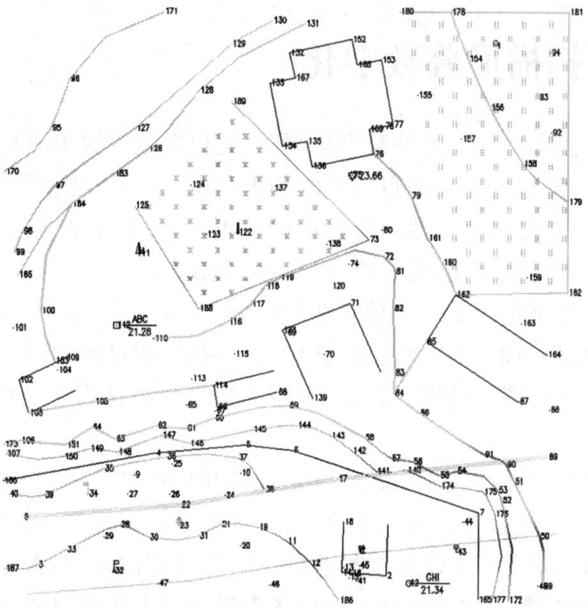

图 13-38　编码引导成图

简编码一般由一位字母和一位或两位数字组成，具体编码方法可参考“CASS9.1 参考手册”。用户可根据自己的需要通过 JCODE.DEF 文件定制野外操作简码。

13.4.4.1　定显示区

此步操作与“坐标定位法”中“测点点号”定位绘图方式作业流程的“定显示区”操作相同。

13.4.4.2　简码识别

简码识别的作用是将带简编码格式的坐标数据文件转换成计算机能识别的程序内部码（又称绘图码）。

移动鼠标至菜单“绘图处理”→“简码识别”项，该处以高亮度（深蓝）显示，按左键，即出现如图 13-39 所示对话框。输入带简编码格式的坐标数据文件名（此处以 C:\Program Files\Cass91 For AutoCAD2004\demo\YMSJ.DAT 为例）。当提示区显示“简码识别完毕！”时在屏幕绘出如图 13-40 所示平面图形。

图 13-39　“输入简编码坐标数据文件名”对话框

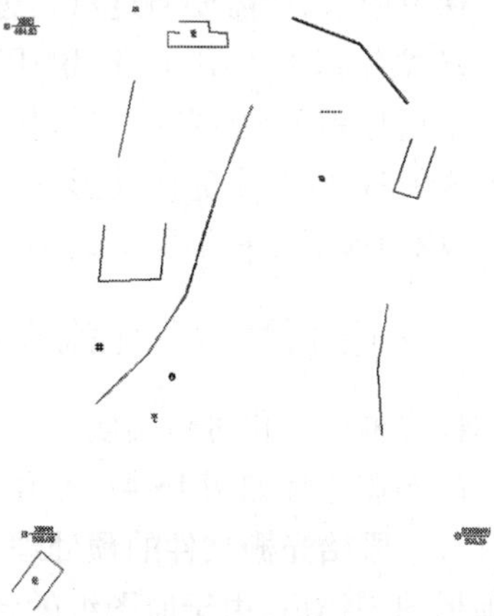

图 13-40

13.5 纸质图扫描屏幕数字化

广义的数字化测图不但包含野外数字化测图，还包含数字摄影测量成图、白纸图的数字化。虽然白纸测图已经成为历史，但目前国内各级政府、规划及建设等部门还拥有大量各种比例尺的纸质地形图，充分利用这些旧有的纸质地形图，可以节省大量资源。实际生产中，主要是将这些地形图进行数字化，就是将图形转化为数据。

由纸质图转换为数字化图是一个较复杂的过程，涉及原纸质地形图的固有误差、数字化过程中的误差、数字化设备的误差、数字化软件等。因此，通过地形图数字化，其地形要素点位精度不会高于原有地形图的精度。目前，常用的数字化方法有手扶跟踪数字化和屏幕扫描数字化。

地形图手扶跟踪数字化是利用跟踪数字化仪和相应的图形处理软件进行的，其作业的基本流程是：首先将数字化板与计算机正确连接，把准备数字化的工作底图放置于数字板上并固定，用手持定标设备（鼠标）对地形图进行定向和确定图幅范围，然后跟踪每一个地图特征，由数字化仪和相应数字化软件在工作底图上进行数据采集，将经过图纸定位后被数字化仪采集并由相关软件转换后的属于地形图坐标系的图形坐标数据（矢量数据）发送给计算机，经软件编辑后获得最终的矢量化数据即数字化地形图。地形图手扶跟踪数字化对复杂地形图的处理能力较弱，对不规则曲线（如等高线）只能采用取点模拟的方法，耗时多且处于半自动状态，效率不高；其精度取决于工作底图上地形图要素的宽度、复杂程度、数字化仪器的性能（主要是分辨率）、作业人员作业熟练程度等因素。因此，地形图手扶跟踪数字化适用于地形图所包含信息不太复杂的情况。

扫描屏幕数字化法是目前地形图数字化处理的主要方法，与手扶跟踪数字化方法相比，具有作业速度快、精度高的优点。地形图扫描数字化是利用专业扫描仪将地形图扫描，形成按一定的分辨率且按行和列规则划分的光栅数据。光栅数据的内容被表示成黑点和白点（二值模式）或彩色点组成的一个矩阵（点阵），单个的点被排列在地形图图纸的 X、Y 方向上。点与点之间彼此没有任何逻辑上的关系，这些点以镶嵌的形式在计算机屏幕上显示，对光栅图像而言，图像的放大或缩小会使图像信息产生失真，尤其是放大时图像目标的边界会发生阶梯效应，因此需要通过对其进行点、区、帧等处理来提高影像的质量。光栅数据的标准文件格式有 PCX、GIF、TIFF、BMP 等。而大部分地形图的应用需要矢量数据，地形图扫描屏幕数字化是利用软件扫描矢量化功能，采用人机交互与自动跟踪相结合的方法将光栅数据转换成矢量数据，来完成地形图的扫描矢量化。因地形图扫描数字化都是在屏幕上完成的，故又称为地形图扫描屏幕数字化。

13.5.1 扫描屏幕数字化流程

扫描屏幕数字化过程实质上是一个解释光栅图像并用矢量元素替代的过程。扫描屏幕数字化的作业流程如图 13-41 所示。

13.5.1.1 原始光栅文件的预处理

地形图扫描后，由于原图纸的各种误差和扫描本身的误差，扫描结果提供的是有误差甚至有错误的光栅结构，因此扫描地形图工作底图得到的原始光栅文件必须进行多项处理后

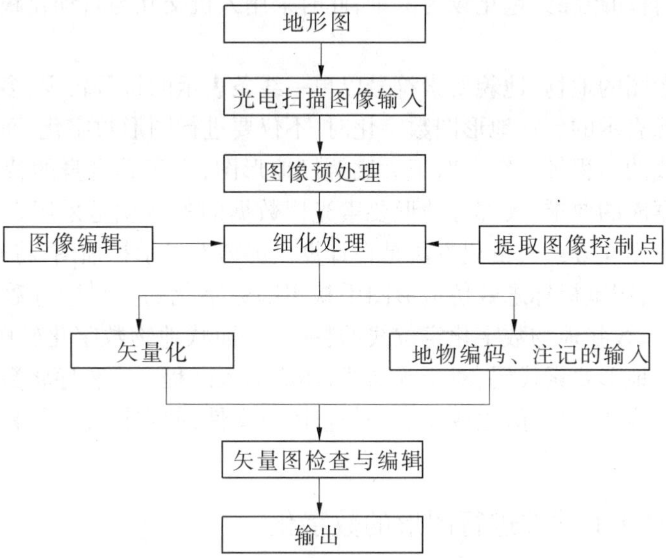

图 13-41　扫描屏幕数字化的作业流程

才能完成矢量化。对原始光栅文件的预处理实际上是对原始光栅文件进行修正，经修正最后得到正式光栅文件，以格式 TIFF、PCX、BMP 存储。预处理的内容如下：

(1)采用消声和边缘平滑技术除去原始光栅文件中因工作底图图面不洁、线条不光滑及扫描系统分辨率等的影响带来的图像画线带有的黑斑、孔洞、毛刺、凹陷等噪声，减小这些因素对后续细化工作的影响和防止图像失真。

(2)对原始光栅图像进行图幅定位坐标纠正，修正图纸坐标的偏差。由于数字化图最终采用的坐标系是原地形图工作底图采用的坐标系统，因此还要进行图幅定向，必须将扫描后形成的光栅图图像坐标转换到原地形图坐标系中。

(3)进行设置图层、图层颜色及地物编码处理，以方便矢量化地形图的后续应用。

13.5.1.2　正式光栅文件的细化处理

细化处理过程是在正式光栅数据中寻找扫描图像线条中心线的过程，衡量细化质量的指标有细化处理所需内存容量、处理精度、细化畸变、处理速度等；细化处理时要保证图像中的线段连通性，但由于原图和扫描的因素，在图像上总会存在一些毛刺和断点，因此要进行必要的毛刺剔除和人工补断，细化的结果应为原线条的中心线。细化的方法很多，如最大数值计算法和边缘跟踪剥皮法等，下面简单介绍一下利用最大数值计算法进行细化处理的过程。

最大数值计算法是计算原始光栅数据线交点的 V 值，每点的 V 值是该点左上、右上、左下、右下四个光栅灰度值的和，其中要素光栅灰度值为 1，背景光栅灰度值为 0。因为每点周围至多有 4 个 1，所以最大 V 值为 4。然后保留最大 V 值的点，并将那些消除后不破坏连通性的点消除，否则也保留。如果经一次细化仍嫌太粗，还可以将所有最大 V 值点的灰度值赋为 1，其他的点赋为 0，继续进行细化处理。

13.5.1.3　地形图矢量化

矢量化是在细化处理的基础上，将光栅图像转换为矢量图像。在光栅图像矢量化的过程中，大部分线段的矢量化过程可实现自动跟踪，而对一些如重叠、交叉、文字符号、注记等较复杂的线段，全自动跟踪矢量化较为困难，此时采用人机交互与自动化跟踪相结合的方法进行矢量化。

大比例尺地形图的地物、地貌要素符号以单一线条表示的符号较少，多数符号是以各种线型或以规则图像表示的。在地形图数字化时，不仅要进行图形数字化，而且同时要赋予如地物属性和等高线的高程等内容。对于大比例尺地形图，由于其自身的特点及满足建立大比例尺地形图数据库的要求，大部分地形要素光栅数据的矢量化是采用人机交互方式矢量化来完成的。人机交互方式矢量化方法是在计算机屏幕上显示扫描图，将其适当放大后，根据所用软件的功能，用鼠标标志效仿地形图手扶跟踪数字化的方法进行数字化。对于独立地物数字化定位点、线状地物数字化定位线的特征点、面状地物数字化轮廓线的特征点，在数字化前或后输入地形要素代码，对于等高线，还应输入高程。由程序将数字化的图像特征点的像元坐标转换成测量坐标，生成相应的矢量图形文件，并在计算机屏幕上显示矢量化的符号图形。

13.5.2 用 CASS9.1 软件进行图形的数字化

CASS9.1 不但具备强大的地形图和地籍图的绘图能力、工程应用能力，还具备可以对纸质地形图进行数字化的能力。软件中内置了地形图扫描、光栅图形校正功能。使用该功能首先对扫描光栅图进行图形编辑、图形校正，然后就可以进行矢量化。

13.5.2.1 插入光栅图像

通过"工具"菜单下的"光栅图像"→"插入图像"项插入一幅扫描好的光栅图，这时会弹出"图像管理器"对话框，如图 13-42 所示；选择"附着(A)…"按钮，在弹出"选择图像文件"对话框中选择或输入要矢量化的光栅图，点击"打开"按钮，进入"图像"对话框，如图 13-43所示，选择好图形后，点击"确定"即可。

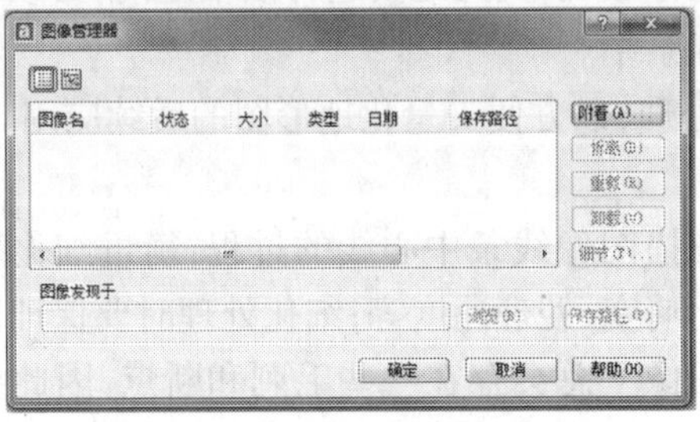

图 13-42 "图像管理器"对话框

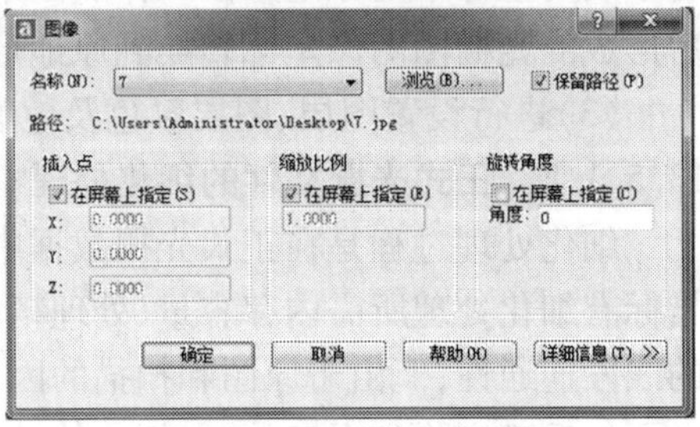

图 13-43 "图像"对话框

命令行将提示：

指定插入点 <0,0> ：

输入图像的插入点坐标或直接在屏幕上点取，系统默认为(0,0)，回车后命令行显示图像的基本大小信息。

指定缩放比例因子或 [单位(U)] <1> ：

要求输入图形缩放比例，直接回车即可，插入效果如图 13-44 所示。

13.5.2.2 图像纠正

插入图形之后，用"工具"下拉菜单的"光栅图像"→"图形纠正"对图像进行纠正，命令区提示："选择要纠正的图像："时，选择扫描图像的最外框，这时会弹出"图像纠正"对话框，如图 13-45 所示。

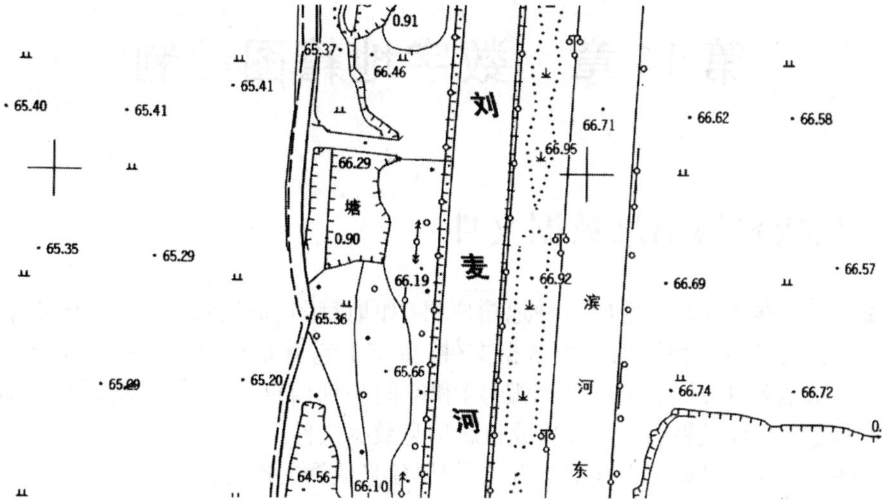

图 13-44　插入光栅图像

图面坐标是当前 CAD 自定义坐标系中参与校正点的自定义坐标。实际坐标是图面上对应实地测量坐标系的坐标。校正点通常选取图框四周交点，一般要选择四个以上点进行校正。

进行四点纠正“affine”，依此局部放大后选择各角点或已知点，添加各点实际坐标值，最后进行纠正，此方法最少需四个控制点，如图 13-46 所示。

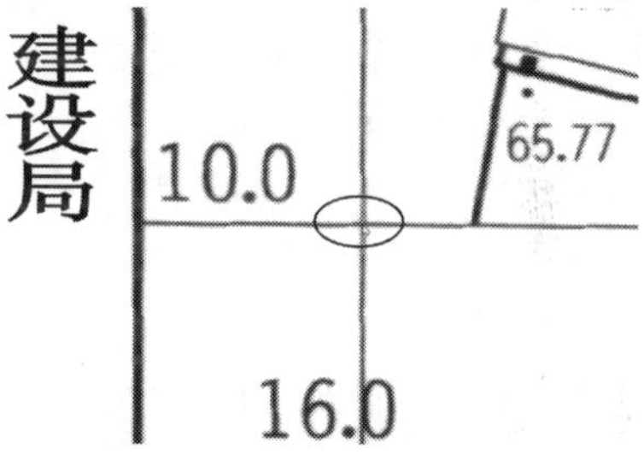

图 13-45　“图像纠正”对话框　　　　图 13-46　参与校正图面坐标拾取(椭圆内交点)

往往需要进行两次以上的纠正，才能达到要求的精度。值得注意的是，纠正过程中将会对光栅图像进行重写，覆盖原图，自动保存为纠正后的图形，所以在纠正之前需备份原图。

在“工具”→“光栅图像”中，还可以对图像进行图像赋予、图形剪切、图像调整、图像质量、图像透明度、图像框架的操作。用户可以根据具体要求，对图像进行调整。

13.5.2.3　矢量化

图像纠正完毕后，利用右侧的屏幕菜单，可以进行图形的矢量化工作。右侧的屏幕菜单是测绘专用交互绘图菜单。进入该菜单的交互编辑功能时，必须先选定定点方式。定点方式包括“坐标定位”、“测点点号”、“电子平板”、“数字化仪”等。其中包括大量的图式符号，用户可以根据需要利用图式符号，进行矢量化工作。

第 14 章　数字地籍图绘制

14.1　生成权属信息数据文件

权属信息数据文件是在生成各种地籍成果(如地籍图、宗地图、地籍调查表、各种用地类型、面积统计表)时要使用的一个数据文件,事实上它就是包含了每一块宗地权属信息(如宗地号、宗地名、用地类别、界址点编号)和空间坐标信息的一个数据文件。因此,在绘制地籍图和生成各种成果前首先要生成权属信息数据文件。

该文件的生成可以通过文本编辑得到,权属信息数据文件的格式如下:

CASS 软件的权属信息数据文件扩展名是“.qs”。该文件内容包括宗地号、宗地名、土地类别、界址点号及其坐标等。权属信息数据文件可用来绘制权属图和输出各种地籍报表。该文件的数据格式如下:

宗地号
宗地名
土地类别
界址点号
界址点坐标 Y(东方向)
界址点坐标 X(北方向)
…
界址点号
界址点坐标 Y(东方向)
界址点坐标 X(北方向)
E
…
宗地号
宗地名
土地类别
界址点号
界址点坐标 Y(东方向)
界址点坐标 X(北方向)
…
界址点号
界址点坐标 Y(东方向)
界址点坐标 X(北方向)
E
E

说明：

(1)宗地编号方法同权属引导文件；

(2)界址点坐标 X(北方向)的下一行的字母 E 为宗地结束标志；

(3)文件最后一行的字母 E 为文件结束标志；

(4)界址点坐标的单位为“米”。

(5)每块宗地结束行的字母 E 后面是可选项，表示宗地面积，用逗号隔开，当使用“用界址线生成权属”功能生成权属信息文件时有此项信息。

CASS9.1 通过以下四种方法得到权属信息文件，如图 14-1 所示。

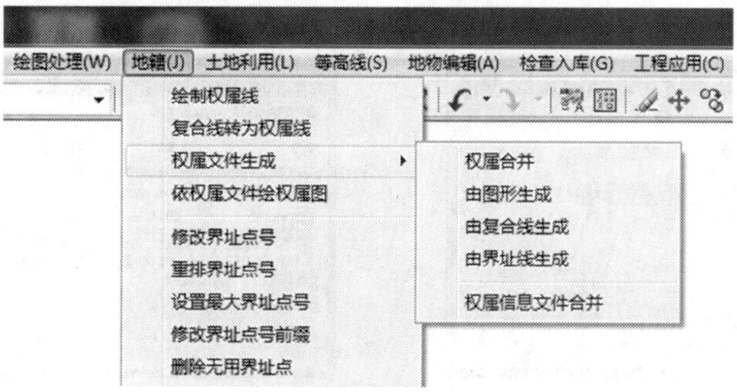

图 14-1　权属生成的四种方法

(1)权属合并。

权属合并需要用到两个文件：权属引导文件和界址点数据文件。

权属引导文件的格式：

宗地号，权利人，土地类别，界址点号，……，界址点号，E(一宗地结束)

宗地号，权利人，土地类别，界址点号，……，界址点号，E(一宗地结束)

E(文件结束)

说明：

①每一宗地信息占一行，以 E 为一宗地的结束符，E 要求大写；

②编宗地号方法：街道号(地籍区号)+街坊号(地籍子区)+宗地号(地块号)，街道号和街坊号位数可在“参数设置”内设置；

③权利人按实际调查结果输入；

④土地类别按规范要求输入；

⑤权属引导文件的结束符为 E，E 要求大写。

权属引导文件格式，如图 14-2 所示。

如果需要编辑权属文件，可用鼠标点取 CASS9.1 菜单中“编辑\编辑文本文件”命令，参考图 14-2 的文件格式和内容编辑好权属引导文件，存盘返回 CASS 界面。

选择 CASS9.1 菜单中“地籍\权属文件生成\权属合并”项，系统弹出“输入权属引导文件名”对话框，提示输入权属引导文件名，如图 14-3 所示。

选择上一步生成的“South.yd”或者需要的权属引导文件，点击“打开”按钮。系统弹出“输入坐标点(界址点)数据文件名”对话框，如图 14-4 所示，提示输入坐标点(界址点)数据文件名，选择 South.dat 文件，单击“打开”按钮。

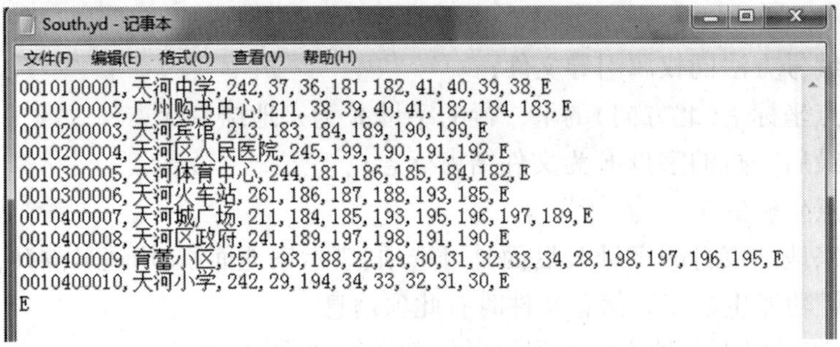

图 14-2 权属引导文件格式

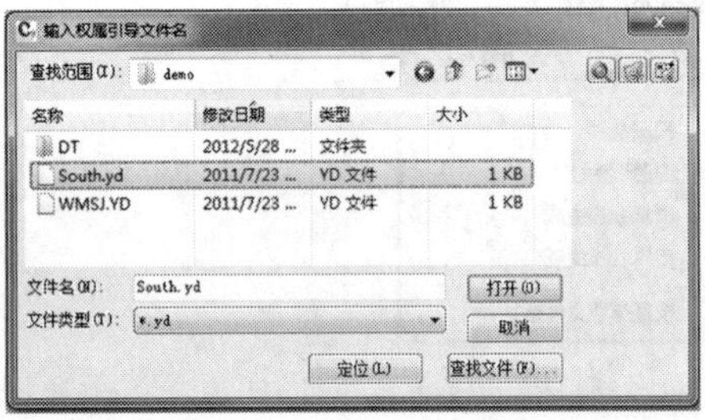

图 14-3 “输入权属引导文件名”对话框

图 14-4 “输入坐标点(界址点)数据文件名”对话框

系统弹出“输入地籍权属信息数据文件名”对话框,如图 14-5 所示,提示在这里要直接输入要保存地籍信息的权属文件名,找到对应的界址点坐标数据文件,选择 South. dat,单击“打开”按钮。此时弹出如图 14-5 所示对话框,提示保存权属文件,输入“South. qs”,点击“保存”按钮。当命令提示区显示“权属合并完毕!”时,表示权属信息数据文件 SOUTHDJ. QS 已自动生成。这时按 F2 键可以看到权属文件合并的过程(见图 14-6)。

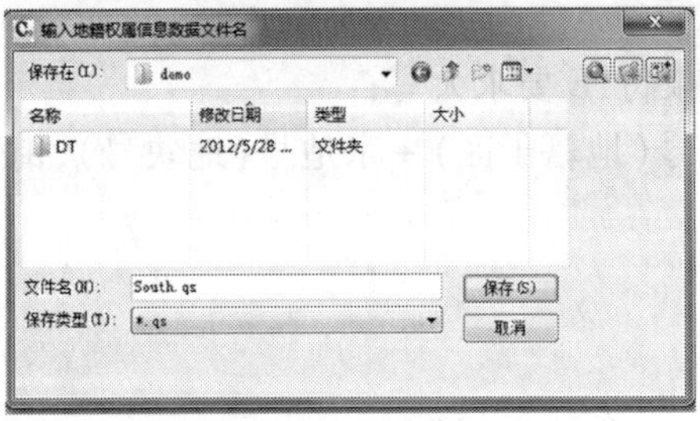

图 14-5 保存权属文件

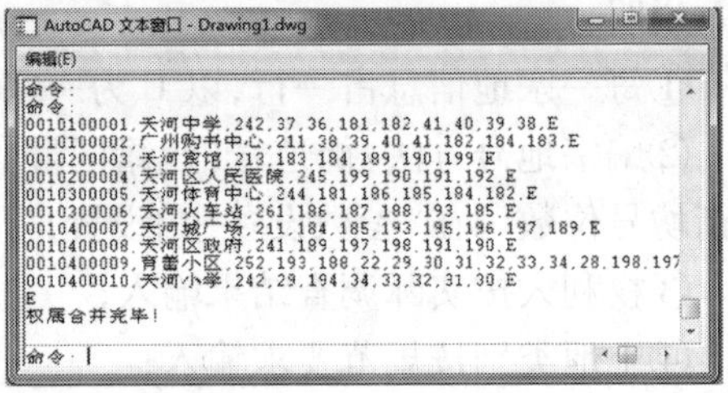

图 14-6 权属文件合并过程

(2)由图形生成权属。

在外业完成地籍调查和测量后,得到界址点坐标数据文件和宗地的权属信息;在内业可以用此功能完成权属信息文件的生成工作。

先用“绘图处理”菜单下的“展野外测点点号”功能展出外业数据的点号,再选择下拉菜单“地籍\权属文件生成\由图形生成”项,命令区提示:

请选择:(1)界址点号按序号累加(2)手工输入界址点号 <1>:按要求选择,默认选 1。

回车后,弹出“输入地籍权属信息数据文件名”对话框,要求输入地籍权属信息数据文件名，保存在合适的路径下，如果此文件已存在，则提示：文件已存在，请选择(1)追加该文件(2)覆盖该文件<1>：按实际情况选择。

输入宗地号：输入0010100001。

输入权属主：输入“天河中学”。

输入地类号：输入44。

输入点：打开系统的捕捉功能，用鼠标捕捉到第一个界址点37。

接着，命令行继续提示：

输入点：等待输入下一点。

……

依次选择39，40，41，182，181，36点。

输入点：回车或按空格键，完成该宗地的编辑。

请选择：1.继续下一宗地 2.退出<1>：输入2，回车。

说明：选1则重复以上步骤继续下一宗地，选2则退出本功能。

这时，权属信息数据文件已经自动生成。以上操作中采用的坐标定位，也可用点号定位。用点号定位时不需要依次用鼠标捕捉到相应点，只需直接输入点号就行了。

进入点号定位的方法是：在绘图区右侧屏幕菜单上找到“测点点号”并点击，系统弹出对话框，要求输入点号对应的坐标数据文件，输入相应文件即可。

一般可以交叉使用坐标定位和测点点号定位两种方法。

(3)由复合线生成权属。

这种方法在一个宗地(就是一栋建筑物)的情况下特别好用，不然的话就需要先手工沿着权属线画出封闭复合线(也叫多段线)。

选择菜单“地籍\权属文件生成\由复合线生成”项，输入地籍权属信息数据文件名后，命令区提示：

选择复合线(回车结束)：如用鼠标点取一栋封闭建筑物。

输入宗地号：输入“0010100001”，回车。

输入权属主：输入“天河中学”，回车。

输入地类号：输入“44”，回车。

该宗地已写入权属信息文件！

请选择：1.继续下一宗地 2.退出<1>：输入2，

回车。

说明：选1则重复以上步骤继续下一宗地，选2则退出本功能。

(4)由界址线生成权属。

如果图上没有界址线，可用“地籍”子菜单下“绘制权属线”生成，如图14-7所示。在CASS中，“界址线”和“权属线”是同一个概念。

使用此功能时，系统会提示用捕捉法输入宗地边界的各个点。当宗地闭合时，系统将认为宗地已绘制完成，弹出“宗地基本属性”对话框，要求输入宗地号、权属主、地类号等。输入完成后点“确定”按钮，系统会将对话框中的信息写入权属线。

权属线里的信息可以被读出来，写入权属信息文件，这就是由权属线生成权属信息文件的原理。操作步骤如下：

执行“地籍\权属文件生成\由界址线生成”命令后，弹出“输入地籍权属信息数据文件名”对话框，系统要求输入权属信息文件名，保存后，可以用点选方式或区域方式，用鼠标在图上批量选取权属线，生成权属信息文件后用刚才文件保存下来。

已有权属线生成权属信息文件一般是用在统计地籍报表的时候。

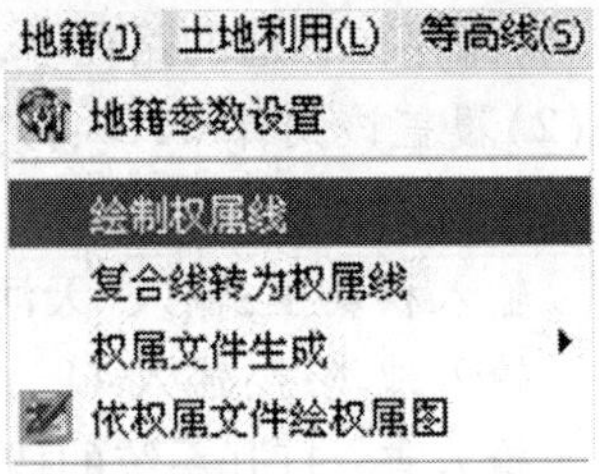

图 14-7　绘制权属线菜单

获得带属性权属线后，可通过单击“地籍\依权属文件绘权属图”，弹出“输入地籍权属信息数据文件名”对话框，输入权属信息文件，打开后自动生成权属图。

(5)权属信息文件合并。

权属信息文件合并的作用是将多个权属信息文件合并成一个文件，即将多宗地信息合并到一个权属信息文件中。这个功能常在需要将多宗地信息汇总时使用。

14.2　绘权属地籍图

生成平面图之后，可以用手工绘制权属线的方法绘制权属地籍图，也可通过权属信息文件来自动绘制。

(1)CASS 参数配置。

利用“地籍\地籍参数设置”功能对成图参数进行设置，目的是适应不同图式(如注记、小数位数、宗地图框等)的需要而提供一个可以修改或自定义设置的环境。

根据实际情况选择适合的注记方式，绘权属线时要作哪些权属注记。如要将宗地号、地类、界址点距离、权利人等全部注记，则在这些选项前的方格中打上对钩，如图 14-8 所示。

特别要说明的是，“宗地内图形”中是否满幅的设置。CASS5.0 以前的版本没有此项设置，默认均为满幅绘图，根据图框大小对所选宗地图进行缩放，所以有时会出现诸如 1:1 215 这样的比例尺。有些单位在出地籍图时不希望这样的情况出现，他们需要整百或整五十的比例尺，这时可将“宗地图内图形”选项设为“不满幅”，再将其上的“宗地图内比例尺分母的倍数”设为需要的值。比如：设为 50，成图时出现的比例尺只可能是 1:(50 * N)，N 为自然数。

参数设置完成后，选择“地籍\依权属文件绘权属图”。

(2)手工绘制。

使用“地籍成图”子菜单下“绘制权属线”功能生成，并选择不注记，可以手工绘出权属线，这种方法最直观，权属线出来后系统立即弹出对话框，要求输入属性，点击“确定”按钮后系统将宗地号、权利人、地类编号等信息加到权属线里，如图 14-9 所示。点击“确定”，绘制该块宗地图，如图 14-10 所示。

(3)通过权属信息数据文件绘制。

CASS 界面弹出要求输入权属信息数据文件名的对话框(见图 14-11、图 14-12)，这时输入权属信息数据文件，命令区提示：

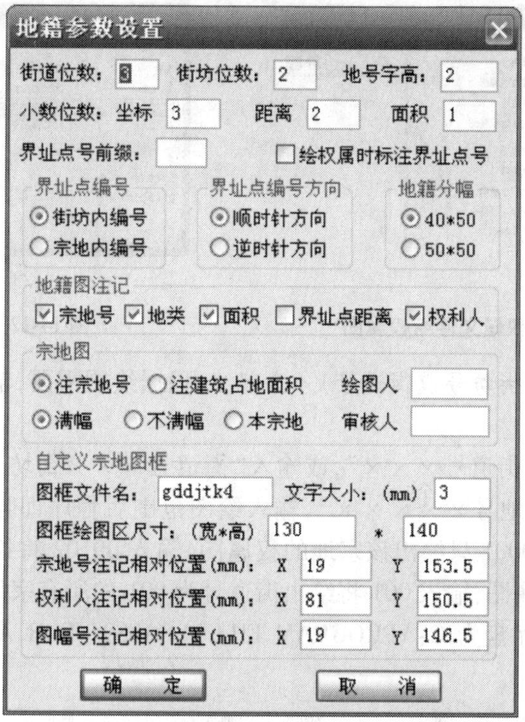

图 14-8 “地籍参数设置”对话框

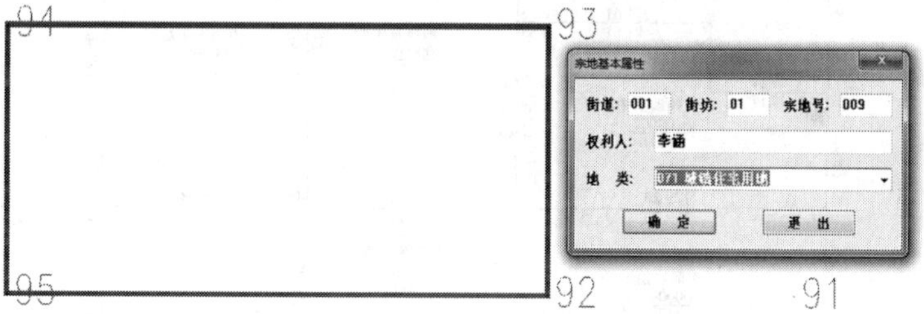

图 14-9 加入权属线属性

图 14-10 宗地图

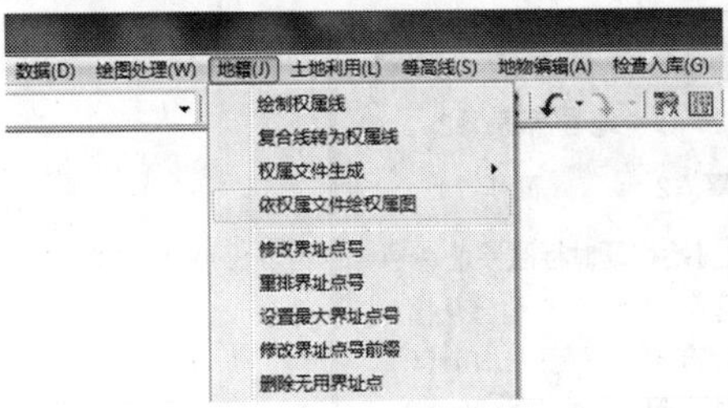

图 14-11　依权属文件绘权属图

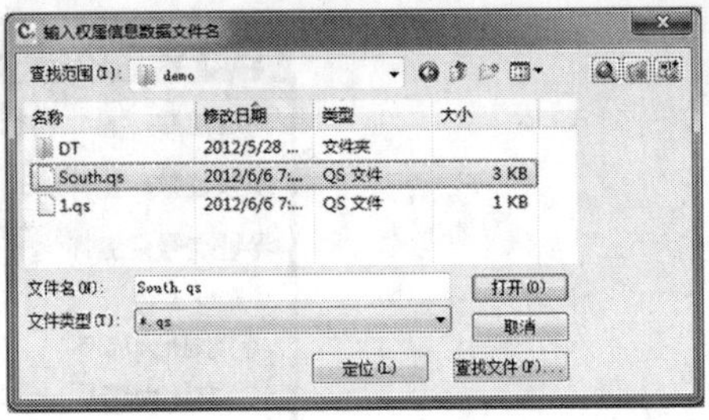

图 14-12　打开权属文件

输入范围(宗地号.街坊号或街道号)<全部>:根据绘图需要,输入要绘制地籍图的范围,默认值为全部。

说明:可通过输入"街道号×××",或输入"街道号×××街坊号××",或输入"街道号×××街坊号××宗地号×××××",输入绘图范围后程序即自动绘出指定范围的权属图。如:输入0010100001只绘出该宗地的权属图,输入00102将绘出街道号为001街坊号为02的所有宗地权属图,输入001将绘出街道号为001的所有宗地权属图。最后得到如图14-13所示的图形,存盘为C:\PROGRAM FILES\CASS91 FOR AUTOCAD2010\DEMO\SOUTHDJ. DWG。

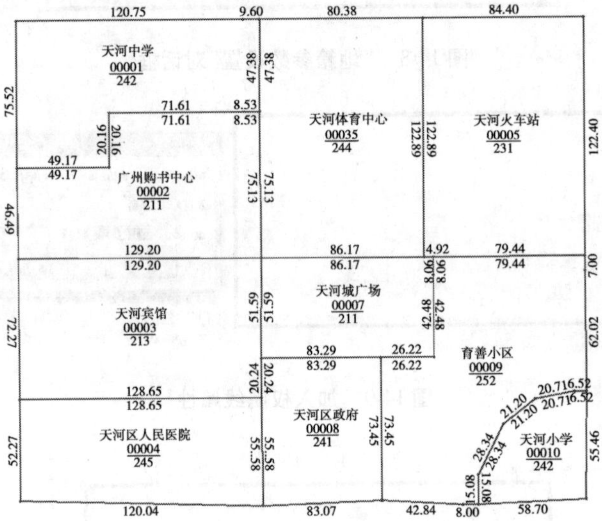

图 14-13　地籍权属图

14.3　图形编辑

(1)修改界址点点号。

选取"地籍"菜单下"修改界址点号"功能。

屏幕提示:

选择界址点圆圈:点取要修改的界址点圆圈,也可按住鼠标左键,拖框批量选择。按回车或单击右键，出现如图 14-14 所示对话框。

对话框的左上角就是要修改点的位置，提示的是它的当前点号，将它修改成所需求的数值，按回车。系统会自动在当前宗地中寻找输入的点号。如果当前宗地中已有该点号，系统将弹出对话框，说明该点已存在，如图 14-15 所示。如果输入的点号有效，系统将其写入界址点圆圈的属性中。当选择了多个界址点时，在下一个点的位置将出现如图 14-15 所示对话框，当然，点号变成当前点点号。

图 14-14　修改界址点对话框

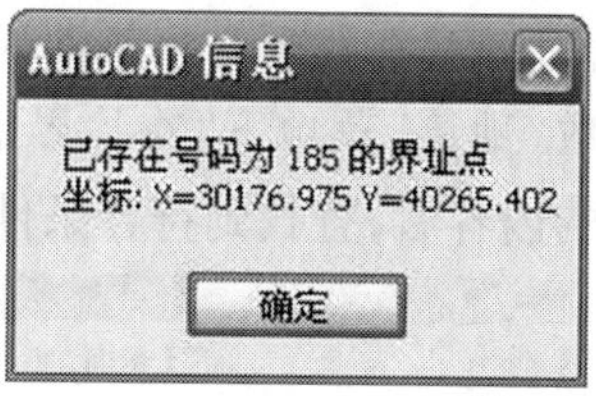

图 14-15　提示已存在该点

(2)重排界址点点号。

用此功能可批量修改界址点点号。

选取“地籍”菜单下“重排界址点号”功能。

屏幕提示：

(1)手工选择按生成顺序重排 (2)区域内按生成顺序重排(3)区域内按从上到下从左到右顺序重排：<1 >，系统默认选项(1)。

如果选择(1)屏幕提示选择对象：手工逐个选择需要进行重排的界址点，然后屏幕提示输入界址点号起始值：<1 >，系统会将选定的点数按生成的顺序重排。

如果选择(2)屏幕提示指定区域边界：手工选择封闭区域，然后屏幕提示输入界址点号起始值：<1 >，系统会将封闭区域通过的点按生成顺序重排。

如果选择(3)屏幕提示指定区域边界：手工选择封闭区域，然后屏幕提示输入界址点号起始值：<1 >，系统会将封闭区域通过的点按从上到下从左到右的顺序重排。

重排结束，屏幕提示排列结束，最大界址点点号为 XX。

(3)界址点圆圈修饰(剪切\消隐)。

用此功能可一次性将全部界址点圆圈内的权属线切断或消隐。

选取“地籍\界址点圆圈修饰\剪切”功能。屏幕在闪烁片刻后即可发现所有的界址点圆圈内的界址线都被剪切，由于执行本功能后所有权属线被打断，所以其他操作可能无法正常进行，因此建议此步操作在成图的最后一步进行，而且，执行本操作后将图形另存为其他文件名或不要存盘。一般来说，在出图前执行此功能。

选取“地籍\界址点圆圈修饰\消隐”功能。屏幕闪烁片刻即可发现所有的界址点圆圈内的界址线都被消隐，消隐后所有界址线仍然是一个整体，移屏时可以看到圆圈内的界址线。

(4)界址点生成数据文件。

用此功能可一次性将全部界址点的坐标读出来，写入坐标数据文件中。

选取“地籍”菜单下“界址点生成数据文件”功能。

屏幕弹出对话框，提示输入生成的坐标数据文件名。输入文件名后点“确定”。

(1)手工选择界址点 (2)指定区域边界 <1>

如果选(1),回车后拖框选择所有要生成坐标文件的界址点。

如果只想生成一定区域内界址点的坐标数据文件,可先用复合线画出区域边界。此步选(2),然后点取所画复合线。这时生成的坐标数据文件中只包含区域内的点。

(5)查找指定宗地和界址点。

选取“地籍”菜单下“查找宗地”功能,弹出如图 14-16 所示对话框。根据已知条件选择查找的内容后,查找到符合条件的宗地居中显示。

选取“地籍”菜单下“查找界址点”功能,弹出如图 14-17 所示对话框。根据已知条件选择查找的内容后,查找到符合条件的界址点居中显示。

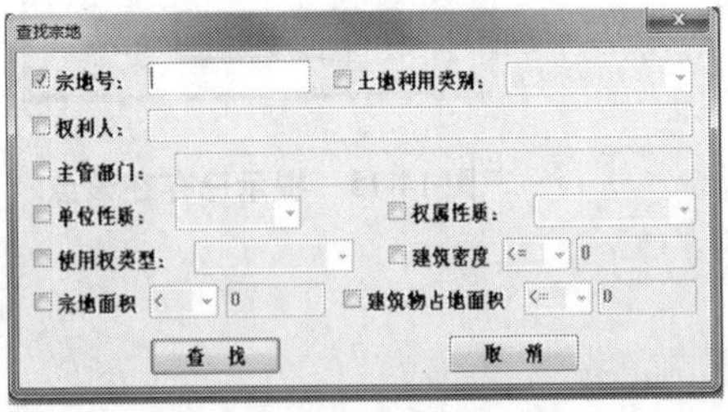

图 14-16 “查找宗地”对话框

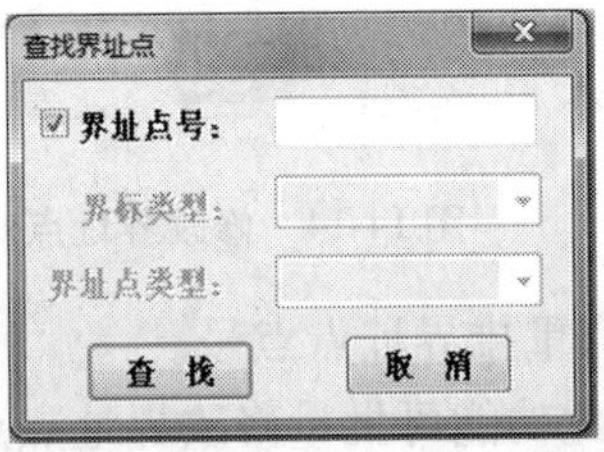

图 14-17 “查找界址点“对话框

(6)修改界址线属性。

CASS5.1 版之后,增加了界址线、界址点的属性管理功能,界址线属性中包含本宗地号、邻宗地号,本条界址线的起止界址点编号,图上边长和勘丈边长,界线性质、类别、位置属性,还包括宗地指界人及指界日期等属性。

点取“地籍\修改界址线属性”,屏幕提示选择界址线所在宗地:选取宗地后屏幕提示指定界址线所在边<直接回车处理所有界址线>:选取界址线后弹出如图 14-18 所示对话框。除了可以查看该线当前的性质,还可以按调查的情况添加界址线信息。

(7)修改界址点属性。

界址点圆圈中存放界址点号、界标类型和界址点类型等界址点属性,点取“地籍/修改界址点属性”屏幕提示请拉框选择要处理的界址点:选择界址点后弹出如图 14-19 所示对话框。

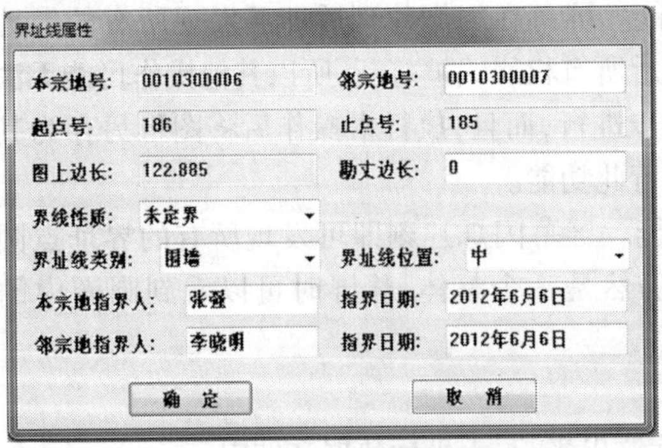

图 14-18 修改界址线属性

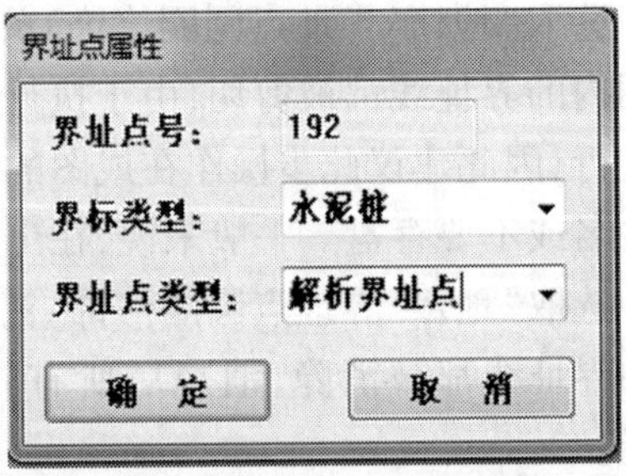

图 14-19 修改界址点属性

14.4 宗地属性处理

(1)宗地合并。

宗地合并每次将两宗地合为一宗。

选取“地籍”菜单下“宗地合并”功能。

屏幕提示:

选择第一宗地:点取第一宗地的权属线,选择另一宗地;

点取第二宗地的权属线,完成后发现,两宗地的公共边被删除。宗地属性为第一宗地的属性。

(2)宗地分割。

宗地分割每次将一宗地分割为两宗地。执行此项工作前必须先将分割线用复合线画出来。

选取“地籍成图”菜单下“宗地分割”功能。

屏幕提示:

选择要分割的宗地:选择要分割宗地的权属线,

选择分割线:选择用复合线画出的分割线,回车后原来的宗地自动分为两宗,但此时属性与原宗地相同,需要进一步修改其属性。

(3)修改宗地属性。

选取“地籍成图”菜单下“修改宗地属性”功能。

屏幕提示:

选择宗地:

用鼠标点取宗地权属线或注记均可,点中后系统出弹出如图14-20所示对话框。

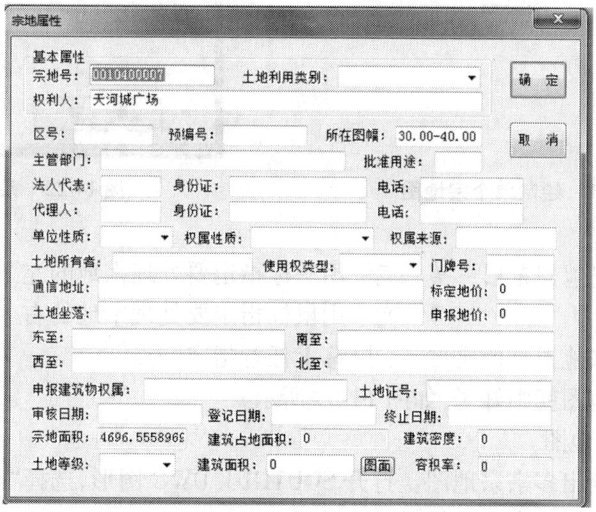

图14-20 “宗地属性”对话框

这个对话框是宗地的全部属性,一目了然。

(4)输出宗地属性。

输出宗地属性功能可以将图 14-20 所示的宗地信息输出到 Access 数据库。选取“地籍”菜单下“输出宗地属性”功能,屏幕弹出对话框,提示输入 Access 数据库文件名,输入文件名。请选择要输出的宗地:选取要输出的到 Access 数据库的宗地。选完后回车,系统将宗地属性写入给定的 Access 数据库文件名。用户可自行将此文件用微软的 Access 打开来看看。

14.5 绘制宗地图

在完成以上操作,绘制出地籍图以后,便可制作宗地图了。具体有绘制单块宗地和批量处理两种方法,两种都是基于带属性的权属线。

(1)绘制单块宗地。

该方法可用鼠标划出切割范围。打开图形 C:\PROGRAM FILES\CASS91 FOR AUTOCAD2010\DEMO\SOUTHDJ. DWG。选择“地籍\绘制宗地图框(可缩放图)\A4 竖\单块宗地”(见图 14-21),弹出如图 14-22 所示对话框,根据需要选择宗地图的各种参数后点击“确定”,屏幕提示如下:

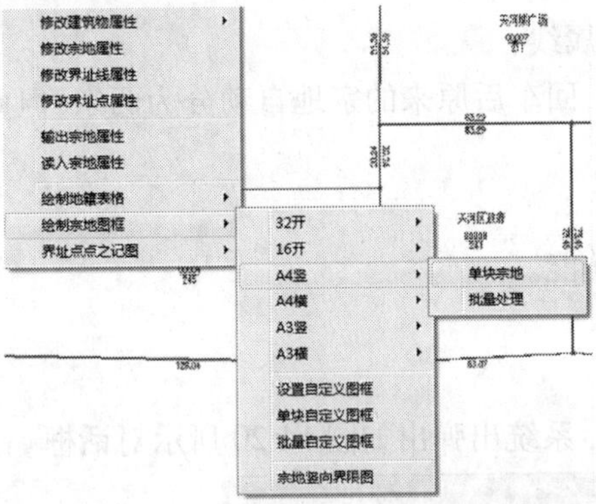

图 14-21 绘制单个宗地图

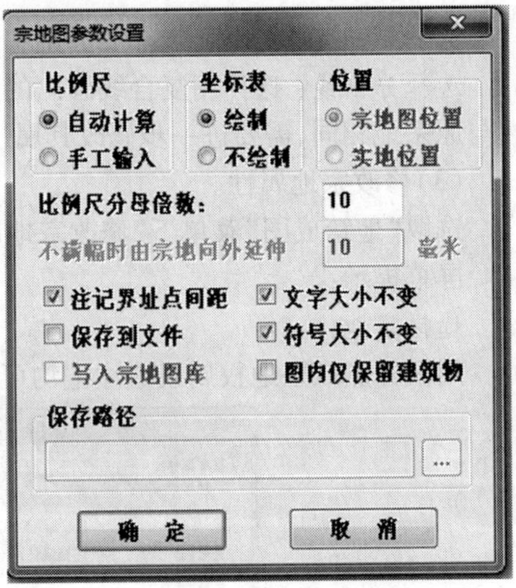

图 14-22 宗地参数设置

用鼠标器指定宗地图范围 - 第一角:用鼠标指定要处理宗地的左下方。

另一角:用鼠标指定要处理宗地的右上方。

用鼠标器指定宗地图框的定位点:屏幕上任意指定一点。

一幅完整的宗地图就画好了,如图 14-23 所示 。

(2)批量绘制宗地图。

该方法可批量绘出多宗宗地图。打开 SOUTHDJ. DWG 图形,选择“绘图处理\绘制宗地图框\A4 竖\批量处理”。命令区提示:

用鼠标器指定宗地图框的定位点:指定任一位置。

请选择宗地图比例尺:(1)自动确定(2)手工输入:<1> 直接回车默认选 1。

是否将宗地图保存到文件? (1)否(2)是:<1> 回车默认选 1。

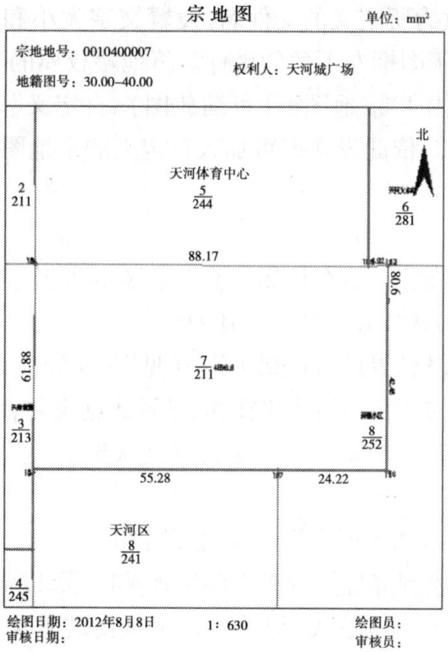

图 14-23　宗地图

选择对象：用鼠标选择若干条权属线后回车结束，也可用窗口选择。

若干幅宗地图画好了，如图 14-24 所示，如果要将宗地图保存到文件，选择“保存到文件”，选择保存路径，将在所设目录中生成若干个以宗地号命名的宗地图形文件，而且可以选择按实地坐标保存。

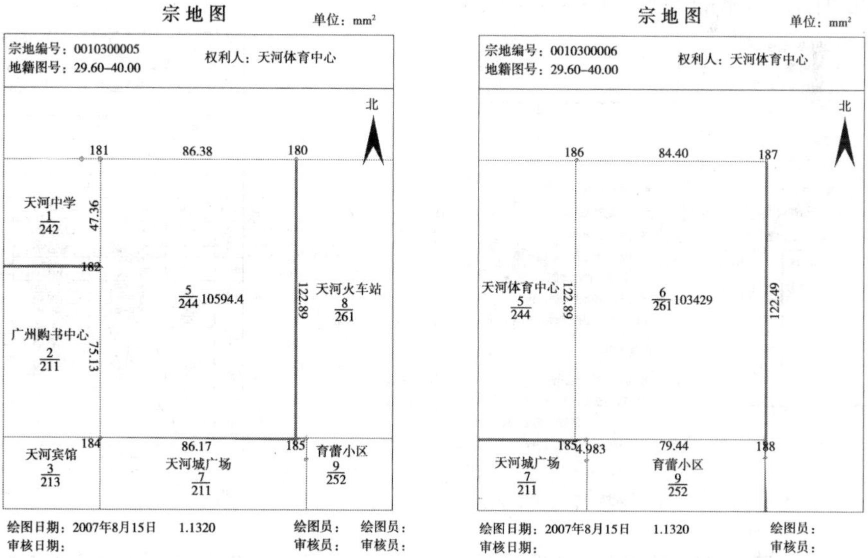

图 14-24　批量输出宗地图

另外，用户可以自己定制宗地图框。首先需要新建一幅图，按自己的要求绘制一个合适的宗地图框，并在 C：\PROGRAM FILES\CASS91 FOR AUTOCAD2010BLOCKS 目录下保存为合适的图名。然后在“地籍成图”下拉菜单下的“地籍参数设置”里更改自定义宗地图框里的内容。将图框文件名改为所定义的文件名，设置文字大小和图幅尺寸，输入宗地号、权利人、图幅号各种注记相对于图框左下角的坐标。将地籍权属的参数配置设置好后，就可以使用“绘图处理”下拉菜单中的“宗地图框（可缩放图）\自定义”功能，此菜单下又分为“单块宗地”和“批量处理”两种。依此操作即可加入自定义的宗地图框。

(3)绘制地籍表格。

①界址点成果表。

依权属信息文件打开宗地图，如在权属信息文件对话框中输入 C:\PROGRAM FILES\CASS91 FOR AUTOCAD2010\DEMO\SOUTHDJ. QS。

单击“地籍\绘制地籍表格\界址点成果表”项（见图 14-25），命令区提示：

用鼠标指定界址点成果表的位置：用鼠标指定界址点成果表放置的位置。

(1)手工选择宗地(2)输入宗地号：<1>回车默认选 1，选择对象：拉框选择需要输出界址点表的宗地。

是否批量打印(Y/N)?：<N>回车默认不批量打印。

根据绘图需要，输入要绘制界址点成果表的宗地范围，可以输入“街道号×××”，或输入“街道号×××街坊号××”，或输入“街道号×××街坊号××宗地号×××××”，程序默认值为绘全部宗地的界址点成果表。如：输入 0010100001 只绘出该宗地的界址点成果表，输入 00102 将绘出街道号为 001 街坊号为 02 内所有宗地的界址点成果表，输入 001 将绘出街道号为 001 内所有宗地的界址点成果表。

用鼠标指定界址点成果表的定位位置，移动鼠标到所需的位置（鼠标点取的位置即是界址点成果表表格的左下角位置）按下左键，符合范围宗地的界址点成果表随即自动生成，如图 14-26 所示，表格的大小正好为 A4 尺寸。

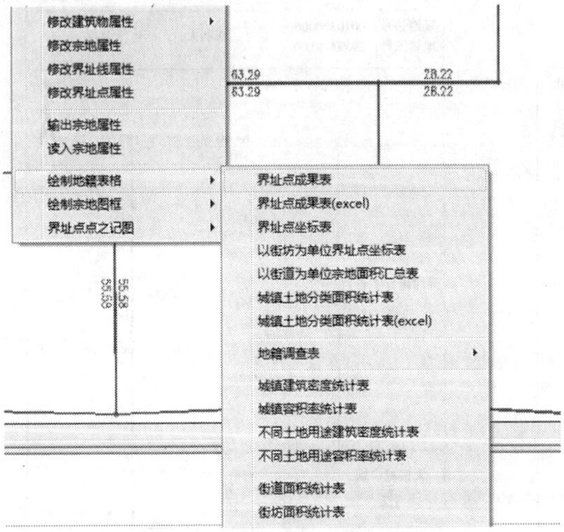

图 14-25　绘制界址点成果表

界址点成果表　第 1 页　共 1 页

宗地号 0010400009

宗地名 育馨小区

宗地面积（平方米） 9547.9

建筑占地（平方米） 0.0

界址点坐标

序号	点号	坐标 X(m)	坐标 Y(m)	边长
1	193	30177.215	40270.317	79.44
2	188	30177.363	40349.756	7.69
3	22	30169.696	40349.717	62.02
4	29	30107.679	40350.059	6.52
5	30	30107.679	40343.536	20.71
6	31	30104.013	40323.150	21.20
7	32	30090.975	40306.434	29.34
8	33	30064.899	40292.980	15.08
9	34	30049.824	40292.980	8.00
10	28	30049.824	40284.980	42.94
11	198	30052.219	40242.103	73.45
12	197	30125.669	40242.080	28.22
13	196	30125.669	40270.296	42.48
14	195	30168.152	40270.296	9.06
1	193	30177.215	40270.317	

制表：　审校：　年　月　日

图 14-26　生成界址点成果表

除在屏幕上绘制出界址点成果表外，还可以直接输出为 Excel 表格文件，见图 14-25 中“绘制地籍表格”中第二个选项“界址点成果表(excel)”，按照前面操作步骤，即可生成 Excel 表格。

②界址点坐标表。

选择“地籍\绘制地籍表格\界址点坐标表”命令,命令区提示:

请指定表格左上角点:用鼠标点取屏幕空白处一点。

请选择定点方法:(1)选取封闭复合线(2)逐点定位 <1>回车默认选1。

选择复合线:用鼠标选取图形上一代表权属线的封闭复合线。生成界址点坐标,如图14-26所示。

以街坊为单位界址点坐标表,以街道为单位宗地面积汇总表,城镇土地分类面积统计表、街道面积统计表、街坊面积统计表、面积分类统计表等不再赘述,请参照CASS软件帮助。

③分类面积统计表。

根据前面生成的权属文件,可以生成各种面积统计表,如以街道为单位宗地面积统计表、以街坊为单位宗地面积统计表、城镇土地分类统计表等。这里以生成“以街道为单位宗地面积统计表”为例(见图14-27),介绍此类统计表的生成方法。

以街道为单位宗地面积汇总表

____市____区 001 街道

项目 / 地籍号	地类名称(有二级类的列二级类)	地类代号	面积(M^2)	备注
0010100001		242	7509.3	
0010100002		211	8299.2	
0010200003		213	9284.1	
0010200004		245	6946.3	
0010300005		244	10594.4	
0010300006		261	10342.9	
0010400007		211	4696.6	
0010400008		241	4716.9	
0010400009		252	9547.9	
0010400010		242	2613.8	

图14-27 分类面积统计表

选择“绘图处理\绘制地籍表格\以街道为单位宗地面积汇总表”项,弹出对话框要求输入权属信息数据文件名,输入C:\PROGRAM FILES\CASS91 FOR AUTOCAD2010\DEMO\SOUTHDJ.QS,命令区提示:

输入街道号:输入001,将该街道所有宗地全部列出。

输入面积汇总表左上角坐标:用鼠标点取要插入表格的左上角点。

第4篇 工程测量软件应用

第15章 土方计算

在工程建设中，如水利工程、道路工程、工矿企业等，平整土地是经常遇到的，平整土地时，往往需要利用地形图进行填挖土石方量的估算。土地平整工作往往在传统地形图上或数字地面模型上进行平整工作，大多数工程要求将土地平整为水平面或倾斜地面，使改造后的地貌适于布置和修建建筑物，便于组织排水，满足交通运输和敷设地下管线的需要。

设计原则：在改造地貌的过程中，既要顾及土石方工程量的大小，又要遵循填方与挖方基本平衡。

土方计算方法有多种，常用的有方格网法，现分两种情况介绍其估算步骤。

15.1 设计面为水平面的土地平整

15.1.1 在地形图上拟建场地内绘制方格网

方格网边长根据地形复杂程度、地形图的比例尺以及估算的精度不同而异。当使用1∶500比例尺地形图时，根据地形复杂程度，一般以10 m或20 m为宜。当采用机械施工时，可取40 m或100 m绘制方格后，进行排序编号，如图15-1所示，并内插求出每个方格网点的地面高程，写在每个方格的右上方。

15.1.2 计算设计高程

在满足填挖方量基本平衡的前提下，设计高程也可以认为是场地的平均高程，但计算时不能简单地取各方格网点高程的算术平均值。因为与各网点高程相关的方格数不同，也可理解为各方格网点的高程权重大小不同。如果与一个方格相关的方格点（角点），其高程的权为1；与两个方格相关的方格点（边点），其高程的权为2；与三个方格相关的方格点（拐点），其高程的权为3；与四个方格相关的方格点（中点），其高程的权为4，则可利用求加权平均值的方法计算设计高程，其计算公式为：

$$H_{设} = \frac{\sum(P_i H_i)}{\sum(P_i n_i)} = \frac{P_1 H_1 + P_2 H_2 + P_3 H_3 + P_4 H_4}{P_1 n_1 + P_2 n_2 + P_3 n_3 + P_4 n_4} \tag{15-1}$$

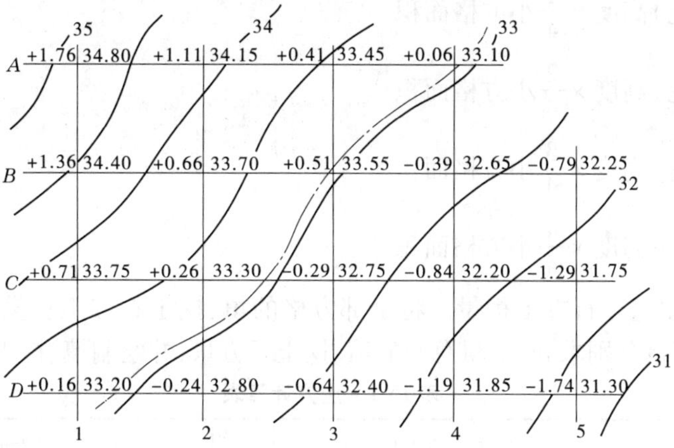

图 15-1　场地平整示意图

式中　$H_{设}$——水平场地的设计高程；

　　H_i——方格点 i 的权，可根据方格点的位置在 1、2、3、4 中取值。

现将图 15-1 中各方格点的高程及权代入式(15-1)中计算得设计高程：

$$P_1H_1 = 1 \times (34.80 + 33.10 + 32.25 + 31.30 + 33.20) = 164.65$$

$$P_2H_2 = 2 \times (34.15 + 33.45 + 31.75 + 31.85 + 32.40 + 32.80 + 33.75 + 34.40) = 529.10$$

$$P_3H_3 = 3 \times 32.65 = 97.95$$

$$P_4H_4 = 4 \times (33.70 + 33.55 + 33.30 + 32.75 + 32.20) = 662.00$$

$$\sum(P_in_i) = P_1n_1 + P_2n_2 + P_3n_3 + P_4n_4 = 1 \times 5 + 2 \times 8 + 3 \times 1 + 4 \times 5 = 44$$

则水平场地的设计高程为：

$$H_{设} = \frac{\sum(P_iH_i)}{\sum(P_in_i)} = \frac{164.65 + 529.10 + 97.95 + 662.00}{44} = 33.04(\text{m})$$

15.1.3　绘出填、挖边界线

在地形图上根据等高线内插出高程为设计高程 33.04 m 的曲线，这条曲线即为填、挖分界线，如图 15-1 中的虚线所示。

15.1.4　计算填、挖高度

各方格点的填、挖高度为该点的地面高程与设计高程之差，即

$$填、挖高度(h_i) = 地面高程(H_i) - 设计高程(H_{设}) \tag{15-2}$$

式中：h_i 为正表示挖方高度；h_i 为负表示填方高度。

然后，根据式(15-2)计算的数值注记在方格网点的左上方。

15.1.5　计算填、挖土方工程量

挖、填土方工程量要分别计算，不得正、负抵消。计算方法如下：

$$\begin{cases}\text{角点:填(挖)高度}\times\frac{1}{4}\text{小方格面积}\\ \text{边点:填(挖)高度}\times\frac{2}{4}\text{小方格面积}\\ \text{拐点:填(挖)高度}\times\frac{3}{4}\text{小方格面积}\\ \text{中点:填(挖)高度}\times\frac{4}{4}\text{小方格面积}\end{cases}$$

分别计算出填挖土石方工程量。将全部方格的填、挖土石方工程量都计算出来后,按填、挖土石方工程量分别求和,即得总和的填、挖土石方量,并绘制填、挖土方量见表 15-1。

表 15-1 土方计算表

点号	挖深(m)	所占面积(m^2)	挖方量(m^3)	点号	填高(m)	所占面积(m^2)	填方量(m^3)
Σ				Σ			

15.1.6 放样填、挖边界线及填、挖高度

在拟建场地内,按适当间隔分别放样出设计高程点,用明显标志将这些设计高程点连接成曲线,该曲线即为填、挖边界线。

填、挖高度的放样,应首先将地形图上设计的方格点放样于实地,并钉木桩表示。然后,在木桩上注记相应各方格点的填、挖高度,作为平整场地的依据。

15.2 设计面为具有一定匀坡坡度的土地平整

将图 15-2 所示的地面根据地貌的自然坡降,平整为从北到南、坡度为 8% 的倾斜场地,且要保证填、挖土方工程量基本平衡。

设计面为具有一定匀坡坡度的土地平整作业步骤如下。

15.2.1 绘制方格网

同水平场地绘制方法相同,如图 15-3 所示。

15.2.2 计算设计高程

若使填、挖方总量平衡,对于倾斜场地,应首先确定重心点,以重心点高程为设计高程(平均高程),再求出其他方格点的设计高程作为设计依据。对于堆成图形,中心线为图形中心。所以,仍可按水平场地计算设计高程的方法,求出场地中心线处的设计高程为 51.8 m。

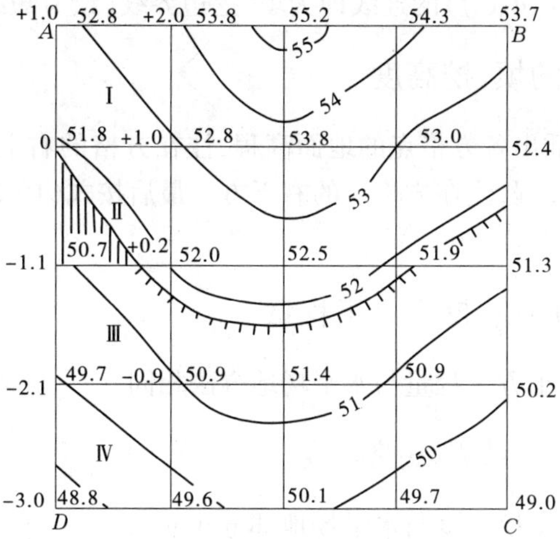

图 15-2　匀坡场地平整示意图

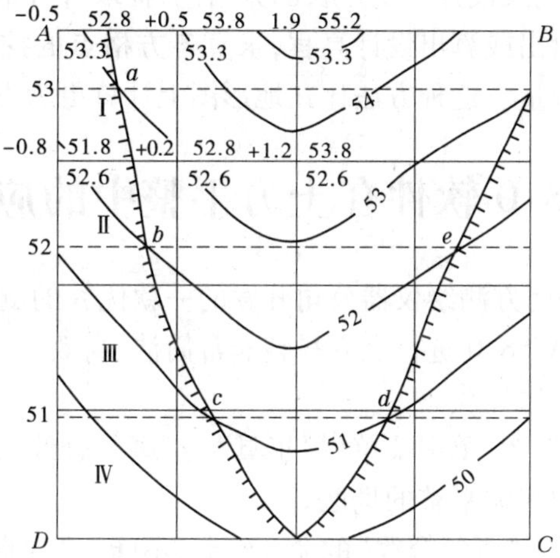

图 15-3　确定格网高程示意图

15.2.3　确定倾斜面最高点格网线和最低点格网线的设计高程

如图 15-2 所示，按设计要求，*AB* 为场地的最高边线，*CD* 为场地的最低边线。已知 *AD* 边长为 40 m，则最高边线与最低边线的设计高差为：

$$h = 40 \times 8/100 = 3.2(\mathrm{m})$$

由于场地重心线(图形中心轴线)的设计高程为 51.8 m，所以倾斜场地最高边线和最低边线的设计高程分别为：

$$H_A = H_D = 51.8 + 3.2 \div 2 = 53.4(\mathrm{m})$$

$$H_C = H_D = 51.8 - 3.2 \div 2 = 50.2(\mathrm{m})$$

15.2.4　确定填、挖边界线

沿 *AD* 及 *BC* 边线，根据最高边线和最低边线的设计高程内插出 51.0 m、52.0 m、53.0 m 的平行等高线(见图 15-3 中虚线)，这些虚线为 8% 倾斜场地上的设计等高线，设计等高线与实际等高线交点(a、b、c、d、e、f)的连线即为填、挖边界线(绘有短线的曲线)。

15.2.5 确定方格点的填、挖高度

根据实际等高线内插出各方格点的地面高程,注在方格的右上方。再根据设计等高线内插出各方格点的设计高程,注在方格点的右下方。最后按式(15-2)计算出方格点的填、挖高度,注在方格点的左上方。

15.2.6 确定方格点的填、挖土方工程量

确定方格点的填、挖土方工程量与水平场地方法相同。

15.2.7 放样填、挖边界线及填挖高度

放样填、挖边界线及填挖高度与水平场地部分相同。

在数字地形图上利用数字地形模型计算平整场地的挖、填方工程量,则更为方便。

先在场地范围内按比例尺设计一定边长的方格网,提取各方格顶点的坐标,并内插计算各点相应点的高程,同时给出或算出设计高程,求算各方格点的挖、填高度,按照挖、填范围分别求出挖、填土石方工程量。这种方法比在地形图上计算更为方便、快捷。

15.3 南方 CASS8.0 软件在土方平整中的应用

南方 CASS8.0 软件是南方测绘仪器公司开发的一款优秀的测量软件,在测绘界已得到了广泛应用。应用南方 CASS8.0 进行土方平整非常简洁、高效。

第 1 步:绘制平整场区边界线。

打开需平整的场区地形图,单击菜单栏“工具”→“画复合线”,用“画复合线”命令绘制一个多边形,使该多边形包含需平整的场区。

技巧 1:该多边形必须用“画复合线”的命令绘制,不能用“画直线”的命令绘制。

技巧 2:绘制该多边形的最后一步必须用“闭合(C)”命令闭合,不能用对象捕捉“端点”命令来捕捉端点闭合。

第 2 步:生成高程点数据文件。

单击菜单栏“工程应用”→“高程点生成数据文件” →“有编码高程点”,在弹出的“输入数据文件名”对话框中输入高程数据文件名,如图 15-4 所示。

单击“保存”按钮,命令行出现如下提示:

请选择:(1)选取高程点的范围 (2)直接选取高程点或控制点 <1> <回车>

请选取建模区域边界:用鼠标点取第 1 步中绘制的场区边界。

OK!

第 3 步:区域土方量平衡。

单击菜单栏“工程应用”→“区域土方量平衡” ,在下一级子菜单中可以选择“根据坐标文件”或“根据图上高程点”,在命令行出现如下提示:

选择计算区域边界线:用鼠标选择已绘制的场区边界线。

请输入边界插值间隔(米):<20>:输入方格网的大小。

土方平衡高度 =495.075 米，挖方量 =2685 立方米，填方量 =2686 立方米
同时在绘图窗口中出现如图 15-5 所示的土方量信息。

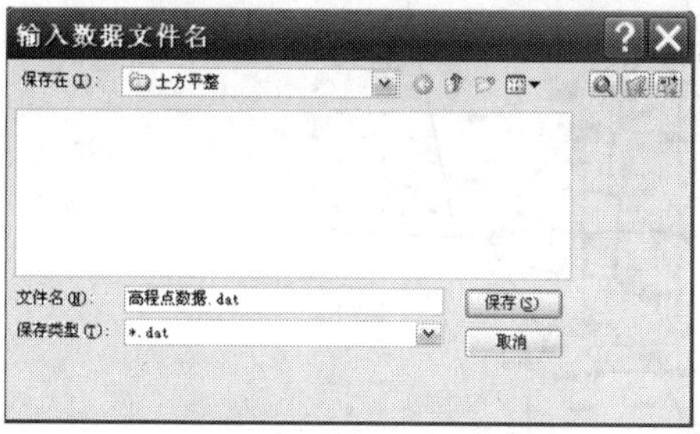

图 15-4　输入高程数据文件名

图 15-5　土方量信息

说明:如果用户仅仅是用“方格网”法计算土方量,也可跳过第 3 步。
第 4 步:方格网法土方计算。
单击菜单栏“工程应用”→“ 方格网法土方计算”，命令行出现如下提示：
选择计算区域边界线:用鼠标点取步骤 1 中绘制的场区边界。
弹出如图 15-6 所示的“方格网土方计算”对话框。

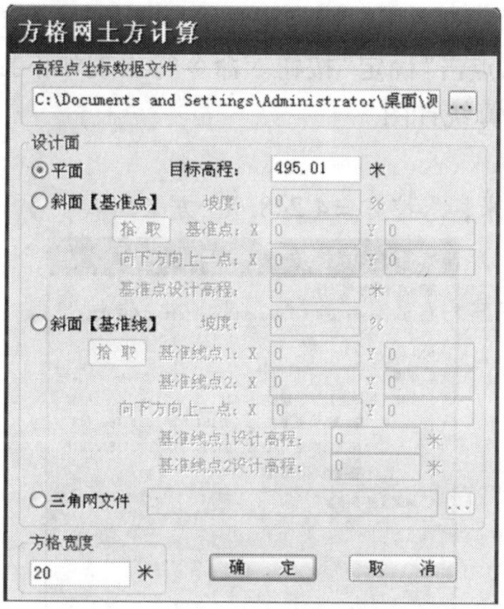

图 15-6　“方格网土方计算”对话框

(1)设计面为“平面”。

在“方格网土方计算”对话框中,输入高程点坐标数据文件和平面的设计高程,命令行出现如下提示:

最小高程 =491.900,最大高程 =498.296
正在重生成模型。
总填方 =2517.2 立方米，总挖方 =2016.2 立方米
同时在绘图窗口出现如图 15-7 所示的土方计算统计图。

(2)设计面为有“基准点”的斜面。

在“方格网土方计算”对话框中,选择“斜面【基准点】”选项(见图 15-8),输入设计坡

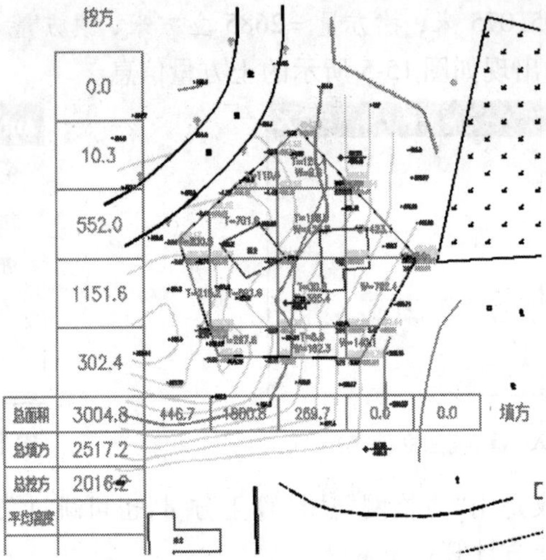

图 15-7　土方计算统计图

度，输入基准点和向下方向一点的坐标，如果选择“拾取”基准点，命令行出现如下提示：

点取设计面基准点：用鼠标拾取基准点。

指定斜坡设计面向下的方向：用鼠标点相对于基准点向下坡的一点。

输入基准点设计高程，点击“确定”按钮。命令行出现如下提示，同时在绘图窗口出现类似图 15-7 所示的土方计算统计图。

正在重生成模型。

总填方 =1 154.0立方米，总挖方 =4 248.7立方米

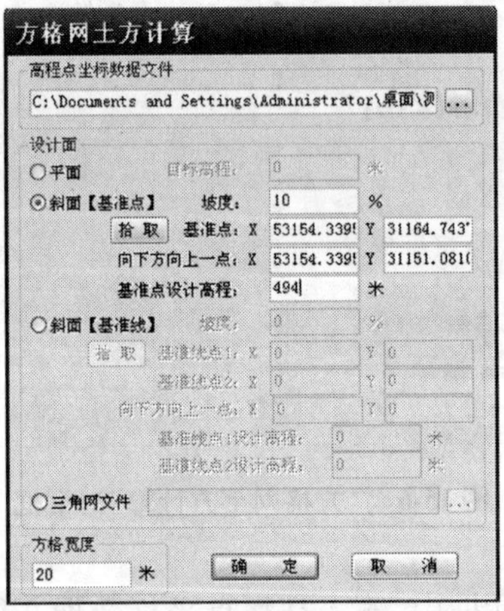

图 15-8　斜面(基准点)输入示例

在“方格网土方计算”对话框中输入设计面为有“基准线”的斜面的设置与设计面为有“基准点”的设置相类似。

“方格网土方计算”对话框左下角方格宽度输入框是指计算土方量时所绘制的方格网宽度大小。

第 16 章　线路测量

16.1　圆曲线测设

当线路由一个方向转向另一个方向时，必须用曲线来连接。圆曲线(又称单曲线)是最常用的一种平面曲线。一般分两步放样：先测设出圆曲线的主点，即起点、中点和终点；然后在主点间进行加密，在加密过程中同时测设里程桩，也称圆曲线细部放样。

16.1.1　圆曲线主点的测设

如图 16-1 所示，已知路线中线交点 JD、偏角 α、圆曲线的半径 R。首先要计算圆曲线的元素：切线长度 T、曲线长 L、外矢距 E 和切线长度与曲线长度之差(切曲差)D。各元素可以按照以下公式计算：

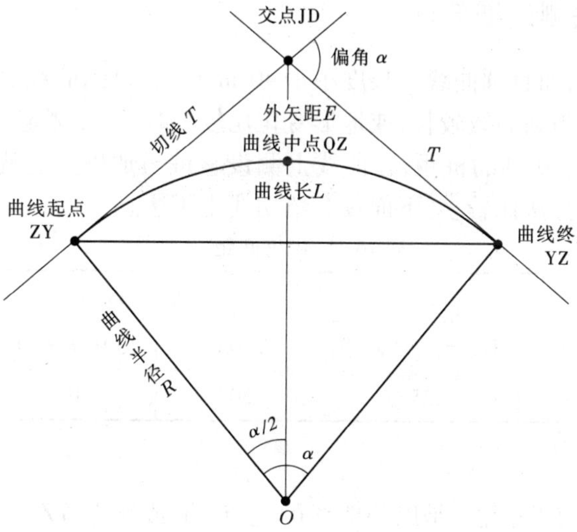

图 16-1　圆曲线示意图

切线长度：
$$T = R\tan\frac{\alpha}{2} \tag{16-1}$$

曲线长度：
$$L = R\alpha\frac{\pi}{180^\circ} \tag{16-2}$$

外矢距：
$$E = \frac{R}{\cos\frac{\alpha}{2}} - R = R\left(\sec\frac{\alpha}{2} - 1\right) \tag{16-3}$$

切曲差：
$$D = 2T - L \tag{16-4}$$

曲线上各点的里程是由交点 JD 的里程推算而得的。由于路线中线不经过交点，所以圆曲线的终点、中点的里程必须从圆曲线起点的里程沿着曲线长度推算。根据交点的里程和曲线测设元素，就能够计算出各主点的里程，如图 16-1 所示。

$$ZY\text{ 点里程} = JD\text{ 里程} - T$$

$$YZ\text{ 点里程} = ZY\text{ 点里程} + L$$

$$QZ\text{ 点里程} = YZ\text{ 点里程} - \frac{L}{2}$$

$$JD\text{ 点里程} = QZ\text{ 点里程} + \frac{D}{2}\text{（校核）}$$

通过对交点 JD 的里程校核，说明计算正确。

计算完曲线主点的里程就可以进行主点的测设了。将全站仪置于交点上，望远镜照准后视相邻交点或转点，沿此方向线量取切线长 T，得曲线起点 ZY 点，插上一测钎。丈量 ZY 点至最近一个直线桩距离，如两桩号之差等于这段距离或相差在容许范围内，即可用方桩在测钎处打下 ZY 点桩，否则应查明原因，进行处理，以保证点位的正确性。用望远镜照准前进方向的交点或转点，按上述方法，定出 YZ 点桩，并进行检核。将望远镜照准前视点不动，水平度盘置零，顺时针转动照准部，使水平度盘读数为 $\beta(\beta = (180° - \alpha)/2)$，得曲线中点的方向，在该方向以上从交点处丈量外矢距 E，插上测钎。同样，按照以上方法丈量与相邻桩点距离进行校核，如果误差在允许的范围内，则在插测钎处打下 QZ 点桩。

16.1.2 切线支距法测设细部点

当地形变化比较小，而且圆曲线的长度小于 40 m 时，测设圆曲线的三个主点就能够满足设计与施工的需要。当圆曲线较长，或地形变化比较大时，则在测定三个圆曲线的主点以后，还需要按照表 16-1 中所列的桩距，在曲线上测设整桩与加桩。这就是圆曲线的详细测设。圆曲线详细测设的方法比较多，下面仅介绍切线支距法。

表 16-1 中桩间距

直线(m)		曲线(m)			
平原微丘区	山岭重丘区	不设超高的曲线	$R \geqslant 60$	$30 \leqslant R < 60$	$R < 30$
≤50	≤25	25	20	10	5

注：表中 R 为曲线半径，以 m 计。

切线支距法又称直角坐标法，是以圆曲线的起点 ZY 或终点 YZ 为坐标原点，以切线 T 为 X 轴，以通过原点的半径为 Y 轴，建立独立坐标系，按照圆曲线上特定点在直角坐标系中的坐标 (x_i, y_i) 来对应细部点 P_i。

如图 16-2 所示，细部点的点位仍采用整桩号法，则该点坐标可以按下式计算：

$$\left.\begin{aligned} \varphi_1 &= \frac{l_1}{R} \times \frac{180°}{\pi} \\ \varphi &= \frac{l}{R} \times \frac{180°}{\pi} \\ \varphi_i &= \varphi_1 + (i-1)\varphi \end{aligned}\right\} \tag{16-5}$$

$$\left.\begin{aligned} x_i &= R\sin\varphi_i \\ y_i &= R(1 - \cos\varphi_i) \end{aligned}\right\} \tag{16-6}$$

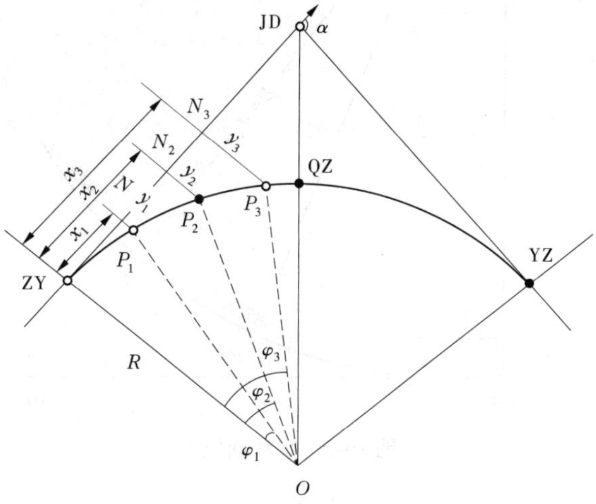

图 16-2　切线支距法示意图

细部点切线支距法的放样步骤具体如下：

(1)安置仪器在交点位置，定出 JD 到 ZY 和 JD 到 YZ 两条直线段的方向。

(2)自 ZY 点出发沿着到 JD 的方向，依次水平丈量 P_i 点的横坐标 x_i，得到在横坐标轴上的垂足 N_i。

(3)在各个垂足点上用全站仪标定出与切线垂直的方向，然后在该垂直方向上依次量取对应的纵坐标，就可以确定对应的碎部点 P_i。

(4)在该曲线段的放样完成后，应量取各个相邻桩点之间的距离与计算出的弦长 C 进行比较，如果两者之间的差异在允许的范围之内，则曲线测设合格，在各点打上木桩。如果超出限差，应及时找出原因并加以纠正。

(5)同样方法可以进行从 YZ 点到 QZ 点之间曲线段的细部点的测设工作，完成后也应该进行校核。

该方法适用于平坦、开阔地区，各个测点之间的误差不易累积，但是对通视要求较高，在量距范围内应没有障碍物，如果地面起伏比较大，或各个测设主点之间的距离过长，会给测距带来较大的影响。

16.2　综合曲线的测设

为缓和汽车转弯时的离心力，使其顺适、自然、和谐、均匀、舒适地完成转向行驶，需在直线与圆曲线间或是半径不同的两个圆曲线之间设置缓和曲线。缓和曲线的半径是不断变化的，即曲率从零渐变到某一定值，符合汽车行驶的自然轨迹。

缓和曲线形式多样，如回旋曲线、三次抛物线、双纽线、多心复曲线。其中，回旋曲线应用广泛，现代高等级公路上普遍采用回旋曲线。

缓和曲线是直线与圆曲线间的一种过渡曲线。它与直线分界处的半径为∝，与圆曲线相连处的半径与圆曲线半径 R 相等。缓和曲线上任一点的曲率半径 ρ 与该点到曲线起点的长度成反比，如图 16-3 所示。

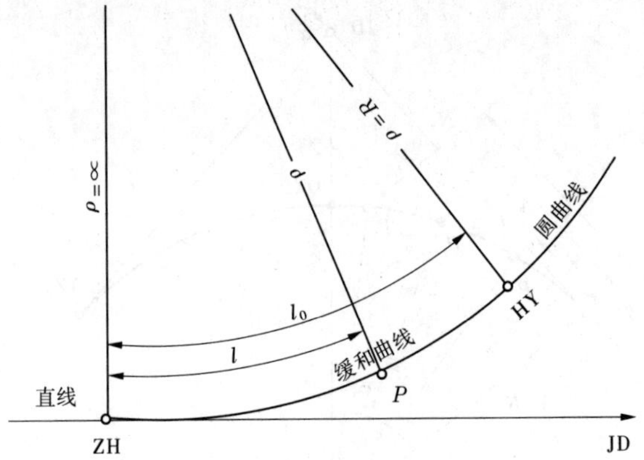

图 16-3　缓和曲线

$$\rho \propto \frac{1}{l} \text{或} \rho_1 = C \tag{16-7}$$

式中　C——缓和曲线的半径变更率,是一个常数。

当 $l = l_0$ 时,$\rho = R$,所以:

$$Rl_0 = C$$

式中　l_0——缓和曲线总长。

$\rho l = C$ 是缓和曲线的必要条件,实用中能满足这一条件的曲线可作为缓和曲线,如辐射螺旋线、三次抛物线等。我国的缓和曲线均采用辐射螺旋线。

按照 $\rho l = C$ 为必要条件导出的缓和曲线方程为:

$$\left.\begin{aligned} x &= l - \frac{l^5}{40C^2} + \frac{l^9}{3\ 456C^4} + \cdots \\ y &= \frac{l^3}{6C} - \frac{l^7}{336C^3} + \frac{l^{11}}{42\ 240C^5} + \cdots \end{aligned}\right\} \tag{16-8}$$

根据测设要求的精度,实际应用中可将高次项舍去,并顾及到 $C = Rl_0$,则式(16-8)变为

$$\left.\begin{aligned} x &= l - \frac{l^5}{40R^2 l_0^2} \\ y &= \frac{l^3}{6Rl_0} \end{aligned}\right\} \tag{16-9}$$

式中　x、y——缓和曲线上任一点的直角坐标,坐标原点为直缓点(ZH)或缓直点(HZ),通过该点的缓和曲线切线为 x 轴;

l——缓和曲线上任意一点 P 到 ZH(或 HZ)的曲线长;

l_0——缓和曲线总长度。

当 $l = l_0$ 时,则 $x = x_0$,$y = y_0$,代入式(16-9)得:

$$\left.\begin{aligned} x_0 &= l_0 - \frac{l_0^3}{40R^2} \\ y_0 &= \frac{l_0^2}{6R} \end{aligned}\right\} \tag{16-10}$$

式中　x_0、y_0——缓圆点(HY)或圆缓点(YH)的坐标。

缓和曲线是在不改变曲线段方向和保持圆曲线半径不变的条件下，插入到直线段和圆曲线之间，如图 16-4 所示。

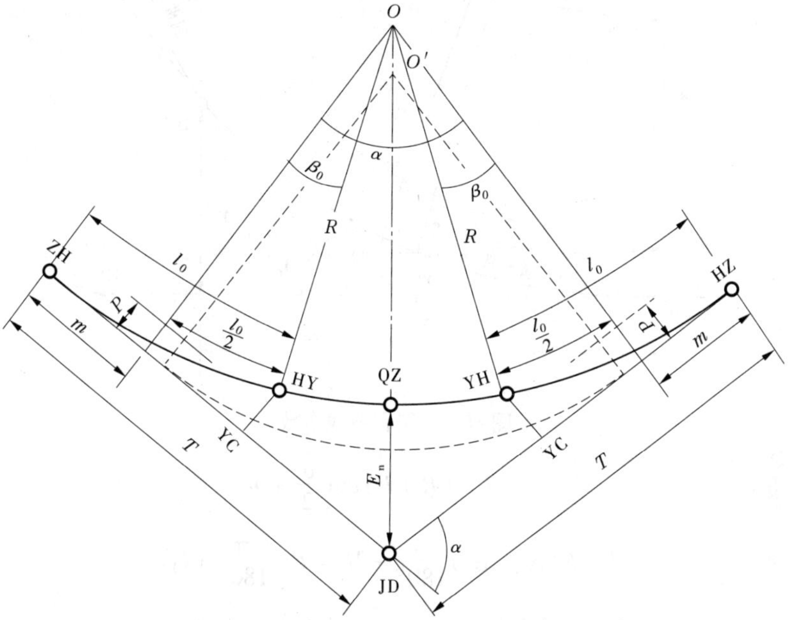

图 16-4　有缓和曲线的圆曲线

缓和曲线的一半长度处在原圆曲线范围内，另一半处在原直线段范围内，这样就使圆曲线沿垂直切线方向，向里移动距离 P，圆心 O'移至 O，显然 $O'O = P\sec\alpha/2$。插入缓和曲线之后，使原来的圆曲线长度变短了。插入缓和曲线之后，曲线主点有 5 个，分别是直缓点 ZH、缓圆点 HY、曲中点 QZ、圆缓点 YH 及缓直点 HZ。

β_0、δ_0、m、p、x_0、y_0 等称为缓和曲线常数，其物理含义及几何关系由图 16-5 得知：

δ_0——缓和曲线的总偏角；

β_0——缓和曲线的切线角，即 HY(或 YH)点的切线角与 ZH(或 HZ)点切线的交角；

m——切垂距，即 ZH(或 HZ)点到圆心 O 向切线所作垂线垂足的距离；

P——圆曲线的内移量，为垂线长与圆曲线半径 R 之差。

常数的计算公式如下：

$$\beta_0 = \frac{l_0}{2R}\frac{180^\circ}{\pi} \tag{16-11}$$

$$\delta_0 = \frac{1}{3}\beta_0 \tag{16-12}$$

$$m = \frac{l_0}{2} - \frac{l_0^3}{240R^2} \approx \frac{l_0}{2} \tag{16-13}$$

$$P = \frac{l_0^2}{24R} - \frac{l_0^4}{2\ 688R^3} \approx \frac{l_0^2}{24R} \tag{16-14}$$

在计算出缓和曲线的倾角 β_0、圆曲线的内移值 P 和切线外移量 m 后，就可计算具有缓和曲线的圆曲线要素：

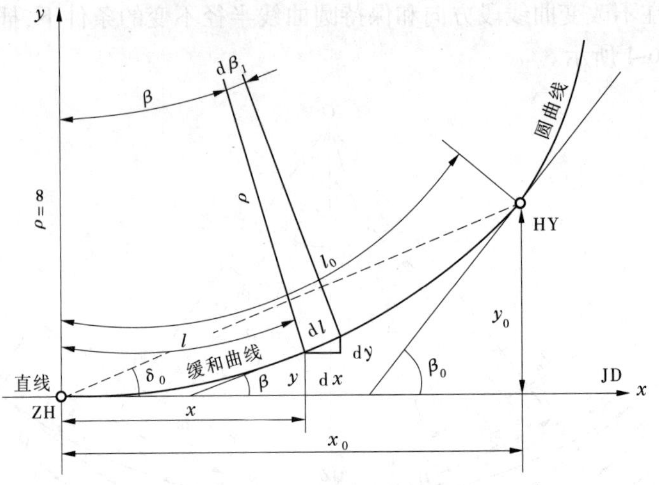

图 16-5　缓和曲线常数

切线长度：
$$T=(R+P)\tan\frac{\alpha}{2}+m \tag{16-15}$$

曲线长度：
$$L=R(\alpha-2\beta_0)\frac{\pi}{180^\circ}+2l_0=R\alpha\frac{\pi}{180^\circ}+l_0 \tag{16-16}$$

外矢距：
$$E=(R+P)\sec\frac{\alpha}{2}-R \tag{16-17}$$

切曲差：
$$D=2T-L \tag{16-18}$$

曲线上各点的里程从一已知里程的点开始沿曲线逐点推算。一般已知 JD 的里程，它是从前一直线段推算而得的，然后从 JD 的里程推算各控制点的里程。

$$\left.\begin{aligned} ZH_{里程} &= JD_{里程} - T \\ HY_{里程} &= ZH_{里程} + l_0 \\ QZ_{里程} &= HT_{里程} + (L/2 - l_0) \\ YH_{里程} &= QZ_{里程} + (L/2 - l_0) \\ HZ_{里程} &= JD_{里程} + T - D \end{aligned}\right\} \tag{16-19}$$

计算检核条件为：$HZ_{里程}=JD_{里程}+T-D$。

ZH、QZ、HZ 点可采用圆曲线主点的测设方法。经纬仪安置在交点，瞄准第一条直线上的某已知点，经纬仪水平度盘置零。由交点出发沿视线方向丈量 T，定出 ZH 点。经纬仪向曲线内转动，得到分角线方向，在该方向线上沿视线方向从交点出发丈量 E，定出 QZ 点。继续转动 $\alpha/2$，在该线上丈量 T，定出 HZ 点。如果第二条直线已经确定，则该点就应位于该直线上。ZH 点和 HZ 点测设好后，分别以 ZH 点和 HZ 点为原点建立直角坐标系，利用公式计算出 HY、YH 点的坐标，采用切线支距法确定出 HY、YH 点的位置。在以上主点确定后，应及时复核距离，然后分别设立对应的里程桩。

缓和曲线的详细测设要求及方法类似圆曲线的详细测设，只是计算公式不同。下面介绍切线支距法测设综合曲线。

从 ZH(或 HZ)点开始，缓和曲线段上各点坐标计算公式为：

$$x_i = l_i - \frac{l_i^5}{40R^2 l_0^2} = l_i - \frac{l_0^5}{40C^2}$$
$$y_i = \frac{l_i^3}{6Rl_0} = \frac{l_i^3}{6C} \tag{16-20}$$

式中　l_i——第 i 个细部点距 ZH(或 HZ)点的里程。

从 HY(或 YH)点开始至 QZ 点,即圆曲线段各点坐标计算公式为:

$$\left.\begin{aligned} x_i &= R\sin\varphi_i + m \\ y_i &= R(1 - \cos\varphi_i) + P \end{aligned}\right\} \tag{16-21}$$

式中　$\varphi_i = \frac{180°}{\pi R}(l_i - l_0) + \beta_0$,$\beta_0$、$P$ 和 m 为前述的缓和曲线常数;

l_i——细部点到 ZH 点或 HZ 点的曲线长;

l_0——缓和曲线全长。

16.3　坐标系的转换

供工程建设施工放样使用的平面直角坐标系,称为施工坐标系。上面介绍的切线支距法测设曲线一般是以直圆点(ZY)或直缓点(ZH)为坐标原点,以直圆点(ZY)或直缓点(ZH)至交点(JD)方向为 X 方向建立的平面直角坐标系。以这种坐标系建立坐标来测设曲线,需要一条曲线一迁站。如果要实现在沿线的测量控制点上设站,实现线路中线的一体化测量,就需要进行坐标系的转换。

施工坐标系与测图坐标系之间的关系,如图 16-6 所示,xOy 为测图坐标系,$AO'B$ 为施工坐标系,则 P 点的测图坐标为 (x_P, y_P),P 点的施工坐标为 (A_P, B_P),施工坐标原点 O'在测图坐标系中的坐标为 $(x_{O'}, y_{O'})$,α 为测图坐标系纵轴 x 与施工坐标系纵轴 A 之间的夹角。

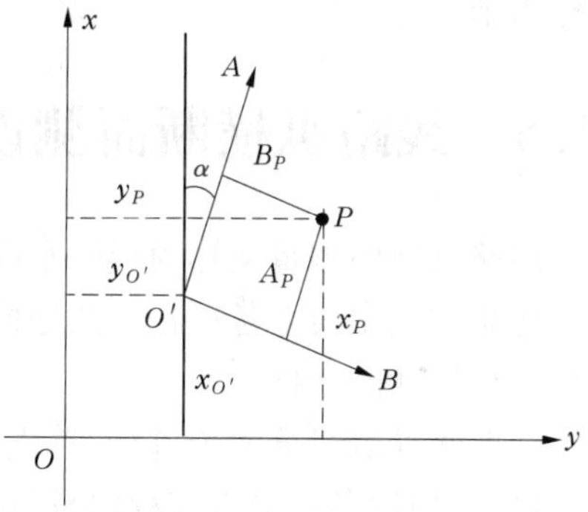

图 16-6　施工坐标系与测图坐标系之间的关系

将 P 点的施工坐标换算成测图坐标,其公式为:

$$\left.\begin{aligned} x_P &= x_{O'} + A_P\cos\alpha - B_P\sin\alpha \\ y_P &= y_{O'} + A_P\sin\alpha + B_P\cos\alpha \end{aligned}\right\} \tag{16-22}$$

若将 P 点的测图坐标换成施工坐标,其公式为:

$$\left.\begin{aligned} A_P &= (x_P - x_{O'})\cos\alpha + (y_P - y_{O'})\sin\alpha \\ B_P &= -(x_P - x_{O'})\sin\alpha + (y_P - y_{O'})\cos\alpha \end{aligned}\right\} \tag{16-23}$$

式(16-23)中,$x_{O'}$、$y_{O'}$与 α 的数值是常数。$(x_{O'}, y_{O'})$即为直圆点(ZY)或直缓点(ZH)在测量坐标系中的坐标,α 为直缓点(ZH)至交点(JD)方向的坐标方位角。

16.4 全站仪任意设站法测设曲线

基于上面的坐标转换原理与计算公式,将用切线支距法计算的曲线上各个细部点的坐标,按照式(16-24)和式(16-25)转换为和测量控制点统一的坐标系统下。仪器可以安置在任何控制点上,包括路线上的交点、转点等已知坐标的点,其测设的速度快、精度高。

$$X_i = X_{ZY} + R\sin\varphi_i\cos\alpha_0 + R(1 - \cos\varphi_i)\sin\alpha_0 \tag{16-24}$$

$$Y_i = Y_{ZY} + R\sin\varphi_i\sin\alpha_0 + R(1 - \cos\varphi_i)\cos\alpha_0 \tag{16-25}$$

式中 R——圆曲线半径;

α_0——曲线切线的方位角;

φ_i——细部点弧长所对的圆心角。

测设实施(见图16-7):在选定的测站点安置仪器,瞄准后视点(另一已知控制点),建站,采用坐标放样的程序放样出各个细部点。如果某几点由于现场原因(受到阻挡)不能放出,则可移动仪器到另一测站点,重新建站,把各点都放样出来。

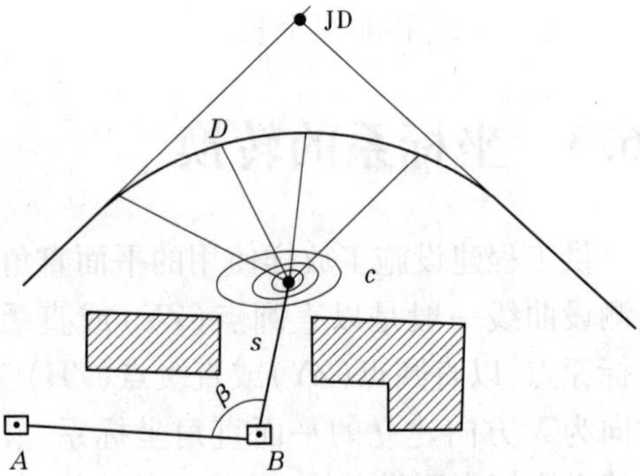

图16-7 全站仪任意设站法

16.5 线路纵横断面测设

线路纵断面测量又称为线路水准测量。它的任务是测定中线上各里程桩的地面高程,绘制中线纵断面图,并作为设计线路坡度、计算中桩填挖尺寸的依据。

线路水准测量分两步进行:首先在线路方向上设置水准点,建立高程控制,称为基平测量;其次是根据各水准点高程,分段进行中桩水准测量,称为中平测量。基平测量的精度要求比中平测量高,一般按四等水准测量的精度;中平测量只作单程观测,按普通水准测量精度,可以用间视法测定中桩高程。间视法测定中桩高程的示意图如图16-8所示,绘制的线路纵断面图如图16-9所示。

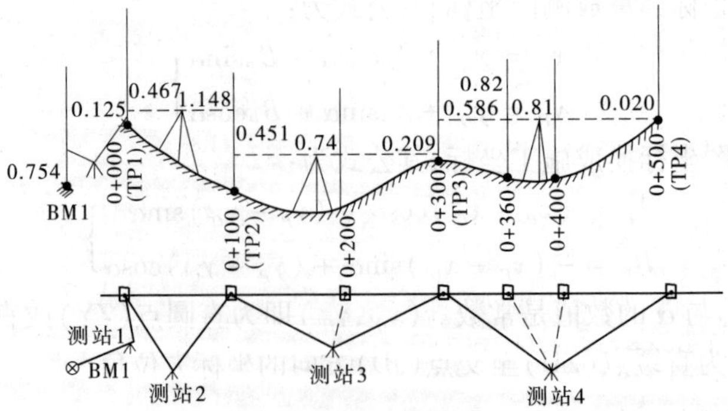

图16-8 间视法测定中桩高程的示意图

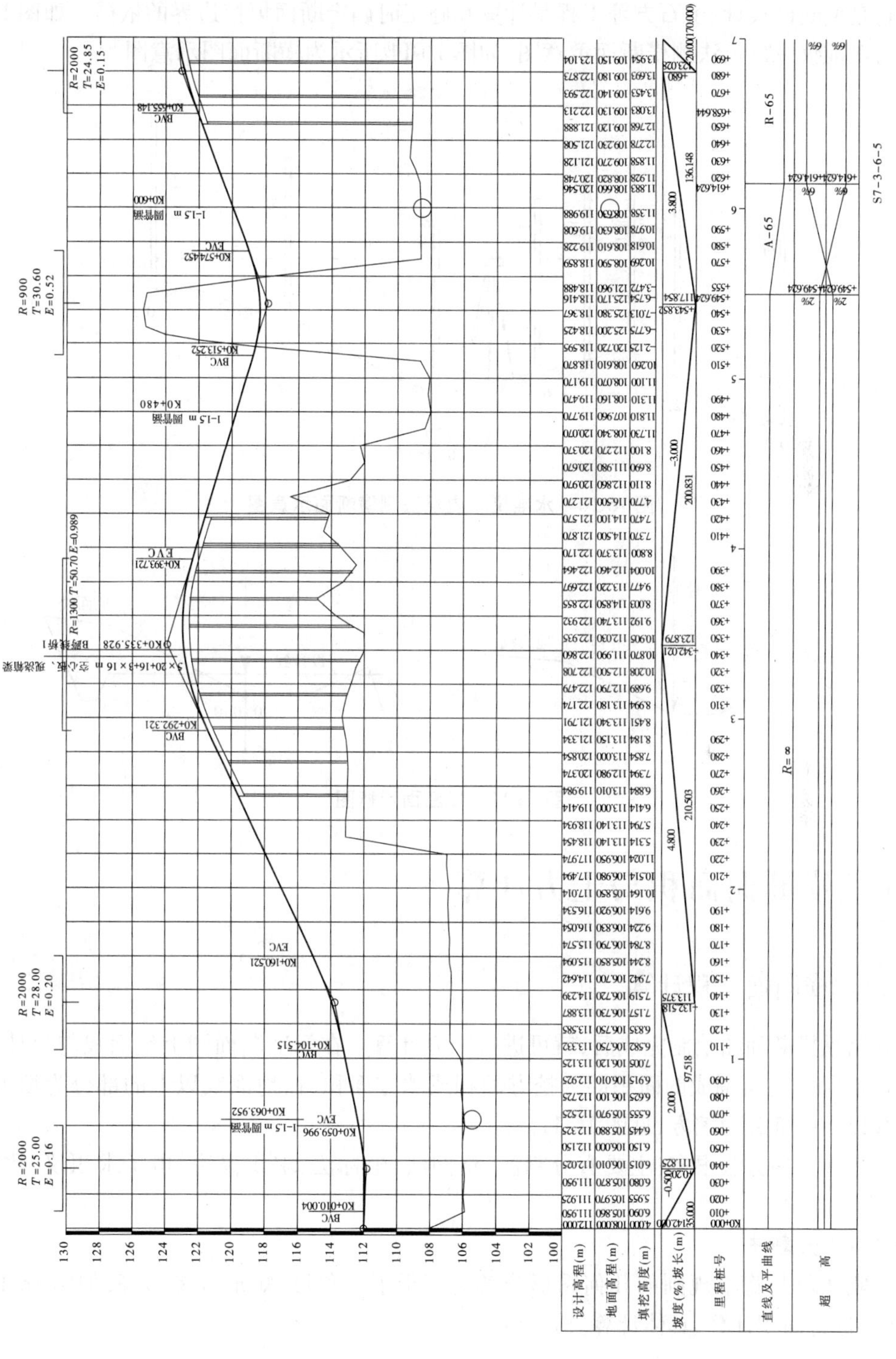

图 16-9　某道路（部分）纵断面图

线路横断面测量的主要任务是在各中线桩处测量垂直于中线方向的地面起伏情况,作业程序为先确定横断面方向,然后测定从中桩至左右两侧变坡的距离和高差,再绘成横断面图。它是横断面设计、土石方等工程量计算和施工时确定断面填挖边界的依据。如图 16-10 所示为水准仪－皮尺法测横断面示意图,如图 16-11 所示为横断面图示意图。

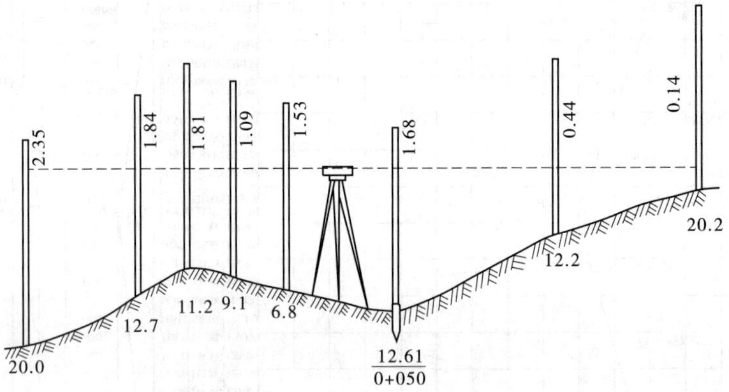

图 16-10　水准仪－皮尺法测横断面示意图

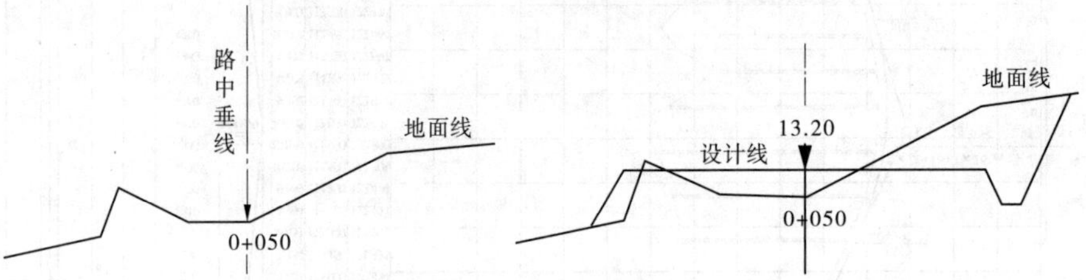

图 16-11　横断面示意图

16.6　横断面面积与土方计算

16.6.1　横断面面积计算

线路纵横断面图绘制完成后,就可进行土方计算。在标准断面图上地面线与设计断面线(标准断面线)所围成的面积即为挖方面积或填方面积,在地面线以上的部分为填方,在地面线以下的部分为挖方,见图 16-11。

面积计算的方法很多,主要有分割法、格网法、坐标法、求积仪法(电子求积仪、数字化仪等)几大类。

16.6.1.1　分割法

分割法就是将不规则的几何图形分解为若干个三角形、矩形或梯形等,如图 16-12 所示,然后进行面积计算,具体计算公式有:

三角形:$S=\frac{1}{2}dh$(S 为三角形面积,d 为三角形底边边长,h 为高);

矩形:$S=ab$(S 为矩形面积,a、b 为矩形的边长);

梯形：$S=\frac{a+b}{2}h$（S 为梯形面积，a、b 为梯形的上、下底边边长，h 为高）。

总面积就是各分块面积之和。

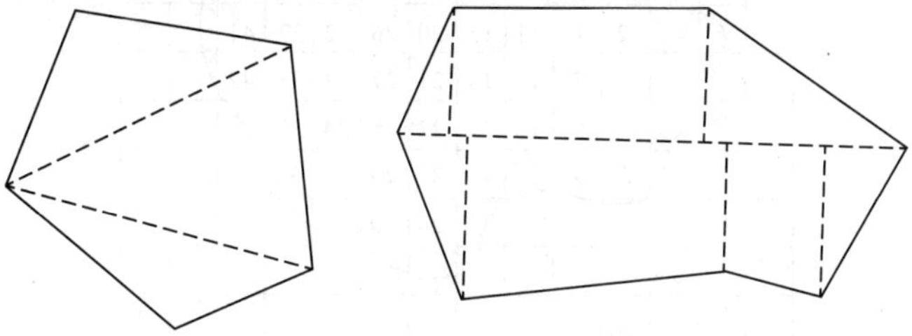

图 16-12　分割法面积量算

16.6.1.2　格网法

格网法就是利用事先绘制好的平行线、方格网或排列整齐的正方形网点的透明膜片，将其蒙在要量测的图纸上，从而求出不规则图形的面积。

1. 平行线法

将绘有间隔 $h=1$ mm 或 2 mm 平行线的透明膜片蒙在被量测的图形上，则整个图形被分割成若干个等高梯形，如图 16-13 所示。然后用卡规或直尺量测各梯形中线长度，将其累加起来再乘以梯形高 h，即可求得不规则图形的面积。设不规则图形的面积为 P，则

$$P=(ab+cd+ef+\cdots)h \tag{16-26}$$

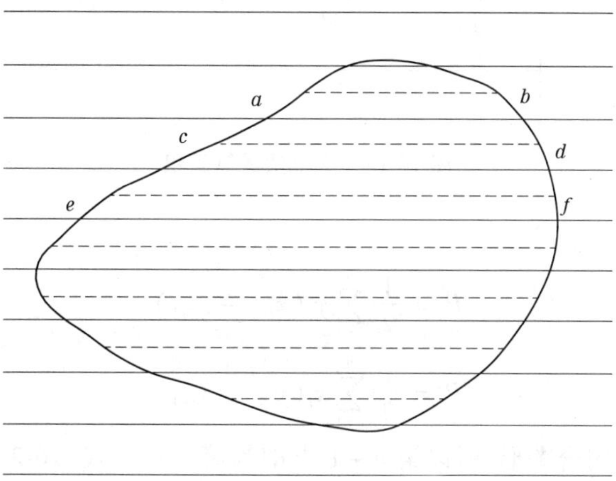

图 16-13　平行线法求图形的面积

2. 方格网法

将绘有边长为 1 mm 或 2 mm 的正方形格网的透明膜片蒙在被量测的图形上，然后查取方格数即可得到图形的面积，如图 16-14 所示。

16.6.1.3　坐标法

坐标法是利用多边形顶点坐标计算其面积的方法。首先从地形图上用解析的方法求出各顶点的坐标，然后利用这些坐标计算其面积的大小，如图 16-15 所示。

设多边形各顶点（注：多边形顶点按顺时针进行编号）的坐标为(x_i,y_i)，多边形的面积

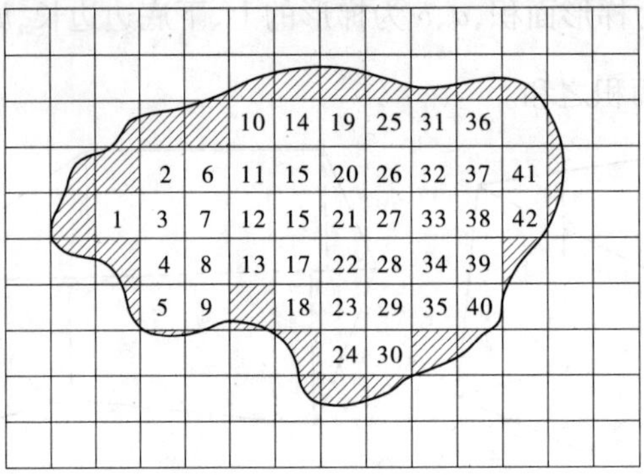

图 16-14　方格网法量算面积

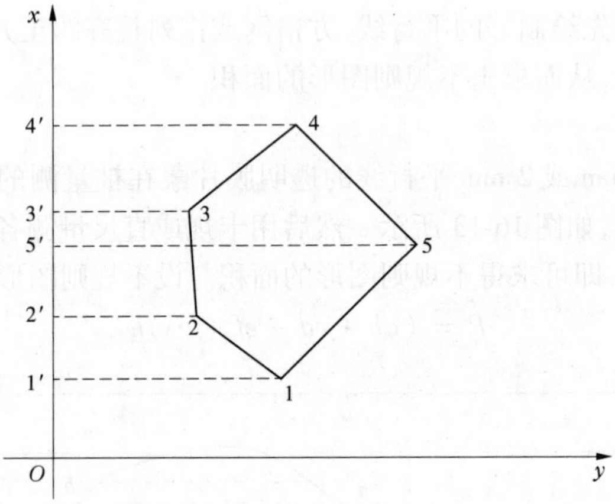

图 16-15　坐标法量算面积

设为 P,有

$$P = \frac{1}{2}\sum_{i=1}^{n} y_i(x_{i-1} - x_{i+1}) \tag{16-27}$$

或

$$P = \frac{1}{2}\sum_{i=1}^{n} x_i(y_{i-1} - y_{i+1}) \tag{16-28}$$

由于计算面积属闭合图形,所以第 $n+1$ 点即为第一点。式(16-27)、式(16-28)可以进行检核计算。

16.6.1.4　求积仪法

求积仪是一种测定图形面积的仪器,由于其量测速度快、操作简便,能较为精确地测定任意形状的图形面积,因此得到广泛应用。求积仪有机械求积仪和电子求积仪两种。

机械求积仪是根据机械传动原理设计的,主要依靠游标读数获取图形面积。

图 16-16、图 16-17 为机械求积仪。其中,图 16-16 是日本索佳公司生产的 16 – 18 型电子求积仪,该型号求积仪内藏有专门程序的微型计算机系统,数字显示所测面积,能够使用功能键很简单地对单位、比例尺进行设定和换算面积。显示数据可达 6 位,最大面积可达 10 m^2(比例尺为 1∶1时)。

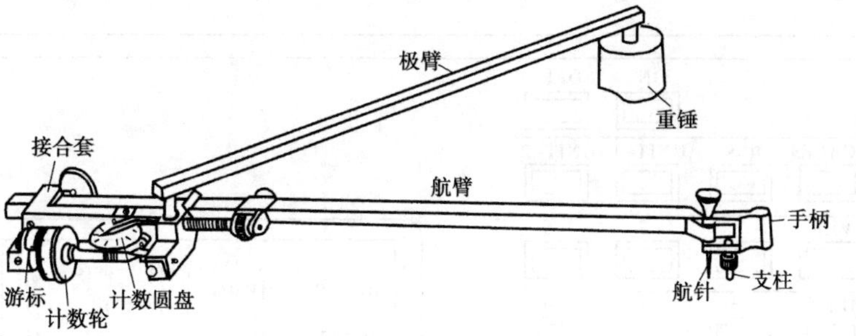

图 16-16　机械求积仪

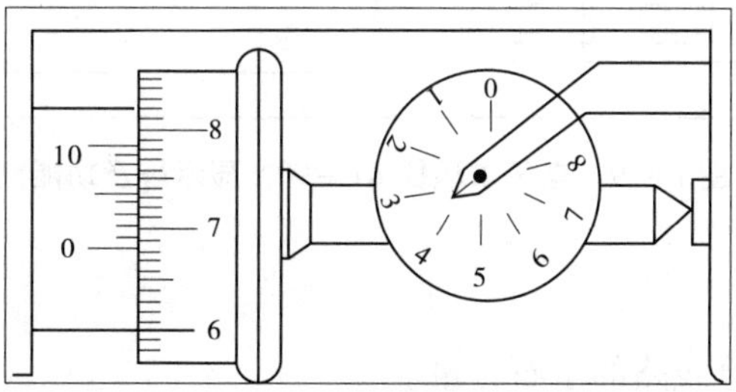

图 16-17　机械求积仪的计数轮放大

随着电子技术的迅速发展，在机械求积仪的基础上增加了脉冲计数设备和微处理器，从而形成了电子求积仪，它具有高精度、高效率、直观性强等特点，越来越受人们的青睐，已逐步取代了机械求积仪。以下介绍动极式电子求积仪及其测量面积的方法。

KP－90N 型电子求积仪的组成部分包括机能键、显示部、动极、动极轴、跟踪臂和跟踪放大镜等，如图 16-18、图 16-19 所示，仪器面板上设有 22 个键和一个显示窗，其中显示窗上部为状态区，用来显示电池状态、存储器状态、比例尺大小、暂停状态及面积单位；下部为数据区，用来显示量算结果和输入值。

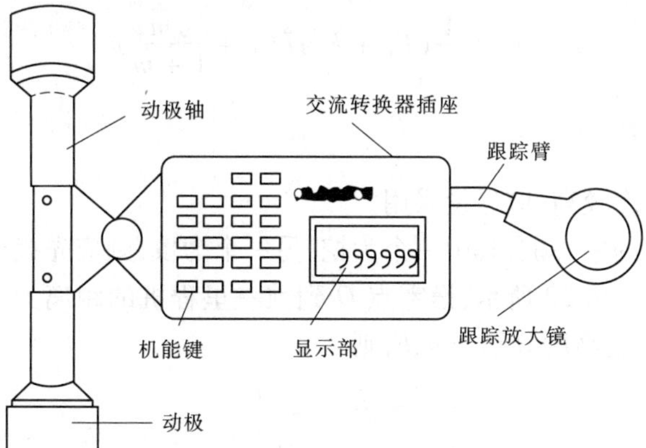

图 16-18　电子求积仪 KP－90N 外观正面

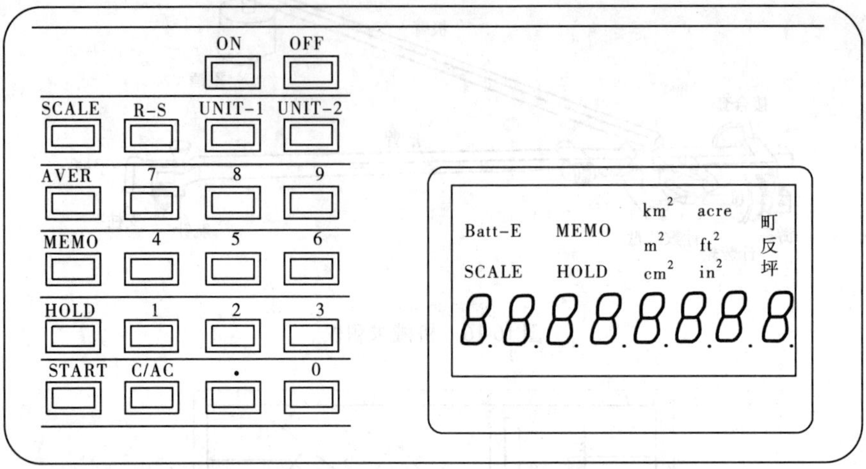

图 16-19　电子求积仪 KP－90N 显示屏及功能键

16.6.2　土方计算

根据断面的面积计算线路的土石方量。

若相邻两断面均为填方或挖方,且面积大小相近,则假设两断面之间为一棱柱体,其体积计算可采用平均断面法,即相邻两断面的挖方面积或填方面积的平均值,按下式计算:

$$F = \frac{F_1 + F_2}{2} \tag{16-29}$$

式中　F_1、F_2——相邻两断面挖方或填方的面积;

　　F——平均值。

则两断面间的挖(填)土方量为:

$$V = Fd$$

式中　d——相邻两断面之间的水平距离,m。

若相邻两断面均为填方或挖方,而面积相差甚大,则与棱台更为接近。其计算公式为:

$$V = \frac{1}{3}(F_1 + F_2)L(1 + \frac{\sqrt{m}}{1 + m}) \tag{16-30}$$

式中:$m = \frac{F_1}{F_2}$,且 $F_2 > F_1$。

第二种方法的精度较高,应尽量采用。

如果相邻两断面的中心桩,其中一个为挖,另一个为填,则应先找出不填不挖的位置,该位置称为“零点”,如图 16-20 所示,设零点 O 到前一里程桩的距离为 x,相邻两断面间的距离为 d,挖土深度或填土高度分别为 a、b,则

$$\frac{x}{d - x} = \frac{a}{b}$$

即

$$x = \frac{ad}{a + b}$$

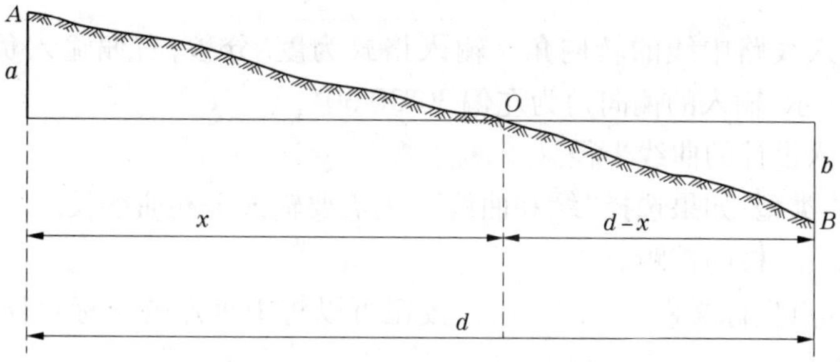

图 16-20　确定零点桩位置的方法

16.7　南方 CASS8.0 软件在线路测量中的应用

应用南方 CASS8.0 软件来计算中桩坐标、绘制纵横断面图、计算土方量都是非常快捷的。

16.7.1　应用南方 CASS8.0 软件计算中桩坐标

应用南方 CASS8.0 软件计算中桩坐标的步骤如下。

打开南方 CASS 软件,单击菜单“工程应用”→“公路曲线设计”→“单个交点处理”,将弹出如图 16-21 所示的“公路曲线计算”对话框。

图 16-21　“公路曲线计算”对话框

(1)起点坐标/交点坐标:线路起点或交点的坐标数据可以直接输入,也可以通过单击“拾取”键在设计地形图上拾取。

(2)已知里程:通过点击“交点”或“起点”单选按钮,选择输入的是“交点”还是“起点”

里程。

(3)偏角:输入线路中线的转向角。输入格式为度.分秒,右偏输入负值,左偏输入正值。如图 16-21 所示,输入的偏向角为左偏 30°30′30″。

(4)半径:输入设计的曲线半径。

(5)选择曲线类型:如果选择“缓和曲线”,则需要输入缓和曲线长。

(6)采样间隔:中桩的桩距。

(7)输出采样点坐标文件:单击“浏览”按钮可以将中桩点的坐标存储。如果不需要存储,则该输入框为空。

设置完“公路曲线计算”对话框,单击“确定”按钮,选定平曲线要素的显示位置,则在绘图窗口显示曲线示意图、中桩坐标和曲线要素表,如图 16-22 所示。

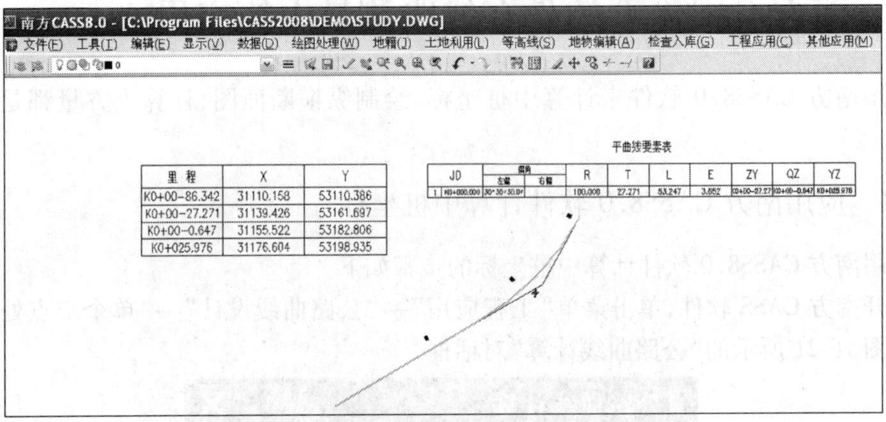

图 16-22　曲线计算数据

16.7.2　应用南方 CASS8.0 软件计算土方量

应用南方 CASS8.0 软件计算土方量的步骤如下。

(1)绘制线路中线。

用“画复合线”命令绘制线路中线。

(2)绘制区域边界线。

具体做法请参考本书第 4 篇“南方 CASS8.0 软件在土方平整的应用”的第 1 步。

(3)生成高程点数据文件。

具体做法请参考本书第 4 篇“南方 CASS8.0 软件在土方平整的应用”的第 2 步。

(4)新建纵断面线。

单击菜单“工程应用”→“生成里程文件”→“由纵断面线生成”→“新建”,命令行将显示:

选择纵断面线:用鼠标点取第(1)步绘制的线路中线。

将弹出如图 16-23 所示的“由纵断面生成里程文件”对话框。在该对话框中设置好该横断面,单击“确定”按钮,将在屏幕显示区显示中桩的划分位置。

(5)生成纵断面线。

单击菜单“工程应用”→“生成里程文件”→“由纵断面线生成”→“生成”,命令行将显

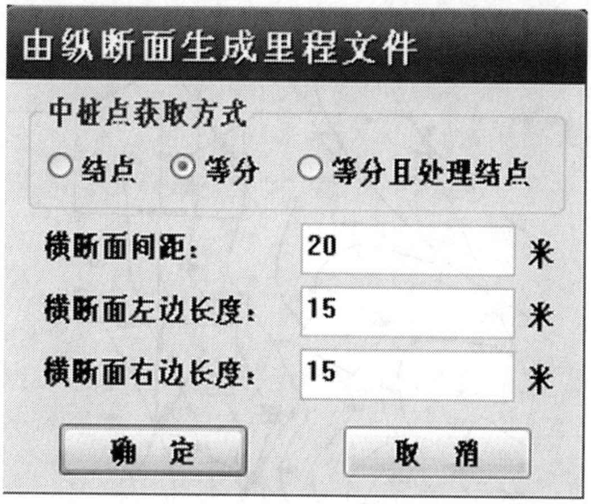

图 16-23 “由纵断面生成里程文件”对话框

示：

选择纵断面线：用鼠标点取第(4)步新建的线路中线划分断面。

将弹出如图 16-24 所示的“生成里程文件”对话框。在该对话框中单击[...]，选择第(3)步生成的“高程数据”文件，保存生成的里程文件和里程数据文件。

图 16-24 “生成里程文件”对话框

该对话框中的“断面线插值间距”是指横断面上地形点的间距。然后点击“确定”按钮，在绘图区将显示中桩的里程和中桩点的高程，如图 16-25 所示。

(6)绘制纵、横断面图。

绘制纵、横断面图之前，先需要设计标准断面，设计标准断面的方法为单击菜单“工程应用”→“断面法土方计算”→“任意断面”，将弹出如图 16-26 所示的“任意断面设计参数”对话框。

①选择里程文件：单击[...]，选择第(5)步保存的里程文件。

②中桩设计高程：指道路设计断面路面高程。

③单段设计参数：根据设计的道路断面形状，输入道路断面数据，然后单击[添 加]按钮，输入道路设计断面的数据。

④绘图参数：断面图比例是指绘制的纵断面图比例尺，行间距、列间距是指绘制的横断

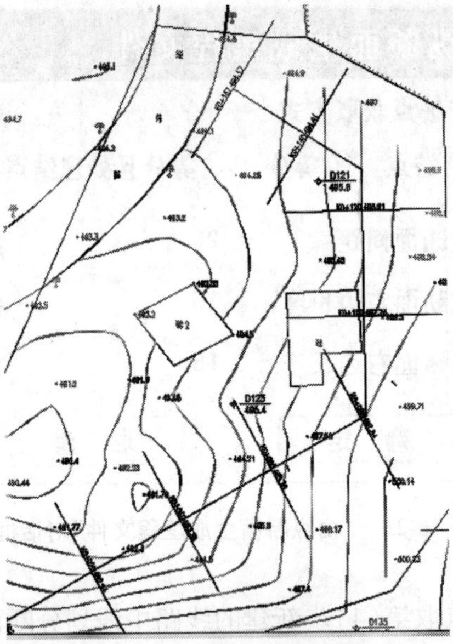

图 16-25　中桩里程及高程显示

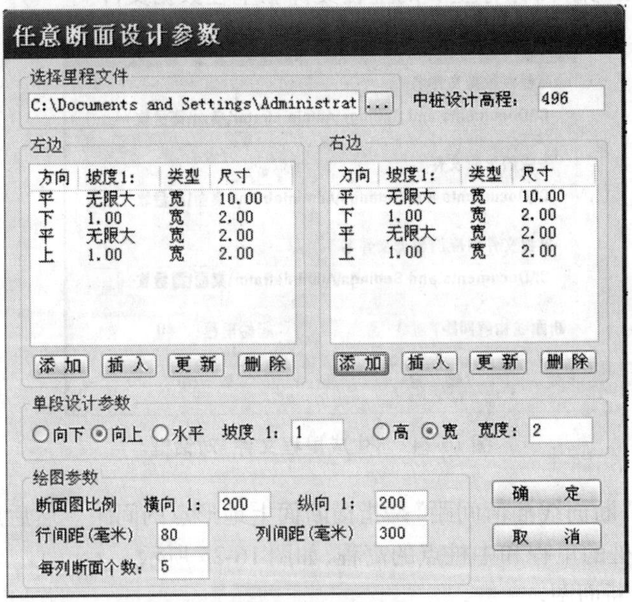

图 16-26　“任意断面设计参数”对话框

面间距,每列断面个数是指每列绘制横断面的个数。

单击“确定”按钮,将弹出如图 16-27 所示的“绘制纵断面图”对话框。

①断面图比例:绘制的横断面图比例尺。

②断面图位置:默认的纵断面绘制在坐标为(0,0)的位置,可以单击拾取纵断面的位置。单击“确定”按钮,将在设置的位置绘制纵断面图,然后在命令行提示:

指定横断面图起始位置:可以用鼠标拾取起始横断面的位置。

将在指定的位置绘制横断面图,如图 16-28 所示是绘制的纵、横断面图。

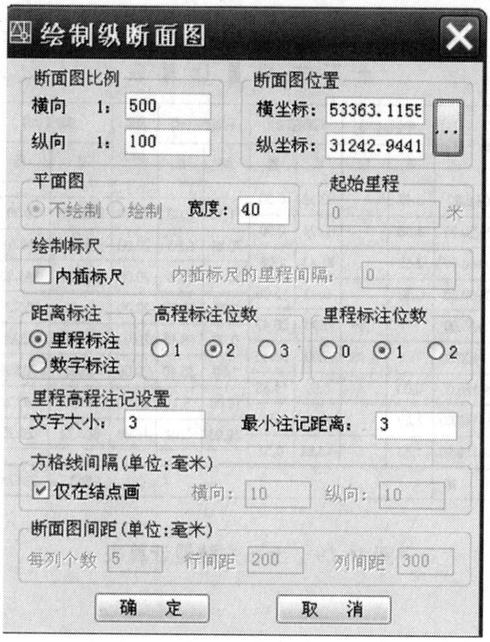

图 16-27 “绘制纵断面图”对话框

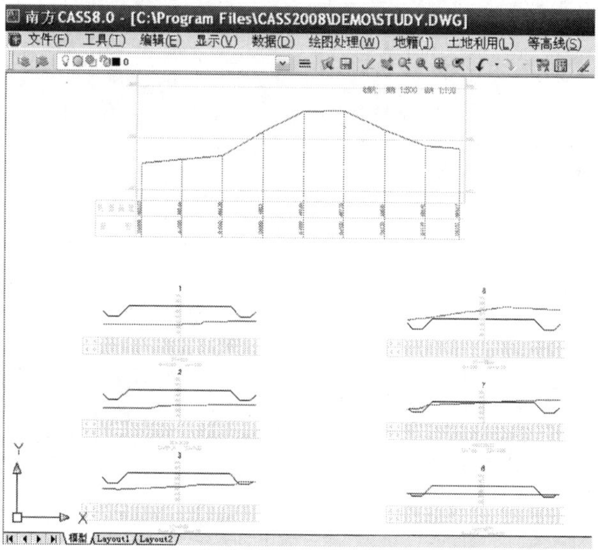

图 16-28 绘制的纵、横断面图

(7)土方计算。

单击菜单“工程应用”→“断面法土方计算”→“图面土方计算”，命令行将提示：

选择要计算土方的断面图：

选择对象：用鼠标框选取第(6)步生成的纵、横断面图。

指定土石方计算表左上角位置：用鼠标点取土石方计算量表的位置。

将在命令行显示：

总挖方 =2 947.0 立方米，总填方 =4 848.7 立方米同时在设置的土石方计算量表的位置显示如图 16-29 所示的土石方数量计算表。

土 石 方 数 量 计 算 表

里　程	中心高(m)		横断面积(m²)		平均面积(m²)		距离(m)	总数量(m³)	
	填	挖	填	挖	填	挖		填	挖
K0+0.00	3.47		82.68	0.00					
					81.46	0.00	20.00	1629.23	0.00
K0+20.00	3.06		80.24	0.00					
					70.84	0.53	20.00	1416.73	10.61
K0+40.00	2.62		61.43	1.06					
					33.42	7.06	20.00	668.34	141.23
K0+60.00	0.30		5.40	13.06					
					2.70	36.77	20.00	54.01	735.38
K0+80.00		1.64	0.00	60.47					
					0.00	58.46	20.00	0.00	1169.25
K0+100.00		1.75	0.00	56.45					
					1.80	35.40	20.00	35.93	708.09
K0+120.00	0.09		3.59	14.36					
					19.06	8.11	20.00	381.29	162.20
K0+140.00	1.59		34.54	1.88					
					39.03	1.19	16.99	663.22	20.25
K0+156.99	1.83		43.52	0.52					
合　计								4848.7	2947.0

图 16-29　土石方数量计算表

第 17 章　ESDPS 软件应用

ESDPS 以其设计优秀、体贴用户、使用方便，提供全面的工程测量数据处理功能，具有很高的运行效率等特点，赢得了广大用户的青睐。该软件虽然简单，但在测量用户中得到了比较广泛的使用。

17.1　放样数据计算

17.1.1　输入放样点数据

单击左侧"工程类型"窗口中的"施工放样"→"放样数据计算"，在数据输入窗口输入放样点的点名、坐标，如图 17-1 所示。

序...	点名	放样点X(m)	放样点Y(m)
001	F1	80.000	60.000
002	F2	80.000	-60.000
003	F3	-80.000	-60.000
004			

图 17-1　放样点输入示例

如果放样点有多个，即输入行多于一行，可以单击菜单"编辑" →"插入一行"来增加输入行。

17.1.2　输入测站数据

在左侧"属性"窗口中输入测站数据，如图 17-2 所示。

(1)置镜点：即通常所说的测站点。

(2)后视点：照准的棱镜后视点。

图 17-2　测站数据输入示例

17.1.3　数据计算

单击菜单"数据处理"→"开始计算"，将在"报表输出"选项卡中显示如图 17-3 所示的放样数据计算成果表。

(1)正拨角度：自后视方向起顺时针旋转的角度。

(2)反拨角度：自后视方向起逆时针旋转的角度。

(3)距离：自测站点到放样点的距离。

17.1.4　图形显示

单击"图形显示"选项卡，将显示如图 17-4 所示的放样示意图。

放样数据计算成果表

工程名称:XX线路测量　　　　日期:2012-05-25

点名	X(M)	Y(M)	正拨角度(dms)	反拨角度(dms)	距离(m)
F1	80.000	60.000	351.5212	8.0748	100.000
F2	80.000	-60.000	278.0748	81.5212	100.000
F3	-80.000	-60.000	171.5212	188.0748	100.000

计算:张三　　　　复核:

图 17-3　放样数据计算成果表

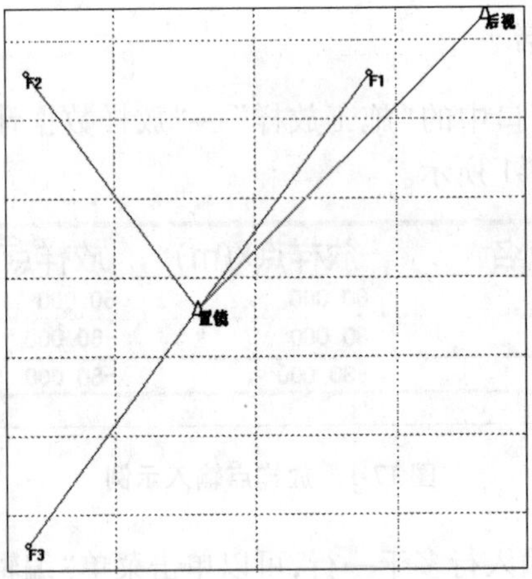

图 17-4　放样示意图

17.2　直线放样

选择“工程类型”窗口中的“直线放样”,在数据输入窗口输入如图 17-5 所示的放样数据。

序…	起点桩号(m)	起点坐标X(m)	起点坐标Y(m)	终坐标X(m)	终点坐标Y(m)	点间距(m)
001	1000	100.000	100.000	500.000	500.000	50

图 17-5　放样数据输入

点间距:放样的中桩间距。

单击菜单“数据处理”→“开始计算”,将在“报表输出”选项卡中显示如图 17-6 所示的直线放样计算成果表。

单击“图形显示”选项卡,将显示如图 17-7 所示的直线放样图形示意图。

直线放样计算成果表

工程名称:　　　　　　　　　　　　　　　　　　　　　　　　　日期:2012-05-28

点号及桩位	桩号(m)	坐标X(m)	坐标Y(m)	切线方位角	放线角度	放线距离
QD 中桩	K 1+ 0.00	100.000	100.000	45.0000	0.0000	141.421
001 中桩	K 1+10.00	107.071	107.071	45.0000	0.0000	151.421
002 中桩	K 1+60.00	142.426	142.426	45.0000	0.0000	201.421
003 中桩	K 1+110.00	177.782	177.782	45.0000	0.0000	251.421
004 中桩	K 1+160.00	213.137	213.137	45.0000	0.0000	301.421
005 中桩	K 1+210.00	248.492	248.492	45.0000	360.0000	351.421
006 中桩	K 1+260.00	283.848	283.848	45.0000	0.0000	401.421
007 中桩	K 1+310.00	319.203	319.203	45.0000	360.0000	451.421
008 中桩	K 1+360.00	354.558	354.558	45.0000	0.0000	501.421
009 中桩	K 1+410.00	389.914	389.914	45.0000	360.0000	551.421
010 中桩	K 1+460.00	425.269	425.269	45.0000	360.0000	601.421
011 中桩	K 1+510.00	460.624	460.624	45.0000	360.0000	651.421

图 17-6　直线放样计算成果表

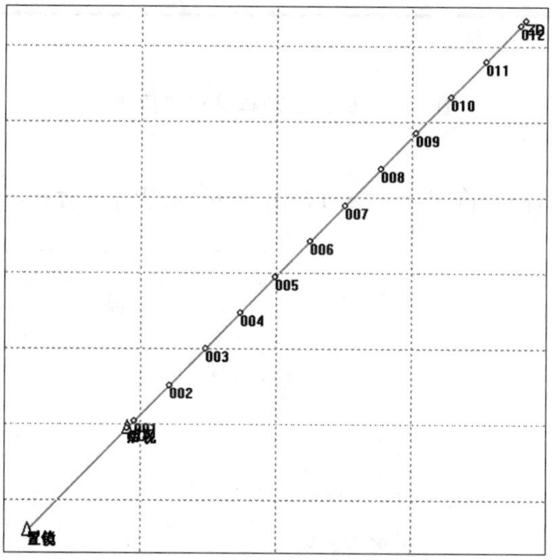

图 17-7　直线放样图形示意图

17.3　圆曲线放样

选择“工程类型”窗口中的“圆曲线放样”，在数据输入窗口输入如图 17-8 所示的放样数据。

序...	曲线半径(m)	转向角(dms)	交点桩号(m)	点间距(m)	交点坐标X(m)	交点坐标Y(m)	交点→ZY方位角
001	100.000	30.3030	1000	20	100.000	100.000	225

图 17-8　圆曲线放样数据输入

(1)转向角:输入格式为度.分秒。左偏为负，右偏为正。图 17-8 输入的转向角为右偏 30°30′30″。

(2)交点→ZY 方位角:交点至直圆点方向的方位角。

可以在属性窗口输入测站数据,然后单击菜单“数据处理”→“开始计算”,将在“报表输出”选项卡中显示如图 17-9 所示的圆曲线放样计算成果表。

圆曲线放样计算成果表

工程名称:XX线路测量　　日期:2012-05-28

点号及桩位	桩号(m)	坐标X(m)	坐标Y(m)	切线方位角	放线角度	放线距离
ZY 中桩	K 0+972.73	80.717	80.717	45.0000	359.5960	114.150
001 中桩	K 0+980.00	85.667	86.040	49.0957	0.0729	121.415
QZ 中桩	K 0+999.35	96.829	101.812	60.1515	1.2613	140.505
003 中桩	K 1+ 0.00	97.149	102.375	60.3730	1.3002	141.133
004 中桩	K 1+20.00	105.157	120.665	72.0503	3.5543	160.057
YZ 中桩	K 1+25.98	106.824	126.403	75.3030	4.4755	165.497

切线长 = 27.271　　曲线长 = 53.247　　外矢距 = 3.652

切曲差 = 1.295　　曲线半径 = 100.000　　转向角 = 30.3030

交点里程 = 1000.000　　点间距 = 20　　交点坐标X(m) = 100.000

计算:张三　　复核:李四

图 17-9　圆曲线放样计算成果表

单击“图形显示”选项卡,将显示如图 17-10 所示的圆曲线放样示意图。

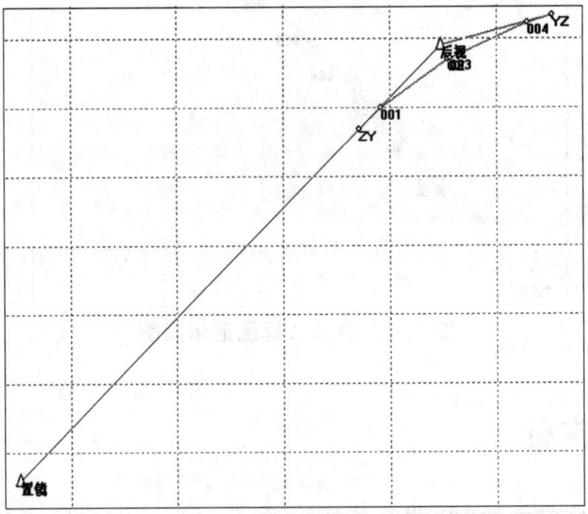

图 17-10　圆曲线放样示意图

17.4　综合曲线放样

选择“工程类型”窗口中的“综合曲线放样”,在数据输入窗口输入如图 17-11 所示的放样数据。

序...	曲线半径(m)	转向角(dms)	交点桩号(m)	缓和曲线长(m)	点间距(m)	交点坐标X(m)	交点坐标Y(m)	交点->ZH方位角
001	300	-25.2956	1000	30	20	100.000	100.000	225

图 17-11　综合曲线放样数据输入

(1)转向角:设沿着线路走向的偏角为右偏,如果输入的是直缓点至交点之间的缓和曲线长,则转向角为 α_0,如果输入的是缓直点至交点之间的缓和曲线长,则转向角为左偏 α_0。

(2)缓和曲线长:单段缓和曲线长。具体是指直缓点至交点之间的缓和曲线长或缓直点至交点之间的缓和曲线长。

(3)交点→ZY 方位角:如果输入的是直缓点至交点之间的缓和曲线长,则交点→ZY 方位角指的是交点至直缓点方向的方位角;如果输入的是缓直点至交点之间的缓和曲线长,则交点→ZY 方位角指的是交点至缓直点方向的方位角。

然后单击菜单"数据处理"→"开始计算",将在"报表输出"选项卡中显示如图 17-12 所示的综合曲线放样计算成果表。

综合曲线放样计算成果表

工程名称:　　　　日期:2012-05-28

点号及桩位	桩号(m)	坐标X(m)	坐标Y(m)	切线方位角	放线角度	放线距离
ZH 中桩	K 0+917.09	41.376	41.376	45.0000	359.5960	58.514
001 中桩	K 0+920.00	43.432	43.431	44.5823	359.5958	61.421
002 中桩	K 0+940.00	57.730	57.415	43.1947	359.5036	81.420
HY 中桩	K 0+947.09	62.937	62.230	42.0807	359.4035	88.508
004 中桩	K 0+960.00	72.692	70.681	39.4013	359.1147	101.390
005 中桩	K 0+980.00	88.501	82.926	35.5102	358.0815	121.281
QZ 中桩	K 0+998.85	104.115	93.478	32.1502	356.5507	139.922
007 中桩	K 1+ 0.00	105.090	94.090	32.0151	356.5021	141.056
008 中桩	K 1+20.00	122.386	104.125	28.1240	355.2327	160.687
009 中桩	K 1+40.00	140.312	112.985	24.2329	353.5033	180.148
YH 中桩	K 1+50.60	150.046	117.193	22.2157	352.5929	190.389
011 中桩	K 1+60.00	158.783	120.646	20.5109	352.1341	199.418

数据输入　报表输出　图形显示

图 17-12　综合曲线放样计算成果表

单击"图形显示"选项卡,将显示如图 17-13 所示的综合曲线放样示意图。

17.5　竖曲线放样

选择"工程类型"窗口中的"竖曲线放样",在数据输入窗口输入如图 17-14 所示的放样数据。

变坡点高程:变坡点坡道高程。

然后单击菜单"数据处理"→"开始计算",将在"报表输出"选项卡中显示如图 17-15 所示的竖曲线放样计算成果表。

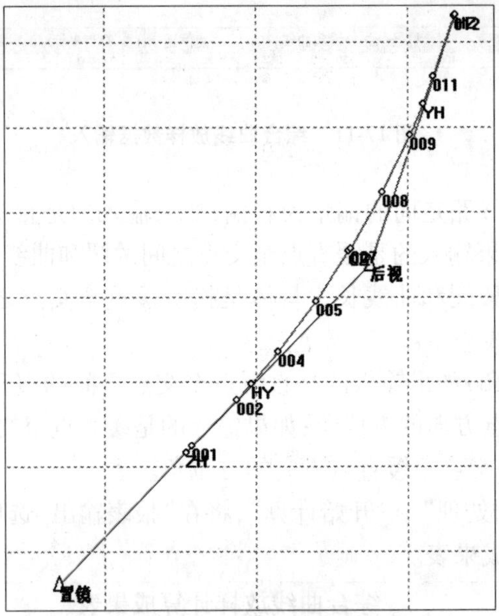

图 17-13　综合曲线放样示意图

序…	曲线半径(m)	坡度i1(%)	坡度i2(%)	变坡点桩号(m)	变坡点高程(m)	点间距(m)
001	2800	2	-1	1000	75.000	10

图 17-14　竖曲线放样数据输入

竖曲线放样计算成果表

工程名称：XX线路测量　　　　日期：2012-05-28

桩号	平距	高程改正值(m)	坡线高程(m)	曲线高程(m)	备注
K 0+958.00	0	0.000	74.160	74.160	起点
K 0+968.00	10	-0.018	74.360	74.342	
K 0+978.00	20	-0.071	74.560	74.489	
K 0+988.00	30	-0.161	74.760	74.599	
K 0+998.00	40	-0.286	74.960	74.674	
K 1+ 0.00	42	-0.315	75.000	74.685	变坡点
K 1+10.00	32	-0.183	74.900	74.717	
K 1+20.00	22	-0.086	74.800	74.714	
K 1+30.00	12	-0.026	74.700	74.674	
K 1+40.00	2	-0.001	74.600	74.599	
K 1+42.00	0	0.000	74.580	74.580	终点

曲线半径 = 2800.000　　曲线长 = 84.000　　外矢距 = 0.315

上坡度 = 2.0　　下坡度 = -1.0

图 17-15　竖曲线放样计算成果表

参 考 文 献

[1] 国家质量监督检验检疫总局. GB/T 18314—2009 全球定位系统 GPS 测量规范[S]. 北京:中国标准出版社,2009.
[2] 中华人民共和国住房和城乡建设部. CJJ/T 73—2010 卫星定位城市测量技术规范[S]. 北京:中国建筑工业出版社,2010.
[3] 黄劲松,李黄冰. GPS 测量与数据处理实习教程[M]. 武汉:武汉大学出版社,2010.
[4] 霍夫曼·韦伦霍夫,利希特内格尔,瓦斯勒. 全球卫星导航系统 GPS,GLONASS,Galileo 及其他系统[M]. 北京:测绘出版社,2009.
[5] 张妮,王标标. 基于 Matlab 读取标准 RINEX 格式的 GPS 星历数据[J]. 电子设计工程,2010(8):23-25.
[6] 曹先革,胡友健,王雷,等. MATLAB 在 GPS 网平差中的应用[J]. 地理空间信息,2007,8:71.
[7] 孔祥元,郭际明. 控制测量学[M]. 武汉:武汉大学出版社,2006.
[8] 孔祥元,郭际明,刘宗泉. 大地测量学基础[M]. 武汉:武汉大学出版社,2005.
[9] 徐正扬,刘振华,吴国良. 大地控制测量学[M]. 北京:解放军大学出版社,1992.
[10] 吴俊昶,刘大杰. 控制网测量平差[M]. 北京:测绘出版社,1985.
[11] 靳祥升. 测量平差[M]. 郑州:黄河水利出版社,2005.
[12] 潘正风,程效军,成枢,等. 数字测图原理与方法[M]. 武汉:武汉大学出版社,2009.
[13] 李青岳,陈永奇. 工程测量学[M]. 北京:测绘出版社,1995.
[14] 周建郑. 工程测量学[M]. 郑州:黄河水利出版社,2010.
[15] 张正禄. 工程测量学[M]. 武汉:武汉大学出版社,2005.

